专用于国家职业技能鉴定

国家职业资格培训教程

退役核设施去污拆除操作工

（基础知识）

中国核工业集团有限公司人力资源部
中核四川环保工程有限责任公司
组织编写

中国原子能出版社

图书在版编目（CIP）数据

退役核设施去污拆除操作工:基础知识 / 中国核工业集团有限公司人力资源部,中核四川环保工程有限责任公司组织编写. —北京:中国原子能出版社,2020.8

国家职业资格培训教程

ISBN 978-7-5221-0701-1

Ⅰ. ①退… Ⅱ. ①中…②中… Ⅲ. ①核设施-CBR 洗消-技术培训-教材 Ⅳ. ①TL943

中国版本图书馆 CIP 数据核字（2020）第 130138 号

退役核设施去污拆除操作工（基础知识）

出版发行 中国原子能出版社（北京市海淀区阜成路 43 号 100048）
责任编辑 白皎玮
责任校对 冯莲凤
责任印制 潘玉玲
印　　刷 保定市中画美凯印刷有限公司
经　　销 全国新华书店
开　　本 787 mm×1092 mm 1/16
印　　张 14.625
字　　数 366 千字
版　　次 2020 年 8 月第 1 版 2020 年 8 月第 1 次印刷
书　　号 ISBN 978-7-5221-0701-1 **定　价** **104.00 元**

网址：http://www.aep.com.cn **E-mail：atomep123@126.com**
发行电话：010-68452845

国家职业资格培训教程

退役核设施去污拆除操作工
（基础知识）

编审委员会

前　言

为推动核行业特有职业技能培训和职业技能鉴定工作的开展，在核行业特有职业从业人员中推行国家职业资格证书制度，在人力资源和社会保障部的指导下，中国核工业集团有限公司人力资源部组织有关专家编写了《国家职业资格培训教程——退役核设施去污拆除操作工》(以下简称《教程》)。

本《教程》以国家职业标准为依据，内容上力求体现“以职业活动为导向，以职业技能为核心”的指导思想，紧密结合实际工作需要，注重突出职业培训特色；结构上针对本职业的职业活动的领域，按照模块化的方式，分为初级技能、中级技能、高级技能、技师技能、高级技师技能五个等级进行编写的。《教程》中的章对应于职业标准的“职业功能”，节对应于职业标准的“工作内容”；每节涵盖了职业标准中的“技能要求”和“相关知识”的基本内容。此外，针对职业标准中的“基本要求”，还专门编写了《退役核设施去污拆除操作工(基础知识)》一书，内容涉及：职业道德、专业基础知识、辐射防护与核安全知识、核设施退役知识、相关法律法规知识等基础知识。

本《教程》适用于退役核设施去污拆除操作工的初级、中级、高级、技师、高级技师培训，是退役核设施去污拆除操作工职业技能鉴定的指定辅导用书。

本《教程》由曾荣光、耿广明、李文华、马健、王春培、邓力豪、肖锋、余仕成、孙建力、肖新宇、傅海龙、王龙刚、祖祥俊等同志编写，李克平、马文革、吴伟、谢晓峰、徐卫东、关受刚、南旭阳、赵玲君、唐明山等同志审核。中核四川环保工程有限责任公司承担了本《教程》的编写工作。

由于编者水平有限，时间仓促，加之科学技术的发展，教材中不足与错误之处在所难免，欢迎提出宝贵意见和建议。

中国核工业集团有限公司人力资源部
中核四川环保工程有限责任公司

目　录

第一章　退役核设施去污拆除操作工职业道德

学习目标：通过学习和掌握职业道德基本知识、行为规范及职业守则，退役核设施去污拆除操作工应在社会公德、诚实守信等方面具备良好的职业素养。

第一节　职业道德基本知识

一、职业道德的含义

职业道德是从业者在职业活动中应该遵循的符合自身职业特点的职业行为规范，是人们通过学习与实践养成的优良职业品质。它涉及了从业人员与服务对象、职业与职工、职业与职业之间的关系。职业道德行为规范是根据职业特点确定的，它是指导和评价人们职业行为善恶的准则。每一个从业者既有共同遵守的职业道德基本规范，又有自身行业特征的职业道德规范，如医生的救死扶伤、工人的工作质量和安全等，都反映出自身的行业道德特点。职业道德品质是通过知识学习和社会实践在社会和职业环境的影响下逐渐养成的。它是将从业者向善发展的职业道德意识、意志、情感、理想、信念、观念(即精神)固化的结果。这种优良的职业道德品质通过从业者的职业活动的正确评价、选择和指导自身或他人的职业行为，达到协调人与人之间、职业与职业之间关系，是使之和谐健康发展的无形巨大力量。

二、职业道德的主要范畴

谈到职业道德，必然涉及职业义务、职业权力、职业责任、职业纪律、职业良心、职业荣誉和职业幸福等。它们是职业道德在职业活动中不同方面、不同层次的反映和折射，是反映和概括职业道德特征、本质关系的基本概念。因此也是职业道德的主要范畴。

1. 职业义务

职业义务主要是指在职业活动中，在道德上应尽的责任和不计报酬的奉献。它是人们所承担的各种义务中的一种。它是一定社会、一定阶级、一定职业对从业人员在职业活动中提出的道德要求，又是从业人员对他人、对社会应该承担的道德责任。

履行职业义务是每个从业人员义不容辞的责任。忽视或逃避职业义务都是违反职业道德的行为。因此，从业人员在履行自己的职业义务时应从以下三个方面努力：

第一，努力培养自己的职业义务感。职业义务感是从业人员在认识和理解了自己所从事的职业的作用、目的和意义后，自觉建立起来的职业使命、职业信念和责任感的综合心态。有了这种自觉意识就能把职业义务的客观要求变成从业人员的内在需求，把尽职业义务看成分内之事，应尽之责。

第二,自觉主动地履行职业义务。每个职业岗位对从业人员提出的职业义务要求是不以人们的主观意志为转移的。不因为从业人员的性格、兴趣、愿望、要求不同而改变。它是职业岗位对从业人员的一种客观要求。因此对从业人员要以主人翁的态度对待自己的职业,热爱自己的岗位,搞好自己的工作,在自己的职业岗位上充分发挥其主动性、积极性和创造性。

第三,要树立全心全意为人民服务的思想意识。在履行职业义务时要一切从人民的利益出发,为集体、为社会、为国家和人民利益忘我地工作,不计报酬,无私奉献。这对于一个职业道德高尚的人是应该做到,也是能够做到的。

2. 职业权力

职业权力是指从业人员在自己的职业范围内或职业活动中拥有的支配人、财、物的力量,它不只是有领导权的人才有,而是只要有职业的从业人员,那怕是最基层、最普通的人员都有相应的职业权力。每个从业人员都有相应的职业权力,例如电气运行人员有许可或不许可电气检修人员在系统设备上工作的权力。

正确使用职业权力是职业纪律所要求的。要正确行使职业权力就要做到:

第一,树立正确的职业权力观。职业权力来源于职业本身,应当用之于职业发展;来源于人民赐予,应当服务于人民;来源于社会分工,应当谋利于社会。这是每个从业人员应当树立的正确的职业权力观。

第二,应按职业道德要求使用好手中的权力。首先要把职业权力用于做好本职工作,履行好职业义务;要把职业权力用于保证产品的质量,维护企业的形象,配合有关单位搞好相关工作,发挥一个单位在社会和国家建设中应有作用。

第三,抵制滥用职业权力。

3. 职业责任

职业责任就是指从事某种职业的个人对他人、集体、部门、单位、行业和社会所承担的责任。职业责任是社会义务、使命、任务的具体体现。由于职业分工不同,职业特点不同、职业作用不同,从业人员承担的社会职业责任也就不同。我们从事某种职业就必然要在相应的职业环境中担负起一定的职业责任。这种职业责任一般以岗位职责、规章制度、任务目标或行为公约等形式来表现。例如,工人的职业责任主要是坚守生产岗位,维护生产秩序,文明生产,保质保量完成生产任务,创造更多物质财富。

职业责任感是职业道德的反映。职业道德水平高的人都有强烈的职业道德感。对于一个有职业道德的人,应从三个方面自觉增强职业责任感:

第一,认真履行职业责任,搞好本职工作;

第二,熟悉业务,互相配合;

第三,正确处理个人、集体和国家之间的关系。

4. 职业纪律

职业纪律是在特定的职业范围内从事某种职业的人们要共同遵守的行为准则。例如,在企业工作的职工上班时间不准干私活,不准迟到早退和无故缺席等等。这是企业对职工的最基本的职业纪律要求。规章制度、规程规范的规定更是必须遵守的职业纪律。为了维护正常的生产工作秩序,确保安全生产,确保产品质量,各行各业、各单位、各岗位都要制定自己的行为准则，这些行为准则对本行业、本单位、本岗位的从业人员来说就是职业纪律。职业纪律是职业责任和职业道德的表现，是职业责任和职业道德的保证。一个职业道德水平高的人，必然会自觉遵守职业道德，一个自觉遵守职业纪律的人，一般也是职业道德修养好的人。

从业人员遵守职业纪律应做到：

第一，熟知职业纪律，避免无知违纪，这是对从业人员职业道德素质最基本的要求；

第二，严守职业纪律，不能明知故犯；

第三，自觉遵守职业纪律，养成严于律己的习惯。

5. 职业良心

职业良心是指从业人员在履行职业义务的过程中所形成的职业责任感以及对自己职业行为的稳定的自我评价与自我调节的能力。职业良心有个体表现与群体表现两种形式。职业良心的个体表现是指从业人员在职业活动中对工作的负责精神、对他人的同情感、对社会的责任感、对自己职业行为的是非感和对错误行为的羞耻感。职业良心的群体表现，是指职业良心在某某单位、某某行业的整体表现。如一个单位、一个行业对他人、对社会的责任感、同情感、是非感、荣誉感等。如果一个单位、一个行业对社会是负责的，在利益面前是顾全大局的，做到了先人后己，人们就会说这个单位、这个行业有良心或良心好。如果一个单位、一个行业行风不正，腐败盛行，损人利己，人们就会斥责这个单位、这个行业没良心或良心不好。

培养职业良心，要贯穿职业活动的全过程，即职业活动的全过程，即职业活动前要进行筛选导向，职业活动中要进行监督调节，职业活动后要进行总结评判。在职业活动中做到事前“扪心自问”，事中“良心发现”，事后“问心无愧”。这既是讲职业良心应有的要求，也是培养职业良心的手段。

6. 职业荣誉

职业荣誉是荣誉的一种表现形式。它是指社会对职业行为的社会价值所作出的肯定性评价，也是从业人员的职业行为所具有的社会价值的自我意识和自我体验。换句话说，职业荣誉就是从业人员的职业行为得到社会的公认、肯定和褒奖以及从业人员对自己的职业行为的肯定和欣赏。

职业荣誉是职业道德的重要范畴，不同的荣誉观会产生不同的职业行为。如何正确对待职业荣誉，是职业道德修养中又一个重要课题。要培养好职业荣誉观，我们应从三个方面来努力：

第一，争取职业荣誉的动机要纯。要争取职业荣誉，从业人员应通过自己辛勤、智慧的劳动，为单位、为社会、为国家多做贡献。通过尽职尽责地履行社会义务，得到社会的认同。不能把争取职业荣誉作为获取更多金钱、夺取更多特权的阶梯和跳板。

第二，获得职业荣誉的手段要正。从业人员应当认真履行职业义务，自己遵守职业纪律，尽职尽责完成本职工作，多为他人、为单位、为社会多做贡献，以赢得他人、单位、社会对自己的承认与肯定，从而获得相应的职业荣誉。

第三，对待职业荣誉的态度要谦。一个人的成就与成功，除与个人的努力密不可分外，还与他人和集体的帮助、支持分不开。有时有的同志所获的荣誉就是其他同志谦让的结果。

因此,一个高尚的人对自己获得的职业荣誉,往往归功于他人,归功于集体,把它作为新起点的动力,以更加谦虚的态度,更加努力的工作,回报单位、社会对他的认可和表彰。

7. 职业幸福

职业幸福就是指从业人员在具体的职业活动中由于奋斗目标、职业理想的实现而获得的精神上的满足和愉悦。比如,我们保质保量完成生产任务后,就会产生一种因完成了预定目标而心情愉快的感觉;我们通过专研努力,解决了某项技术难题,得到领导和职工高度评价的时候,就会产生一种精神上的满足感等。这些都是职业幸福的具体化体现。

在职业活动中追求职业幸福,既是我们应有的健康愿望,也是我们应有的权利。但是在追求职业幸福过程中,我们要正确处理好以下三方面的关系:

第一,要处理好个人幸福与集体幸福之间的关系。健康的职业道德主张把集体幸福和个人幸福结合起来,把集体幸福放在首位,个人幸福服从集体幸福,必要时,哪怕牺牲个人幸福,也要确保集体幸福,并为集体幸福奋斗终身。当然,集体也要为个人幸福负责,争取让每个人在为集体创造幸福的同时自己也得到幸福。

第二,要处理好物质生活幸福与精神生活幸福之间的关系。这是职业道德对追求职业幸福提出的完整要求。物质生活幸福与精神生活幸福同样重要。我们每个从业人员在追求物质生活幸福时,应尽量使自己的精神愉快,否则我们的幸福就不完整,就有缺陷和遗憾。我们都应在自己的职业劳动中,在追求物质生活幸福的同时,也追求精神生活上的富足与幸福。

第三,要处理好创造职业幸福和享受职业幸福之间的关系。这是职业道德对追求职业幸福更高境界的要求。我们每个从业人员在自己的职业岗位上,在自己的职业活动中,都应努力通过自己辛勤的劳动,为他人、为单位、为社会、为国家创造更多的物质财富和精神财富,这样不仅可以体会到创造过程本身的幸福,而且还可以分享到自己创造的幸福。创造幸福是享受幸福的前提,享受幸福是创造幸福的动力。

第二节　职业道德行为规范

一、职业道德行为规范的含义

职业道德行为规范是从业人员在职业活动中必须遵守的符合人民根本利益的职业行为准则。它包含职业道德基本行为规范和职业道德的特殊行为规范。

1. 职业道德基本行为规范的内容包括十个方面

爱岗敬业,终于职守。

诚实守信,宽厚待人。

办事公道,服务群众。

以身作则,奉献社会。

勤奋学习,开拓创新。

精通业务,技艺精湛。

讲究质量,注重信誉。

遵纪守法，文明安全。

团结协作，互帮互助。

艰苦奋斗，勤俭节约。

2. 职业道德的特殊行规范

具有从业人员自身职业特点的职业道德行为准则就是职业道德的特殊行为规范。例如，教师要热爱学生；医生要实行人道主义，救死扶伤；服务人员要热情周到，文明礼貌；核工业员工要具备核环保意识，防止放射性对自身和公众造成危害等。从业人员除了要遵守共同的职业道德行为规范以外，还应遵守行业职业道德的特殊行为规范。

二、遵守职业道德行为规范的意义

遵守职业道德行为规范的意义在于：

第一，可以有效地提高从业人员对法律和职业纪律的自我约束力；

第二，可以提高工作效率和增产增收，达到为人民服务的目的；

第三，可以提高从业人员职业道德觉悟和修养，从而形成良好稳定的职业道德品质，自觉按照职业道德行为准则办事；

第四，可以提高产品、工程、服务质量，促进劳动的文明安全与社会进步。

第三节　退役核设施去污拆除操作工职业守则

职业守则是职业道德的具体化，作为核行业的员工除应具备与其他普通企业员工所应具备的职业道德，还应从确保核安全万无一失，还人类一片净土的理念建立职业操守，履行职业所赋予的义务。

1. 诚实守信

诚实是做人的准则，守信是从业的要务。把诚实守信落实到退役核设施去污拆除工作中就是要不折不扣依照章程和规定办事，按设计确定的路线、方法开展工作。每个工作人员都应该是规章制度的执行者和监督者。只有坚持诚实守信的职业操守，才能够保证工作的每个环节、每项措施都得到落实，使所开展的工作满足安全质量的要求。

2. 爱岗敬业，忠于职守

退役核设施去污拆除是具有一定风险，对工作人员知识及技能要求较高的工作。退役核设施去污拆除的操作工要以吃苦耐劳的精神，科学、严细、认真的方法、作风和态度对待所从事的工作，学习掌握并自觉遵守核技术利用及辐射安全法律法规，掌握本职业岗位操作技能及作业规范、规程，自觉履行好各项工作职责，从而使所从事的工作经得起服务单位、国家和公众的检验，履行好核工业人对国家和公众的承诺。

3. 团结协作，顾全大局

退役核设施去污拆除是必须有团队合作方能开展的工作。要遵循团结互助的职业道德规范，就要做到员工之间和谐相处，互相学习加强协作，齐心协力干好工作；要顾全大局，增强全局观念和服务意识，树立“一盘棋”的思想，服从指挥，令行禁止；做到各工种之间相互配合，跨界管理无缝衔接。

4. 安全生产,文明施工

要做好安全生产。要牢固树立“核安全就是生命线”的理念,坚持“安全第一、预防为主、综合治理”的安全方针,在施工前、施工中和施工后都要依规程执行,杜绝“三违”,做到“四不伤害”。要遵守放射性区域工作的管理规定,进出作业场所要按规定的线路出入,按规定佩戴防护用品和剂量监测器具,接受辐射管理人员和安全管理人员的检查、监督。要按照相关规定做好现场废物和污染物管理,不得随意处置或带到非指定区域,防止污染扩大或失控。在开展施工时要讲究文明施工,作业现场定置定位管理,工作包、工具器材等要摆放合理,整齐有序;工作结束后,及时清理现场,做到设备、场地清洁;作业场所各类识别标识、警告标识齐备,悬挂合理。

以上要求赋予了退役核设施去污拆除操作工的职业义务、职业权力和职业责任,也是应遵守的职业纪律。它是退役核设施去污拆除从业人员职业良心、荣誉、幸福之所在。因此每一个退役核设施去污拆除操作工都必须严格遵守。

第二章　相关法律、法规知识

学习目标：通过学习国家相关法律、法规知识，退役核设施去污拆除工操作应了解各项法律法规的基本内容，提高法治素质，规范从业行为。

第一节　《中华人民共和国劳动法》主要内容

《中华人民共和国劳动法》于 1994 年 7 月 5 日经第八届全国人大常务委员会第八次会议审议通过，自 1995 年 1 月 1 日起施行。根据 2009 年 8 月 27 日第十一届全国人大常务委员会第十次会议《关于修改部分法律的决定》第一次修正。根据 2018 年 12 月 29 日第十三届全国人大常务委员会第七次会议《关于修改〈中华人民共和国劳动法〉等七部法律的决定》第二次修正。《中华人民共和国劳动法》（以下简称《劳动法》）的立法目的是为了保护劳动者的合法权益，调整劳动关系，建立和维护社会主义市场经济和劳动制度，促进经济发展和社会进步。《劳动法》适用于中华人民共和国境内的企业（这里所指“企业”是指各种类型的企业，包括国有企业、集团所有制企业、中外合资企业、中外合作企业、外商独资企业、股份制企业、混合型企业、港澳台企业、私营企业、联营企业、乡镇企业等）、个体经济组织和与之形成劳动关系的劳动者。国家机关、事业组织、社会团体和与之建立劳动关系的劳动者都必须依照《劳动法》执行。在中华人民共和国境内的企业、个体经济组织与劳动者之间只要形成劳动关系，不论他们之间是否订立劳动合同都适用《劳动法》。国家机关、事业组织、社会团体实行劳动制度的以及按规定应实行劳动合同制度的工勤人员；其他通过劳动合同与国家机关、事业组织、社会团体建立劳动关系的劳动者适用《劳动法》。实行企业化管理的事业组织的人员适用《劳动法》。

一、劳动者的权利与义务

1. 劳动者的权利

（1）劳动者享有平等就业和选择职业的权利。劳动权，也称劳动就业权，是指具有劳动能力的公民获得职业的权利。劳动者选择职业的权利，是指劳动者根据自己的意愿选择适合自己才能、爱好的职业。

劳动者享有平等就业权是《劳动法》规定的一项重要法律原则。这项原则具体包括两个方面的内容：一是就业资格的平等。只要是劳动者，就业资格人人平等，不因民族、种族、性别、宗教信仰和文化程度的不同而受歧视。二是劳动者就业能力衡量尺度的平等，劳动者在就业过程中均享有平等竞争的权利，即社会对公民的劳动行为能力要以同一尺度和标准衡量，通过公平竞争择优吸收劳动力就业。

（2）劳动者享有取得劳动报酬的权利。劳动者付出劳动，依照合同以及国家有关规定取得报酬是劳动者的权利，而及时足额地向劳动者支付工资是用人单位的义务。《劳动法》第五十条规定:“工资应当以货币形式按月支付给劳动者本人,不得克扣或者无故拖欠劳动者的工资。”

(3) 劳动者享有获得劳动安全卫生保护的权利。《劳动法》规定,用人单位必须建立健全劳动安全卫生制度,严格执行国家规定的劳动安全卫生规程和标准,为劳动者提供符合国家规定的劳动安全卫生条件和必要的劳动防护用品,对从事特种作业的人员进行专门培训,防止劳动过程中的事故,减少职业危害。

(4) 劳动者享有接受职业技能培训的权利。职业技能培训是对准备就业的人员和已经就业的职工,以培养或提高其基本的职业技能为目的而进行的技术业务知识和实际操作技能的教育和训练。

(5) 劳动者享有社会保险和福利的权利。社会保险是国家和用人单位依照法律规定或者合同的约定,对具有劳动关系的劳动者在暂时或者永久失去劳动力以及暂时失业时,为保障其基本的生活需要,给予物质帮助的一种社会保障制度。

(6) 劳动者享有提请劳动争议处理的权利。劳动争议是指劳动关系当事人因执行《劳动法》或者履行集体合同和劳动合同的规定引起的争议。用人单位与劳动者发生劳动争议,劳动者可以申请调解、仲裁或者提起诉讼。

(7) 法律规定的其他劳动权利。法律规定的其他劳动权利包括:依法参加和组织工会(《劳动法》第七条);通过职工大会、职工代表大会或者其他形式参与民主管理或者就保护劳动者合法权益与用人单位进行平等协商(《劳动法》第八条);依法解除劳动合同(《劳动法》第三十二条);对用人单位管理人员违章指挥、强令冒险作业,有权拒绝执行(《劳动法》第五十六条);对违反劳动法律、法规的行为有权检举和控告(《劳动法》第八十八条)等。

2. 劳动者的义务

(1) 劳动者应当完成劳动任务。劳动者一旦与用人单位发生劳动关系,就必须履行其应尽的义务。其中完成劳动任务就是劳动者应尽的最主要的义务。这是劳动关系范围内的法定义务,也是强制性义务。

(2) 劳动者应当提高职业技能。提高劳动技能是劳动者完成劳动任务的保证,也是劳动者的义务。

(3) 劳动者应当遵守劳动纪律和职业道德。遵守劳动纪律和职业道德是作为劳动者的起码条件,劳动纪律是劳动者在共同劳动中所必须遵守的劳动规章和秩序。

二、其他规定

《劳动法》规定,劳动者退休、患病、负伤、因工伤残或者患职业病、失业和生育,依法享受社会保险待遇。劳动者死亡后,其遗属依法享受遗属津贴。劳动者享受社会保险待遇的条件和标准由法律、法规规定。劳动者享受的社会保险金必须按时足额支付。

第二节 《中华人民共和国劳动合同法》基本知识

《中华人民共和国劳动合同法》是我国第一部专门对劳动合同进行规范的法律。它于2007年6月29日经第十届全国人大常务委员会第二十八次会议通过,于2008年1月1日实行。根据2012年12月28日第十一届全国人大常务委员会第三十次会议《关于修改〈中华人民共和国劳动合同法〉的决定》修正。《中华人民共和国劳动合同法》(以下简称《劳动合同法》)是为了完善劳动合同制度,明确劳动合同双方当事人的权利和义务,保护劳动者的合法权益,构建和发展和谐稳定的劳动关系制定的一部法律。作为调整用人单位与劳动者之间劳动关系,涉及人民群众切身利益的主要法律依据,旨在规范用人单位与劳动者订立和履行劳动合同的行为,保护劳动者合法权益促进劳动关系和谐稳定。保护劳动者合法权益是《劳动合同法》的立法核心。

一、劳动合同的形成

1. 关于订立劳动合同的规定

订立劳动合同,以合法契约的形式确立劳动者与用人单位的劳动关系,是劳动者和用工单位依法维护合法权益的措施和保障。《劳动合同法》第七条明确规定:"用人单位自用工之日起即与劳动者建立劳动关系,用人单位应当建立职工名册备案。"其第八条规定:"用人单位招用劳动者时,应当如实告知劳动工作内容、工作条件、工作地点、职业危害、安全生产状况、劳动报酬,以及劳动者要求了解的其他情况;用人单位有权了解劳动者与劳动合同直接相关的基本情况,劳动者应当如实说明。"其第十条规定"建立劳动关系,应当订立书面合同。已建立劳动关系,未同时订立书面劳动合同的,应当自用工之日起一个月内订立书面劳动合同。用人单位与劳动者在用工前订立劳动合同的,劳动关系自用工之日起建立。"

2. 关于劳动合同期限的规定

劳动合同的期限有三种:固定期限劳动合同、无固定期限劳动合同、以完成一定工作任务为期限的劳动合同。劳动者不要求签订固定期限劳动合同,应当按以下三种法定情形签订无固定期限劳动合同:

(1) 劳动者在该用人单位连续工作满十年的,可订立无固定期限劳动合同;

(2) 用人单位初次实行劳动合同制度或者国有企业改制重新订立劳动合同时,劳动者在该用人单位连续工作满十年且距法定退休年龄不足十年的,可订立无固定期限劳动合同;

(3) 连续订立二次固定期限劳动合同,且劳动者没有试用期内不符合条件、违章、伤病不能工作的、培训后仍不能胜任的情形,续订劳动合同的,可订立无固定期限劳动合同。

《劳动合同法》第八十二条还规定:用人单位自用工之日起超过一个月不满一年未与劳动者订立书面劳动合同的,应当向劳动者每月支付 2 倍的工资;用人单位违反本法规定不与劳动者订立无固定期限劳动合同的,自应当订立无固定期限劳动合同之日起向劳动者每月支付 2 倍的工资。

3. 关于劳动合同无效的规定

劳动合同的无效,视情况分为全部无效和部分无效。为防止合同双方以不合法的手段侵害对方的权益,《劳动合同法》规定凡有下述情况的劳动合同无效或者部分无效:

(1) 以欺诈、胁迫的手段或者乘人之危,使对方在违背真实意思的情况下订立或者变更劳动合同;

(2) 用人单位免除自己的法定责任、排除劳动者权利;

(3) 违反法律、行政法规强制性规定。

当劳动合同中有部分条款无效,且不影响合同其他部分效力的,其他部分仍然有效。

二、劳动合同双方当事人的权利和义务

1. 关于劳动者的权利和义务的规定

(1) 同工同酬的权利。《劳动合同法》规定:用人单位与劳动者约定的劳动报酬不明确或者对劳动报酬约定有争议的,按照集体合同规定的标准执行;没有集体合同或者集体合同未规定的,实行同工同酬。被派遣劳动者享有与用工单位的劳动者同工同酬的权利;用工单位无同类岗位劳动者的,参照用工单位所在地相同或近似岗位劳动者的劳动报酬确定。

(2) 及时获得足额劳动报酬的权利。《劳动合同法》将劳动报酬的约定作为劳动合同的必备条款,规定:劳动合同中缺少"劳动报酬"条款的,由劳动行政部门责令改正;给劳动者造成损害的,由用人单位承担赔偿责任。

(3) 要求经济赔偿的权利。《劳动合同法》第四十六条对用人单位向劳动者支付经济补偿的条件和补偿标准作出规定。其要求补偿的条件在《劳动合同法》的第三十六条、第三十八条、第四十条、第四十一条第一款、第四十四条第一、四、五项做了规定。其补偿标准为:以劳动者在本单位工作的年限为标准,工作每满一年支付一个月工资的经济补偿;六个月以上不满一年的按一年计算;不满六个月的,支付半个月工资的经济补偿。这里所称"月工资"是指劳动者合同解除或终止前十二个月的平均工资。

2. 关于用人单位的权利和义务的规定

(1) 依法约定试用期和服务期的权利。试用期是用人单位通过约定一定时间的试用期,来检验劳动者是否符合本单位特定工作岗位工作要求的制度。为了防止用人单位滥用试用期,《劳动合同法》规定:劳动合同期限三个月以上不满一年的试用期不得超过一个月;劳动合同期一年以上不满三年的,试用期不得超过两个月;三年以上固定期限和无固定期限的劳动合同,试用期不得超过六个月。

(2) 依法要求劳动者支付违约金的权利。劳动者违反服务期约定的,用人单位有权要求其支付违约金。违约金的数额不得超过用人单位提供的培训费用。

(3) 依法实行试用期的义务。《劳动合同法》规定:同一用人单位与同一劳动者只能约定一次试用期;以完成一定工作任务为期限的劳动合同或者劳动合同期限不满三个月的,不得约定试用期。

(4) 对劳动者培训的义务。《劳动合同法》规定:用人单位有义务对劳动者进行培训并提供专项培训费用。

第三节 《中华人民共和国安全生产法》相关知识

一、《中华人民共和国安全生产法》的产生及特点

《中华人民共和国安全生产法》(以下简称《安全生产法》)于 2002 年 6 月 29 日经第九届全国人大常务委员会第二十八次会议审议通过,自 2002 年 11 月 1 日起施行。这是我国第一部全国范围安全生产的专门法律,是我国安全生产法律体系中的主体法。2014 年 8 月 31 日第十二届全国人大常务委员会第十次会议通过《关于修改〈中华人民共和国安全生产法〉的决定》,经修改后的《安全生产法》于 2014 年 12 月 1 日起施行。

修改后的《安全生产法》坚持以人为本、生命至上的理念，推进安全发展，确立了“安全第一、预防为主、综合治理”的安全生产工作十二字方针，明确了安全生产的重要地位、主体任务和实现安全生产的根本途径。“安全第一”要求从事生产经营活动必须把安全放在首要位置，不能以牺牲人的生命、健康为代价换取发展和效益。“预防为主”要求把安全生产工作的重点放在预防上，强化隐患排查治理，“打非治违”，从源头上控制、预防和减少生产安全事故。“综合治理”要求运用行政、经济、法制、科技等多种手段，充分发挥社会、职工、舆论监督各方面的作用，抓好安全生产。强化“三个必须”的要求，即“管行业必须管安全、管业务必须管安全、管生产经营必须管安全”。进一步明确生产经营单位的安全生产主体责任。把明确安全责任、发挥生产经营单位、安全生产管理机构和安全生产管理人员作用作为一项重要内容。进一步明确了安全监督部门的执法地位，并赋予其强有力的执法手段。

二、制定《安全生产法》的目的

制定《安全生产法》的目的，就是为了加强安全生产工作，防止和减少生产安全事故，保障人民群众生命和财产安全，促进经济社会持续健康发展。

三、从业人员的权利和义务

《安全生产法》第六条规定：生产经营单位的从业人员有依法获得安全保障的权利，并应当依法履行安全生产方面的义务。《安全生产法》第三章，共有十条，规定了从业人员的安全生产权利义务(以下为部分节选)。

1. 生产经营单位不得以任何形式与从业人员订立协议，免除或者减轻其对从业人员因生产安全事故伤亡依法应承担的责任。

2. 从业人员有权了解其作业场所和工作岗位存在的危险因素、防范措施及事故应急措施，有权对本单位的安全生产工作提出建议。

3. 从业人员有权对本单位安全生产工作中存在的问题提出批评、检举、控告；有权拒绝违章指挥和强令冒险作业。

4. 从业人员发现直接危及人身安全的紧急情况时，有权停止作业或者在采取可能的应急措施后撤离作业场所。

5. 因生产安全事故受到损害的从业人员，除依法享有工伤保险外，依照有关法律尚有获得赔偿的权利的，有权向本单位提出赔偿要求。

6. 从业人员在作业过程中，应严格遵守本单位的安全生产规章制度和操作规程，服从管理，正确佩戴和使用劳动防护用品。

7. 从业人员应当安全生产教育和培训，掌握本职工工作所需的安全生产知识，提高安全生产技能，增强事故预防和应急处理能力。

第四节 《中华人民共和国环境保护法》基本要点

一、适用范围

《中华人民共和国环境保护法》1989 年 12 月 26 日通过，2014 年 4 月 24 日修订。

《中华人民共和国环境保护法》(以下简称《环境保护法》)第三条规定了我国环境保护法的适用范围,即“本法适用于中华人民共和国领域和中华人民共和国管辖的其他海域”,这里的“中华人民共和国领域”包括我国的领陆、领水及领空。因此可以说,凡在中华人民共和国主权管辖的区域和依照国际法应由中华人民共和国管辖的大陆架、专属经济区、毗连区等海域内从事对环境有影响的活动的单位和个人,均应遵守《中华人民共和国环境保护法》的规定。

二、立法的目的

我国《环境保护法》第一条规定:“为保护和改善生活环境与生态环境,防治污染和其他公害,保障人体健康,促进社会主义现代化建设的发展,制定本法。”此条包含了以下三个方面的内容:

第一,保护和改善生态环境,防治污染和其他公害,这一点是基础的直接的目的,这也是环境法的基本的任务。

第二,保障人体健康,这是环境法的根本任务,是最终目标之一,强调人的利益。

第三,促进社会主义现代化建设的发展,即保障经济社会的发展,这也是环境法的最终目标之一。

保护和改善生活环境与生态环境,防治污染和其他公害是环境保护法的直接目的;保障人民身体健康是环境保护法的根本任务,也是环境保护立法的出发点和归宿;促进经济增长是因为环境保护与经济发展有内在的相互制约和依存的关系。这三项立法目的之间有着内在联系。首先,社会生产水平决定人们的物质生活水平,并进而决定人们对环境质量的需求;同时,随着经济的发展和社会物质的丰富,人们会在要求提高物质文化生活水平的同时,要求进一步建设清洁、安静、优美、舒适的环境。因此,把发展经济同环境保护、维护人民身体健康三者联系起来作为《环境保护法》的立法目的,是社会主义社会发展与经济建设的客观规律的反映。

三、基本内容

1. 总则

保护环境是国家的基本国策。环境保护坚持保护优先、预防为主、综合治理、公众参与、损害担责的原则。一切单位和个人都有保护环境的义务。每年 6 月 5 日为环境日。

2. 环境监督管理

国务院环境保护主管部门制定国家环境质量标准。国务院环境保护主管部门根据国家环境质量标准和国家经济、技术条件,制定国家污染物排放标准。监测机构应当使用符合国家标准的监测设备,遵守监测规范。监测机构及其负责人对监测数据的真实性和准确性负责。

3. 保护和改善环境

国家鼓励和引导公民、法人和其他组织使用有利于保护环境的产品和再生产品,减少废弃物的产生。国家机关和使用财政资金的其他组织应当优先采购和使用节能、节水、节材等有利于保护环境的产品、设备和设施。

4. 防治环境污染和其他公害

国家促进清洁生产和资源循环利用。企业应当优先使用清洁能源，采用资源利用率高、污染排放量少的工艺、设备以及废弃物综合利用技术和污染物无害化处理技术，减少污染物的产生。排放污染物的企业应当按照国家有关规定和监测规定安装使用监测设备，保证监测设备正常运行，保存原始监测记录。

5. 法律责任

因污染环境和破坏生态造成损害的，应当依照《中华人民共和国侵权责任法》的有关规定承担侵权责任。

6. 附则

本法自 2015 年 1 月 1 日起施行。

第五节　《中华人民共和国放射性污染防治法》相关知识

一、适用范围

本法适用于中华人民共和国领域和管辖的其他海域在核设施选址、建造、运行、退役和核技术、铀(钍)矿、伴生放射性矿开发利用过程中发生的放射性污染的防治活动。

二、立法的目的

为了防治放射性污染，保护环境，保障人体健康，促进核能、核技术的开发与和平利用，制定《中华人民共和国放射性污染防治法》。

防治放射性污染，保护环境，保障人体健康。我国核能与核技术的开发利用在对维护我国国防安全，促进国民经济和社会发展，增强我国的综合国力等方面起到巨大推动作用的同时，由此产生的安全问题和放射性污染防治问题，也越来越突出。主要表现在：一是，我国已有近百座核设施，有些核设施已经进入退役阶段，如果监管不严或者处置不当，其遗留的放射性物质将对环境和公众健康构成威胁；二是，我国现有放射源由于用户多而分散，有的单位管理不善等原因，近年来因放射源使用不当或者丢失放射源导致的放射性污染事故不断发生，造成严重后果；三是，在铀(钍)矿和伴生放射性矿开发利用过程中，由于对放射性污染防治重视不够，缺乏对放射性污染防治的专项管理制度，乱堆、乱放放射性废矿渣的情况时有发生，由此造成的放射性污染事故威胁着环境安全和公众健康；四是，我国已产生了不少放射性废物，虽然国家有放射性废物处置政策，但是，由于缺乏强制性的法律制度和措施，致使对放射性废物的处置监管不力，在一定程度上对环境和公众健康构成了威胁。因此，为了保证经济、社会的可持续发展，在促进核能、核技术开发利用的过程中，必须完善我国放射性污染防治的法律制度，加强对放射性污染的防治，保护环境，保障人体健康。

促进核能、核技术的开发与和平利用。当前，世界上的主要能源是煤、石油、天然气这些化石燃料，但化石燃料不是可再生能源，还要向大气排放大量的二氧化碳。为了实现可持续发展，人类迫切地需要新的替代能源。目前唯一达到工业应用、可以大规模替代化石燃料的能源,就是核能。核能在我国的能源消费结构中已发挥着越来越重要的作用。

在核技术应用方面,中国同位素与辐射技术的应用在经历了20世纪50年代的开创,60、70年代的应用开发和80年代以来全面发展三个阶段后,90年代进入商业化阶段,在农业、工业、医疗等方面的应用也越来越广泛。

因此,在确立立法目的时,既要考虑防治放射性污染,又必须考虑进一步促进核能、核技术开发与和平利用。切实处理好环境保护与经济建设、社会发展的关系,使防治放射性污染与促进核能、核技术开发与和平利用相协调。

三、基本内容

1. 总则

国家对放射性污染的防治,实行预防为主、防治结合、严格管理、安全第一的方针。国家鼓励、支持放射性污染防治的科学研究和技术开发利用,推广先进的放射性污染防治技术。

2. 放射性污染防治的监督管理

国家放射性污染防治标准由国务院环境保护行政主管部门根据环境安全要求,国家经济技术条件制定。国家放射性污染防治标准由国务院环境保护行政主管部门和国务院标准化行政主管部门联合发布。国家建立放射性污染监测制度。国家对从事放射性污染防治的专业人员实行资格管理制度;对从事放射性污染监测工作的机构实行资质管理制度。

3. 核设施的放射性污染防治

与核设施相配套的放射怀污染防治设施,应当与主体工程同时设计、同时施工、同时投入使用。放射性污染防治设施应当与主体工程同时验收;验收合格的,主体工程方可投入生产或者使用。

4. 核技术利用的放射性污染防治

国家建立放射性同位素备案制度。生产、销售、使用、贮存放射源的单位,应当建立健全安全保卫制度,指定专人负责,落实安全责任制,制定必要的事故应急措施。

5. 放射性废物管理

核设施营运单位、核技术利用单位、铀(钍)矿和伴生放射性矿开发利用单位,应当合理选择和利用原材料,采用先进的生产工艺和设备,尽量减少放射性废物的产生量。向环境排放放射性废气、废液,必须符合国家放射性污染防治标准。

6. 法律责任

放射性污染防治监督管理人员违反法律规定,利用职务上的便利收受他人财物、谋取其他利益,或者玩忽职守,构成犯罪的,依法追究刑事责任。因放射性污染造成他人损害的,应当依法承担民事责任。

7. 附则

本法自2003年10月1日起施行。

第六节 《中华人民共和国消防法》基础知识

《中华人民共和国消防法》(以下简称《消防法》)于1998年4月29日第九届全国人民代表大会常务委员会第二次会议通过,2008年10月28日修订通过,自2009年5月1日起施行。

一、制定《消防法》的目的

《消防法》作为我国历史上第一部完整、科学、权威的消防法律,立法目的就是为了预防火灾和减少火灾危害,加强应急救援工作,保护人身、财产安全,维护公共安全。

《消防法》规定任何人都有维护消防安全、保护消防设施,预防火灾,报告火警的义务;任何成年人都有参加有组织的灭火工作的义务;任何人不得损坏、挪用、拆除、停用消防器材,不得埋压、圈占、遮挡消火栓或者占用防火间距;不得占用、堵塞、封闭疏散通道、安全出口、消防车通道;任何人都有权对住房和城乡建设主管部门、消防救援机构及其工作人员在执法中的违法、违纪行为进行检举、控告。

二、企业的消防职责

(1) 落实消防安全责任制,制定本单位的消防安全制度、消防安全操作规程,制定灭火和应急疏散预案。

(2) 按照国家标准、行业标准配置消防设施、器材,设置消防安全标志,并定期组织检验、维修,确保完好有效。

(3) 对建筑消防设施每年至少进行一次全面检测,确保完好有效,检测记录应当完整准确,存档备查。

(4) 保障疏散通道、安全出口、消防车通道畅通,保证防火防烟分区、防火间距符合消防技术标准。

(5) 组织防火检查,及时消除火灾隐患。

(6) 组织进行有针对性的消防演练。

(7) 法律、法规规定的其他消防安全职责。单位的主要负责人是本单位的消防安全责任人。

三、消防安全

消防安全主要包括两个方面:一是火灾的预防;二是灭火。对此,我们应该对工作中常见的几种火灾隐患有所了解,并掌握一些基本知识。

1. 火灾预防

焊接与切割是工作中经常要大量使用的一种工作方法,它们都是利用可燃性气体在纯氧中燃烧释放出来的大量热量去熔化金属,达到连接和切割工件的目的。常用的可燃气体主要有乙炔和氧气,极易发生火灾和爆炸。要求:

1) 禁止在具有火灾、爆炸危险的场所吸烟、使用明火。因施工等特殊情况需要使用明火作业的,应当按照规定事先办理审批手续,采取相应的消防安全措施;作业人员应当遵守消防安全规定。

2）进行电焊、气焊等具有火灾危险作业的人员和自动消防系统的操作人员，必须持证上岗，并遵守消防安全操作规程。

2. 灭火的基本知识

（1）灭火的几种基本方法

1）冷却法:就是降低燃烧物质的温度使火熄灭。如可用水直接喷洒在燃烧物上，吸收能量，使温度降低到燃点以下，就可以使火焰熄灭。对忌水的物品，如油类着火，则不可以用水灭。

2）窒息法:就是阻止空气流入燃烧区，断绝氧气对燃烧物的助燃，最后使火焰窒息。使用干粉灭火器、二氧化碳灭火器灭火，都有窒息作用。核聚变装置装配试验场所只能选用这两种灭火器。

3）隔离法:就是要断绝可燃烧物。将燃烧点附近的可燃物移到远离燃烧点的地方，防止火势蔓延。切断流向燃点的可燃液体。如关闭煤气管阀门等。

4）抑制法:用有抑制作用的灭火剂射到燃烧物上，使燃烧停止。如使用干粉、1211灭火器等。

（2）水的灭火应用

水是不燃液体，是一种天然灭火剂。水灭火主要有4个方面:

1）水能够冷却燃烧的物质，水的热容量和汽化热都比较大，为了加热1 kg水使它升高1 ℃，需要4 000多焦耳热量，而当它蒸发汽化时，又需要吸收约2.3兆瓦焦耳热量。因此，水能从燃烧物质中夺取大量热，降低燃烧物质的温度。

2）水能隔绝空气，使燃烧窒息。1 kg水能够生成1 700 L蒸汽，这样大量的蒸汽，能够阻止空气进入燃烧区，并减少燃烧区空气中氧的含量，使其失去助燃作用。

3）水能够稀释某些液体，冲淡燃烧区内可燃气体的浓度。

4）水在机械作用下具有冲击力，水流强烈冲击火焰，使火焰中断而熄灭。

但水不适合高压电气灭火；不适合熔化的铁水灭火；不适合油类灭火；不适合碱金属灭火，如金属钾、金属钠等；不适合碳化碱金属灭火，如碳化钾、碳化钠、碳化钙、碳化铝、氰化镁、氰化钾等，因为它们遇水能生成乙炔气爆炸。

（3）灭火器的使用

1）干粉灭火器

干粉灭火器有手提式、贮压式。干粉灭火器筒体内装的干粉，使用时在压力的驱动下从喷嘴内向外喷出。干粉灭火器适用扑救液体火灾、带电设备火灾，特别适用于扑救气体火灾。这是其他灭火器所难以比拟的。它也能扑救仪器火灾，但扑救后会留下粉末，对精密仪器火灾是不适宜的。

2）1211灭火器

1211灭火器有手提式和推车式，1211灭火剂装在灭火器筒体里是液态，喷出来遇到高温很快变成气态，具有不导电、无腐蚀性，灭火后不留痕迹的特点。它的应用范围较广，但价格比较贵。

1211灭火器可以扑灭液体、气体火灾和带电设备火灾，特别适合于扑救精密仪器、档案资料、文物等火灾。

3. 火灾报警

当发生火灾时，应视火势情况，及时、准确地报警。在向周围人员报警的同时向消防队报警,同时还要向单位领导和有关部门报告。

(1) 向周围人员报警:应尽量使周围人员明白什么地方着火和什么东西着火,是通知人们前来灭火,还是告诉人们紧急疏散。向灭火人员指明火点的位置;向需要疏散的人员指明疏散的通道和方向。

(2) 向消防队报警:直接拨打119火警电话。拨通电话后,应沉着、冷静,要讲明:发生火灾的单位、地点、靠近何处,什么东西着火、火势大小,是否有人被围困,有无爆炸危险物品、放射性物质等情况。还要讲清报警人员姓名、单位和联系电话号码。注意倾听消防队的询问,准确、简洁地给予回答。报警后,应立即派人到单位门口或交叉路口迎接消防车,并带领消防队迅速赶到火场。如消防队未到前,火势扑灭,应及时向消防队说明火已扑灭。

第七节 《中华人民共和国保守国家秘密法》基础知识

一、基本概要

《中华人民共和国保守国家秘密法》(以下简称《保密法》),于1988年9月5日经第七届全国人民代表大会常务委员会第三次会议通过,2010年4月29日修订。

《保密法》是新中国成立以来我国第一部比较完备的、与形势相适应的管理保守国家秘密工作的法律,《保密法》共六章五十三条。

第一章为总则,共8条,主要规定立法宗旨、适用范围、国家秘密概念、保密工作方针、保密工作管理制度和机关、单位保密工作职责及保密奖励制度。

第二章为国家秘密的范围和密级,共12条,主要规定涉密事项范围和密级范围,定密工作体制,定密责任和权限,定密工作内容和流程,国家秘密的变更和解除,以及不明确或者有争议事项的确定等。

第三章为保密制度,共20条,主要规定国家秘密载体、涉密信息系统、信息发布、涉密采购、对外交往和合作、涉密会议活动、保密要害部门部位、军事禁区与涉密场所、从事涉密业务的企业事业单位、涉密人员等方面的保密管理制度,并针对危害国家秘密安全的行为做出禁止性规定。

第四章为监督管理,共7条,主要规定保密行政管理部门制定保密规章和标准、宣传教育、保密检查、保密技术防护、泄密案件查处、定密监督、密级鉴定和处分监督等职责。

第五章为法律责任,共4条,主要规定严重违规行为的法律责任,机关、单位发生重大泄密案件和定密不当的法律责任,互联网及其他公共信息网络运营商、服务商的法律责任,以及保密行政管理部门工作人员的法律责任。

第六章为附则,共2条,是关于有关军事法规和本法施行日期的规定。中央军事委员会根据本法制定中国人民解放军保密条例。本法自2010年10月1日起施行。

二、保守国家秘密是每个公民的义务

"保守国家秘密"是每个公民应尽的一项基本义务。我国《宪法》第五十三条规定:"公民必须遵守宪法和法律,保守国家秘密"。《保密法》中也做出了明确规定:"一切国家机关、武装力量、政党、社会团体、企业事业单位和公民都有保守国家秘密的义务"。因此,凡是具有

中华人民共和国国籍,根据我国《宪法》和法律规定享有一定权利并承担义务的人,都必须承担保守国家秘密的义务。《保密法》第二十六条明确要求每个公民:"禁止非法复制、记录、存储国家秘密。禁止在互联网及其他公共信息网络或者未采取保密措施的有线和无线通信中传递国家秘密。禁止在私人交往和通信中涉及国家秘密。"因此,公民要认真履行自己的保密义务。

守法的前提是知法,保密法规要学,而且要学好。通过参加知识培训、专家讲座,逐步加深对保密工作重要性的认识。学习信息安全保密知识,提高防范技能,尽可能防范泄密问题的发生。

保密法规对保密工作以及措施都做了明确具体的规定,照章办事。不该说的不说,不该问的不问,不该看的不看,涉密资料及存储介质要严格保管,坚决做到"涉密不上网,上网不涉密"的保密基本要求。

保密法规是严肃的,谁不按制度办事,泄露了国家秘密,必会受到相应的处罚,所以我们在平时的工作中,养成良好的保密习惯,防止在不经意间,将国家秘密置于失控的状态。

三、保密工作的基本要求

全球信息化的迅猛发展给保密工作带来了许多新的严峻的挑战。一张简单的图纸、一份简单的文件都可能含有涉密内容,它们的流失都可能给国家造成无法挽回的损失。因此,培养全体职工的保密意识,让保密成为一种习惯,是做好保密工作最基本的要求。

(1) 妥善保管好涉密文件。对涉密资料的制作、收发、传递、复印、销毁等各个环节从严管控,做到有制度、有检查、有落实,严格控制发放范围,指定专人管理,实行专柜存放,定期进行销毁,切实将涉密文件的管理纳入有序轨道,防止发生失密泄密现象。

(2) 加强涉密信息存储载体的"妥善保管"。目前,一些人员使用的软盘、光盘、移动硬盘、U盘等存储载体,自购、自用、自存的现象比较普遍,这些载体信息容量大,使用频繁,长期散存于个人手中容易失控,泄密渠道明显增多。所以,教育职工"妥善保管"是非常必要的。

(3) 对有可能成为发明创造或重大科研成果的阶段性资料进行"妥善保管"。一项发明创造或科研成果被鉴定为省部级以上重大科技成果,往往需要几年时间甚至更长,那么对阶段工作中所取得的重要数据和技术资料,进行"妥善保管"的最好方式就是及时交到档案室建档和归档,限定接触人员范围,有利于形成最终成果。

(4) 对核心软件(专用软件)实行专人"妥善保管",并在档案室留有备份,防止丢失或其他意外发生。

四、本工种的保密规定

保密工作要点:

(1) 有可能成为发明的阶段性研究成果;

(2) 试验工作中的关键技术;

(3) 试验技术的重大发展;

(4) 国外没有或国外虽有但系保密的试验技术研究成果,如新工艺、新技术、新材料等;

(5) 试验技术的绝招和绝技应及时建档,归口保管,并严格履行借阅手续;

(6) 不得擅自向外国人提供保密的试验技术资料、样品、产品等,也不得向外国人许诺提供保密的资料、样品或产品等；

(7) 向新闻媒体发送拟公开报道、出版的试验技术信息时，特别对是否涉及国家秘密界限不清的信息，应按有关规定报送上级主管领导或主管业务部门审定；

(8) 禁止在非保密的渠道上谈论或传递试验保密信息，如需要在有线或无线信息上传递秘密信息，必须配备和实施加密技术措施，严禁在电话上讲述机密、绝密内容(包括使用保密机)，凡涉及秘密的也一律不准在无保密设施的传真机上传递；

(9) 必须坚持明电明复、密电密复的原则，严禁明密混用。防止载体上的秘密信息遭到破坏或被窃取；

(10) 绝密文件和发文部门规定不准翻印的文件，不得自行复印；工作确实需要必须复印时，要经发文部门负责同志批准，且必须到国家秘密载体定点复制单位复制。

第八节　核安全法规相关知识

一、核安全相关法规的重要性

核安全相关的法规是政府安全监管部门依法行政的基础，是设计、建造、运行核设施的依据。法规规范了核设施营运单位、设计和建造单位，以及设备制造单位的行为准则，明确了设计标准和核安全目标，规定了核设施选址、设计、制造、土建、安装、调试、运行和定期试验及维修等的要求，这些要求纳入相关的安全许可证制度当中，对核设施的安全运行、保护工作人员和公众不会遭受过量放射性危害、保护环境等起到了重要作用。

核设施营运单位必须始终坚持“安全第一，质量第一”的方针，遵守国家的有关法律、行政法规和技术标准，自觉接受国家核安全监督部门的核安全监督和主管部门的安全管理，建立健全单位内部严格的安全管理制度和有效的管理体系，配备足够的安全管理资源，就能够保证核设施的安全运行，实现保护人员、社会和环境安全的目标，保证我国核能事业的可持续发展。

二、核安全相关法规的体系构成

我国政府十分重视核安全法规建设，从1986年10月国务院批准颁布《中华人民共和国民用核设施安全监督管理条例》至今，中国已发布了一系列的法律、法规和导则，其范围覆盖了核电厂，使各类民用核设施的选址、设计、建造、运行和退役做到了有法可依，逐步确立了中国的核安全法规体系。已基本形成了纵向由国家法律、行政法规、部门规章、指导性文件、参考性文件等不同层次构成国家核安全法律法规体系，其中，法律由全国人民代表大会常务委员会制定并发布，具有高于行政法规和部门规章的效力；行政法规由国务院根据宪法和法律制定并公布，具有法律约束力；部门规章由国务院有关部门根据法律和国务院行政法规在本部门权限范围内制定并发布，具有法律约束力。

法律:现有的适用于核安全领域的国家法律有《中华人民共和国宪法》《中华人民共和国环境保护法》《中华人民共和国放射性污染防治法》和《中华人民共和国环境影响评价法》等。

行政法规:现有的适用于核安全领域的行政法规有《中华人民共和国民用核设施安全监督管理条例》《中华人民共和国核材料管制条例》《核电厂核事故应急管理条例》《放射性物品

运输安全管理条例》和《民用核安全设备监督管理条例》等5部。

核安全监管部门和相关部门规章20多项,相关导则70多项,法规性技术文件、综合报告和核安全法规译文等180多项。

我国的核安全法律法规体系除了纵向的法律法规直至技术文件的各层次文件,横向由通用系列、核动力系列、研究堆系列、核燃料循环设施系列、放射性废物管理系列、核材料管制系列、民用核安全设备系列、放射性物质运输系列、核技术应用系列等多系列组成的核与辐射安全法规体系。

这一法规体系基本上与国际原子能机构及许多相关国家的核安全法规体系接轨,基本满足当前核安全和辐射安全监管的需要。

核安全部门编制的部门规章主要分实施细则和核安全规定。实施细则:根据核安全管理条例规定具体实施办法的规章;核安全规定:规定核安全目标和基本安全要求的规章。核安全导则:说明和补充核安全规定以及推荐有关方法和程序的指导性文件。核安全法规技术文件:核电厂技术领域的参考性文件。

核安全法规按其所覆盖的技术领域划分为8个系列,标准格式为HAFxxx/yy/zz,其中"HAF",为"核安全法规"汉语拼音的缩写,"xxx"的第1位为各系列的代码,第2、3位为顺序号;"yy/zz"为核安全条例或规定的相应的实施细则及其附件的代码。核安全法规各系列的编排分别为:

HAF0xx/yy/zz——通用系列;

HAF1xx/yy/zz——核动力系列;

HAF2xx/yy/zz——研究堆系列;

HAF3xx/yy/zz——核燃料循环设施系列;

HAF4xx/yy/zz——放射性废物管理系列;

HAF5xx/yy/zz——核材料管制系列;

HAF6xx/yy/zz——民用核承压设备监督管理系列;

HAF7xx/yy/zz——放射性物质运输管理系列。

其中通用系列、核动力系列、放射性废物管理系列、核材料管制系列、放射性物质运输管理系列、民用核承压设备监督管理系列与核电厂的选址、设计、建造、运行和退役密切相关。表2.8-1列出了核安全管理相关法规目录。

表 2.8-1 核安全管理相关法规目录

类别	文件名	编码	发布时间
国家法律	《中华人民共和国放射性污染防治法》		2003 年 6 月 28 日主席令颁布
行政法规	《中华人民共和国民用核设施安全监督管理条例》	HAF001	1986 年 10 月 29 日国务院颁布
行政法规	《核电厂核事故应急管理条例》	HAF002	1993 年 8 月 4 日国务院颁布
行政法规	《中华人民共和国核材料管制条例》	HAF501	1987 年 6 月 15 日国务院颁布
行政法规	《放射性物品运输安全管理条例》		2009 年 9 月 7 日国务院颁布
行政法规	《民用核安全设备监督管理条例》		2007 年 7 月 4 日国务院颁布

第三章　专业基础知识

学习目标：通过对专业知识的学习，使退役核设施去污拆除操作工具备专业基础知识水平，熟练掌握操作要领，为进一步学习专业技能知识打下良好的基础。

第一节　物理基础知识

一、理想气体的状态方程

理想气体状态方程，又称理想气体定律、普适气体定律，是描述理想气体在处于平衡态时，压强、体积、物质的量、温度间关系的状态方程。

其方程为

$$pV=nRT \tag{3.1-1}$$

式中，p 是指理想气体的压强，单位 Pa；V 为理想气体的体积，单位 m^3；n 表示气体物质的量，单位 mol；而 T 则表示理想气体的热力学温度，单位 K；R 为理想气体常数。

对于混合理想气体，其压强 p 是各组成部分的分压强 p_1、p_2、…之和，故：$(p_1+p_2+\cdots)V=(n_1+n_2+\cdots)RT$，式中 n_1、n_2、…是各组成部分的物质的量。

二、传热学基本概念

热量传递有热传递有三种形式：传导、对流、热辐射。它们可以单独进行，但更多的是以复合传热的方式出现。

1. 导热

当物体各部分之间不发生相对位移或不同的物体直接接触时，依靠物质的分子、原子及自由电子等微观粒子的热运动而产生的热量传递称为导热。从宏观上来看，它是因物质直接接触，能量从温度高的部分传递至温度低的部分，其间既无明显的物质转移，又无物质的相对位移。因此，导热是一种需要温度梯度作为驱动的分子现象。

2. 对流

液体或气体中较热部分和较冷部分之间通过循环流动使温度趋于均匀的过程。对流是液体和气体中热传递的特有方式，气体的对流现象比液体明显。对流可分自然对流和强迫对流两种。自然对流往往自然发生，是由于温度不均匀而引起的。强迫对流是由于外界的影响对流体搅拌而形成的。

3. 热辐射

热辐射不同于导热和对流，它通过电磁波的形式传递热量，辐射换热不需要传递介质，而且热辐射也具有一般电磁波的吸收、反射与穿透等特性。

三、弹性碰撞与非弹性碰撞

1. 弹性碰撞

(1) 概念

在理想情况下,物体碰撞后,形变能够恢复,不发热、发声,没有动能损失,这种碰撞称为弹性碰撞(elastic collision),又称完全弹性碰撞。真正的弹性碰撞只在分子、原子以及更小的微粒之间才会出现。生活中,硬质木球或钢球发生碰撞时,动能的损失很小,可以忽略不计,通常也可以将它们的碰撞看成弹性碰撞。物体弹性碰撞示意如图 3.1-1 所示。

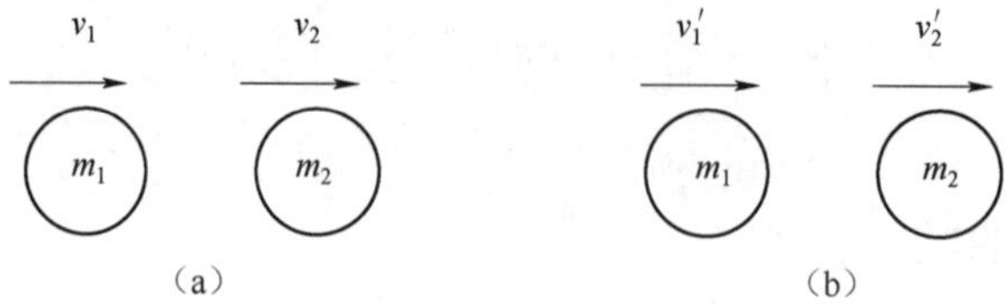

图 3.1-1 物体弹性碰撞示意

(a)碰撞前; (b)碰撞后

(2) 碰撞时动量守恒。当两物体质量相同时,动能、机械能守恒时互换速度。

动能守恒:

$$\frac{1}{2}m_1v_1^2+\frac{1}{2}m_2v_2^2=\frac{1}{2}m_1v_1'^2+\frac{1}{2}m_2v_2'^2 \tag{3.1-2}$$

动量守恒:

$$m_1v_1+m_2v_2=m_1v_1'+m_2v_2' \tag{3.1-3}$$

解得两个物体碰撞后速度为

$$v_1'=\frac{v_1(m_1-m_2)+2m_2v_2}{m_1+m_2} \tag{3.1-4}$$

和

$$v_2'=\frac{v_2(m_2-m_1)+2m_1v_1}{m_1+m_2} \tag{3.1-5}$$

2. 非弹性碰撞

碰撞过程中物体往往会发生形变,还会发热、发声。因此在一般情况下,碰撞过程中会有动能损失,即动能、机械能都不守恒,这类碰撞称为非弹性碰撞。碰撞后物体结合在一起,或者速度相等,看做一个整体时,动能损失最大,这种碰撞叫做完全非弹性碰撞。完全非弹性碰撞的过程机械能也不守恒,但是该系统的动量守恒。

四、常见几种基本物理量含义与单位

1. 温度基本物理量含义及单位

温度是表示物体冷热程度的物理量,微观上来讲是物体分子热运动的剧烈程度。温度只能通过物体随温度变化的某些特性来间接测量,而用来量度物体温度数值的标尺叫温标。

它规定了温度的读数起点(零点)和测量温度的基本单位。国际单位为热力学温标(K)。目前国际上用得较多的其他温标有华氏温标(°F)、摄氏温标(℃)和国际实用温标。

(1) 热力学温度

国际单位制(SI)的7个基本量之一,热力学温标的标度,符号为 T。根据热力学原理得出,测量热力学温度,采用国际实用温标。单位是"开尔文",英文是"Kelvin",简称"开",国际代号"K",但不加"°"来表示温度。

以绝对零度(0 K)为最低温度,规定水的三相点的温度为273.16 K,开定义为水三相点热力学温度的1/273.16。

摄氏度为表示摄氏温度时代替开的一个专门名称。而水的三相点温度为0.01摄氏度。因此热力学温度 T 与人们惯用的摄氏温度 t 的关系是:

$$T(\text{K})=273.15+t(℃) \tag{3.1-6}$$

规定热力学温度的单位开(K)与摄氏温度的单位摄氏度(℃)的平均值完全相同。所以 ΔTK=ΔT℃。在表示温度差和温度间隔时,用K和用℃的值相同。

(2) 温度的测量

1) 接触式测温法

接触式测温法是将传感器置于与物体相同的热平衡状态中,使传感器与物体保持同一温度的测温方法。例如利用介质受热膨胀的原理制造的水银温度计、压力式温度计和双金属温度计等;利用物体电气参数随温度变化的特性来检测温度,如热电阻、热敏电阻、电子式温度传感器和热电偶等。

接触式测温仪表比较简单、可靠,测量精度较高;但因测温元件与被测介质需要进行充分的热交换,需要一定的时间才能达到热平衡,所以存在测温的延迟现象,同时受耐高温材料的限制,不能应用于很高的温度测量。

2) 非接触式测温法

非接触式仪表测温法是通过热辐射原理来测量温度的,测温元件不需与被测介质接触,因而测温范围广,不受测温上限的限制,也不会破坏被测物体的温度场,反应速度一般也比较快;但受到物体的发射率、测量距离、烟尘和水气等外界因素的影响,其测量误差较大。

2. 压力、压强、大气压等基本物理量

压力、压强、大气压、表压等参数是核设施退役过程中监测工作介质在管道、设备中的流动是否正常、设备管道是否失效的重要手段。

(1) 压力和压强

压力的定义:指垂直作用于流体或固体界面上的力,用英文字母 F 表示。

压强的定义:物体所受的压力与受力面积之比叫做压强,用英文字母 p 表示。

压强用来比较压力产生的效果,压强越大,压力的作用效果越明显。压强的计算公式是:

$$\text{压强}=\text{压力}/\text{受压面积} \qquad p=F/S \tag{3.1-7}$$

式中,p——压强的单位是帕斯卡,符号是Pa。常用的压强单位有Pa、kPa、MPa、大气压、千克力/平方厘米(kgf/cm^2)、mmHg、mbar、bar、psi等。

压强的单位相互转换:

$$1\ \text{MPa}=1\ 000\ \text{kPa}$$
$$1\ \text{kPa}=1\ 000\ \text{Pa}$$
$$1\ 大气压=100\ \text{kPa}=0.1\ \text{MPa}$$
$$1\ 大气压=1\ 千克力/平方厘米(\text{kgf/cm}^2)=760\ \text{mmHg}$$
$$1\ 大气压=14.5\ \text{psi}$$
$$1\ \text{kPa}=10\ \text{mbar}$$
$$1\ \text{bar}=1\ 000\ \text{mbar}$$

(2) 大气压

大气对浸在它里面的物体产生的压强叫大气压强,简称大气压或气压,符号为 B。在日常工作中使用到表压和负压(真空度)这两个参数就和大气压密切相关。

绝对压力是直接作用于容器或物体表面的压力,绝对压力值以绝对真空作为起点,符号为 P_{ABS}。

表压力是指用压力表、真空表、U 形管等仪器测出来的压力(又叫相对压力),表压力以大气压力为起点,符号为 P_g。

三者之间的关系是:

$$绝对压力=大气压+表压 \quad P_{ABS}=B+P_g$$

$$表压=绝对压力-大气压 \quad P_g=P_{ABS}-B$$

(3) 压差

定义:体系内两点间的压强差。

在放射性厂房中,通过压差来监测、调整厂房内各环境间的进、排风总量和空气流向。保证空气流通方向为非放→低放→高放,避免非放、低放区域被高放区域的空间污染,同时使放射性厂房内保持负压,避免未经处理的放射性气体流向大气环境。

第二节 化学基础知识

一、物质及其变化

1. 物质的组成

世界是由物质组成的,而物质可由分子、原子或离子构成。

(1) 分子

分子是保持物质化学性质的一种微粒。例如,水分子、氧分子、二氧化碳分子等。

(2) 原子

在化学反应里,分子可分成原子,而原子却不能再分。在化学反应中不可再分的最小微粒叫原子。但在物理变化中,原子是可再分的,如核裂变。

(3) 离子

在一定条件下,原子将失去或得到电子,成为带有电荷的原子。这种带有电荷的原子或原子团叫离子。

原子团是由几个原子结合而成的带有电荷的集团，常被称为“根”，如NH_4^+、OH^-、CO_3^{2-}等。

离子有阴阳离子之分，带负电的原子或原子团叫阴离子，如 Cl^-、OH^-；带正电荷的原子或原子团叫阳离子，如Na^+、NH_4^+等。

(4) 元素

具有相同核电荷数(相同质子数)的同一类原子(含简单离子)总称为元素。现已发现109种元素。自然界里，多达1 000万种物质，都是由为数不多的元素组成的。

核电荷数或质子数是划分元素的标准。核电荷数即质子数相同的原子、离子都属同种元素。

质子数相同，中子数不同的同一元素的不同核素互称为同位素。

2. 物质的分类

物质分类的方法较多，可以从不同的角度分成各种不同的类别。

(1) 纯净物和混合物

1) 纯净物

由同一种分子组成的物质叫纯净物。纯净物有一定的化学组成和一定的性质。例如氧气，它是由许多氧分子构成的；又如氯化钠，是由许多Na^+离子和Cl^-离子构成的。

2) 混合物

由不同种分子组成的物质叫混合物。混合物没有固定的化学组成和固定的性质。在混合物中，各种成分保持各自的性质，相互间不发生化学反应。例如空气、石油、泥土等。

(2) 单质与化合物

1) 单质

由同种元素组成的纯净物叫单质。有的单质由分子构成，如氧气、氮气等；有的单质由原子构成，如铁、金刚石等。根据性质不同，单质可分为金属和非金属两大类。惰性气体是由单原子分子构成的，也属于单质。

2) 化合物

由不同元素组成的纯净物叫化合物。例如，二氧化碳是由氧和碳两种元素组成的；小苏打是由钠、氢、碳和氧四种元素组成的。

化合物可分为无机化合物和有机化合物。根据组成和性质的不同，又可把无机物分为氧化物、酸、碱、盐等类别。

3. 物理变化和化学变化

(1) 物理变化

没有生成新的物质的变化称之为物理变化。其实质是保持物质化学性质的最小粒子本身不变，只是粒子之间的间隔运动发生了变化。例如，固态的冰受热熔化成水，液态的水蒸发变成水蒸气；水蒸气冷凝成水，水凝固成冰。水在三态变化中只是外形和状态变化了。并没有新的物质产生出来，所以属于物理变化。

(2) 化学变化

有新物质生成的变化叫化学变化。化学变化在日常生活中是普遍存在的，如木柴燃烧、铁器生锈、燃放焰火、食物腐烂等都是化学变化。发生化学变化时，一般都伴随有发热、发光、产生气体或沉淀等现象。

物理变化与化学变化的根本区别就在于物理变化没有新物质生成,而化学变化有新物质的生成,例如,铜生成铜绿的过程就是化学变化。

4. 质量守恒定律

在化学反应中,参加反应的各物质的质量总和,等于反应后生成的各物质的质量总和,这个规律叫做质量守恒定律。

所有化学反应都遵循质量守恒定律。这是指在化学反应过程中,参加反应的各原子种类和原子数目与反应后的原子种类和数目没有增减,只是原子的重新组合,生成新的物质,所以化学反应前后各物质的质量总和必然相等。

5. 物质及其变化的表示方法

物质及其变化,一般用化学用语来表示。常用的化学用语有元素符号、分子式、化学方程式等。

(1) 元素符号

在化学上,用来表示各元素的不同符号叫元素符号。元素符号是国际通用的化学用语,是由一个或两个拉丁文字母组成,如 Na、K、Cl、Ar 等。

元素符号不仅表示某种元素,还表示该种元素的一个原子和原子量。

(2) 分子式

用元素符号来表示物质分子组成的式子叫分子式。

一个物质只有一个分子式。各分子式是通过实验来确定的,书写时一定要注意规范。

1) 单质分子式的书写法

双原子分子的分子式,是在元素符号右下脚注上数字“2”,如 O_2、Cl_2、I_2 等;单原子的分子式就是该元素符号,如 Cs、Sr、Kr 等。

2) 化合物分子式的书写法

书写化合物的分子式,必须知道化合物中各元素的化合价。

一种元素一定数目的原子跟其他元素一定数目的原子相化合的性质,叫化合价。它反应了形成某化合物时各元素的原子之间的个数关系。

化合价有正价和负价,一般规律是:

① 氢元素常为+1 价,氧元素常为-2 价。

② 金属元素显正价。

③ 非金属元素与氢化合时显负价,与氧化合时显正价。如在 HCl 中,Cl 显-1 价;在 $KClO_4$ 中,Cl 显+6 价。

④ 在离子或共价化合物,正、负化合价的代数和为零。

⑤ 有些元素在不同的化合物中表现出不同的化合价。

⑥ 原子团也有化合价,其数值一般是不变的。

在离子化合物里,元素化合价的数值为:

正价数=1 个原子失电子的数目

负价数=1 个原子得电子的数目

书写化合物分子式时,一般是正价的原子或原子团写在前,负价的原子或原子团写在后

(NH_3、CH_4例外);正价与负价的代数和等于零。

(3) 化学方程式

用元素符号、分子式或化学式来表示化学反应的式子,叫做化学方程式。

6. 化学中常用的量

(1) 原子量

原子的质量很小,如一个 ^{12}C 原子的质量仅为 1.933×10^{-22} g。用那么小的数字进行书写、运算和记忆都很不方便,为此,国际上是以一种原子核内有 6 个质子和 6 个中子所组成的碳原子的 1/12 作为标准,其他原子的质量与它相比较所得的数值,就是该种原子的原子量。原子量是不同原子的相对质量,是没有单位的。

用这种方法测出最轻的氢原子量为 1.007 9,氧原子量为 15.999 4,铁原子量为 55.847 等。化学计算中一般采用原子量的近似值。

(2) 分子量

分子量是构成分子的各元素原子量的总和。可见,分子量是分子的相对质量,也没有单位。例如,二氧化碳的分子计量如下:

分子式:CO_2。

元素及原子量:C—12,O—16。

分子量:12+16×2=44。

根据分子式可以计算组成化合物的各元素的质量比,还可以计算化合物中某元素的百分含量。

(3) 物质的量和摩尔质量

1) 物质的量

物质的量是国际上 7 个重要的物理量之一,是衡量某微观物质含有多少个某种微粒(分子、原子、离子、质子、中子、电子等)的量的名称,以便直接计算参加化学反应的物质数量。

表示物质的量的单位是摩尔,符号是 mol。1 mol 物质含有 6.02×10^{23} 个微粒。在使用物质的量时,应指明微粒的种类,如分了、原了、离了、电了以及其他微粒或这些微粒的特定组合体。例如 1 mol 氧原子中含有 6.02×10^{23} 个 O 原子微粒。1 mol 水分子中含有 6.02×10^{23} 个 H_2O(分子)微粒。

1 mol 任何物质都含有 6.02×10^{23} 个微粒,这个数值称为阿伏加德罗常量,用 N_A 表示。例如,1 mol 铁原子中含有 6.02×10^{23} 个 Fe 原子,1 mol 氢离子中含有 6.022×10^{23} 个 H^+。

物质的量 n 与阿伏加德罗常数 N_A 之间的关系可表示为

$$n=N/N_A \tag{3.2-1}$$

例如,计算 3.01×10^{23} 个 H_2O 分子的物质的量。

$$n=3.01\times10^{23}/6.02\times10^{23}=0.5\ \text{mol}$$

2) 摩尔质量

摩尔质量就是物质的质量除以物质的量,即 1 摩尔物质的质量。单位为 g/mol 或 kg/mol。例如,碳的摩尔质量是 12 g/mol,NH_4^+的摩尔质量是 18 g/mol。

如果以 m 代表物质的质量,M 为该物质的摩尔质量,n 为物质的量,它们之间的关系为

$$n(\text{物质的量})=\frac{\text{物质的质量(g)}}{\text{物质的摩尔质量(g/mol)}}=\frac{m}{M}(\text{mol}) \tag{3.2-2}$$

例如,计算 16 g 硫的物质的量:

$$\text{硫的物质的量}=\frac{16\ \text{g}}{32\ \text{g/mol}}=0.5\ \text{mol} \tag{3.2-3}$$

二、溶液和电解质溶液

1. 饱和溶液和非饱和溶液

(1) 溶解和结晶

在一定的温度下,当一个可溶性固体投入水中,固体表面的粒子(分子、离子),在水分子的作用下而离开固体表面进入溶剂中,通过扩散作用,均匀地分散在溶剂中而形成溶液的过程,叫做溶解。与此同时,溶液中的溶质粒子,由于热运动,使某些粒子又碰撞到没有溶解的固体表面,在粒子与固体表面的相互作用下而重新析出。这个从溶液中析出固体溶质的过程叫做结晶。溶解与结晶是两个相反的过程。

(2) 饱和溶液与非饱和溶液

在一定条件下,溶解与结晶是可逆的。当溶解刚开始时,溶解液中的溶质粒子较少,随着溶解的进行,溶液中溶质粒子不断增多,重新回到固体表面的粒子也增加,但整个过程表现为溶质的不断溶解,即溶解速度大于结晶速度。当溶解速度等于结晶速度时,固体溶质的质量不再减少,溶液的浓度不再增加,(但两个过程仍继续进行)处于动态平衡。此时溶液的浓度已达到最大值。

在一定温度下,溶解和结晶达到动态平衡时的溶液叫做饱和溶液。反之,在一定温度下,溶解速度大于结晶速度的非平衡状态时溶液,叫做非饱和溶液。

饱和溶液和非饱和溶液在条件改变时,可以互相改变,如增加溶剂量或改变温度,可使饱和溶液变成非饱和溶液。

(3) 饱和蒸气压

在一定温度下,任何液体的表面分子都有飞到空间的倾向,即汽化。同时,飞到空间去的分子,由于不停地运动,也有飞回液面形成液体的倾向,即液化。当飞到空间去的分子数与飞回液面形成液体的分子数相等时,即汽化和液化的相对量不再变化而建立了动态平衡。此时液体上方的蒸气压即为该液体在该温度下的饱和蒸气压,简称蒸气压。

同一液体在不同的温度下,或同一温度的不同液体,它们的饱和蒸气压是不同的;不同液体在不同温度时的饱和蒸气压,可查阅有关手册。

2. 溶解度

(1) 固体溶解度

一种物质溶解在另一种物质里的能力叫做溶解性。溶解性的大小用溶解度表示。

固体物质的溶解度是指在一定的温度下,某物质在 100 g 溶剂里达到饱和状态时所溶解的克数,用字母 s 表示,其单位是“g/100 g 水”。在未注明的情况下,通常溶解度指的是物质在水里的溶解度。例如:在 20 ℃时,100 g 水里最多能溶 36 g 氯化钠(这时溶液达到饱和状态),我们就说在 20 ℃时,氯化钠在水里的溶解度是 36 g。根据溶解度的大小,把物质分为四类；在室温（20 ℃）下，溶解度大于 10 g 的物质叫易溶物；在 1～10 g 的叫可溶物；在 0.01～1 g 的叫微溶物；在 0.01 以下的叫做难溶物。由此可见，难溶物质绝非不溶，绝对不溶的物质是不存在的，习惯上把"难溶"称为"不溶"。

影响固体溶解度的因素除了固体本身和溶剂的性质外，还与温度有关。大多数情况下，固体溶解度随温度升高而增大，极少数固体物质的溶解度随温度升高而减小。

（2）气体溶解度

气体的溶解度通常是指该气体（1.01×10^5 Pa）在一定温度下溶解在1体积水里达到饱和状态时所能溶解的体积（若为非标准状况下的气体体积，则应换算为标准状况下的体积）。例如，在 0 ℃时，1 体积水里能溶解 0.049 体积的氧气，则氧气在 0 ℃时的溶解度 0.049。

气体的溶解度除与气体本身、溶剂性质有关外，还与温度、压强有关。例如，在 20 ℃的条件下，当气体压强为 1.013×10^5 Pa时，1 L水可以溶解气体的体积是：氨气为 702 L，氢气为 0.018 19 L，氧气为 0.031 02 L。

当压强一定时，气体的溶解度随着温度的升高而减少。这一点对气体来说没有例外，因为当温度升高时，气体分子运动速率加快，容易自水面逸出。

当温度一定时，气体的溶解度随着气体的压强的增大而增大。这是因为当压强增大时，液面上的气体的浓度增大，因此，进入液面的气体分子比从液面逸出的分子多，从而使气体的溶解度变大。

3. 电解质溶液

（1）电解质的电离

1）电解质

电解质是指在水溶液中或熔融状态下能够导电的化合物。例如酸、碱和盐等。

2）离子方程式

由于电解质在水溶液中全部或部分电离成离子，因此，电解质在水溶液中的反应，实质是离子之间的反应，用实际参加反应的离子符号来表示离子反应的式子，叫做离子方程式。离子方程式与一般方程式有所不同，它不但表示出反应的实质，而且表示所有同一类的离子反应。例如，酸碱中和反应都可以用同一离子方程式表示：

$$H^+ + OH^- = H_2O \tag{3.2-4}$$

从离子方程式可以看出，中和反应特征是生成 H_2O，其实质是 H^+与 OH^-的反应。

书写离子方程式的方法如下：

① 先写出分子反应方程式；

② 无论是反应物还是生成物，凡属易溶的强电解质写成相对应的离子，凡属难溶物质、水、弱电解质或气体，都用分子式表示；

③ 消去反应两边不参加反应的相同数目离子，剩下的就是该反应的离子方程式；

④ 配平后式子两边各种元素的原子总数相等，反应物与生成物的电荷总数也相等。

例如：用离子反应方程式表示 $CuSO_4$ 和 H_2S 溶液的反应为

$$Cu^{2+} + H_2S = 2H^+ + CuS\downarrow \tag{3.2-5}$$

需要指出的是，不是在溶液中进行的反应，不宜写离子方程式。

(2) 溶液的 pH

1) 水的电离

纯水是很弱的电解质,电离时,只有极小部分解离成 H^+ 和 OH^-,而且是按以下方程电离:

$$2H_2O = H_3O^+ + OH^- \tag{3.2-6}$$

简化为

$$H_2O = H^+ + OH^- \tag{3.2-7}$$

水的电离作用是很小的,在 22 ℃时,根据实验测定,在电离平衡时,1 L 纯水中仅有 10^{-7} mol 水分子被电离为离子,水中的 H^+ 和 OH^- 都为 10^{-7} mol/L,表示为

$$c_{H^+} = c_{OH^-} = 10^{-7}\,\text{mol/L} \tag{3.2-8}$$

2) pH

在纯水溶液中,由于 H^+ 和 OH^- 离子总是同时存在的,且浓度相等,所以显中性。若某溶液显酸性,则溶液中 H^+ 离子浓度超过了 OH^- 离子浓度,即 $[H^+]>[OH^-]$。同理,若为碱性溶液,则 OH^- 离子浓度超过 H^+ 离子浓度,即 $[OH^-]>[H^+]$。溶液的酸碱性,习惯上用 $[H^+]$ 表示:

- $[H^+]=[OH^-]=10^{-7}$ mol/L 时,水溶液呈中性;
- $[H^+]>10^{-7}$ mol/L 时,水溶液呈酸性;
- $[H^+]<10^{-7}$ mol/L 时,水溶液呈碱性。

如果对上述第一个等式取对数,则得:

$$\lg[H^+]=\lg 10^{-7}=-7 \tag{3.2-9}$$

即

$$-\lg[H^+]=7 \tag{3.2-10}$$

用符号 pH 来表示上式,则:

$$pH=-\lg[H^+]=7 \tag{3.2-11}$$

那么,pH 是氢离子浓度的负对数。

由此可以得出:中性溶液 pH=7;酸性溶液 pH<7;碱性溶液 pH>7。

3) pH 值的测定

在生产、科研中,控制和测定溶液的 pH 是非常重要的。溶液 pH 的测定可以用 pH 计或是借助指示剂来实现。指示剂是一种植物颜料或某种颜色的有机化合物,当溶液中 pH 改变时其颜色也发生改变。这种颜色突变是很鲜明、敏捷的,而且随氢离子浓度的变化而逆向变色。

常见酸碱指示剂的变色范围见表 3.2-1。

表 3.2-1 常见酸碱指示剂的变色范围

指示剂	变色范围 pH	颜色		
		酸色	中间色	碱色
甲基橙	3.1～4.4	红	橙	黄
石蕊	5～8	红	紫	蓝
酚酞	8～10	无	粉红	玫瑰红

从表 3.2-1 中指示剂的变色范围可以看出，指示剂一般只能粗略地表示溶液的酸碱性，要比较精确地知道溶液酸碱性，可用 pH 试纸。pH 试纸是由多种指示剂的混合液浸透的试纸，因此，它能在不同 pH 值的溶液显示不同的颜色。用 pH 试纸测定溶液的 pH，方法简单，首先从 pH 试纸本撕下一条试纸，滴上一滴被测溶液，然后把试纸呈现的颜色与标准比色板对照，就可以比较准确地知道被测溶液的 pH。这种方法广泛地应用在生产和科研实验中。

三、化学反应的基本类型和氧化-还原反应

1. 化学反应的基本类型

化学反应的分类方法较多。根据反应的形式(分子中原子重新组合的方式)，无机化学反应可分为化合反应、分解反应、置换反应和复分解反应四种基本类型。

(1) 化合反应

由两种或两种以上的物质生成另一种新物质的反应，叫做化合反应。

(2) 分解反应

由一种物质生成两种或两种以上新物质的反应，叫做分解反应。

(3) 置换反应

由一种单质和一种化合物反应，生产另一种新的单质和另一种新的化合物的反应叫做置换反应。

(4) 复分解反应

由两种化合物互相交换成分，生成另外两种新的化合物的反应。

2. 氧化-还原反应

氧化-还原反应是无机化学中广泛存在的一类重要反应，无论是无机物中硫酸、硝酸的制造，还是在各类金属的冶炼中都要应用氧化-还原反应。因此，掌握它的实质和规律，对于指导生产或从事科研都有着重要的实际意义。

(1) 氧化-还原反应的实质

凡在化学反应中，原子失去电子(使元素的化合价升高)的变化，叫做氧化，这类反应叫做氧化反应；若是原子得到电子(使元素化合价降低)的变化，叫做还原，这类反应叫做还原反应。在这一类反应中，氧化与还原必然同时发生，即有一物质失去电子(被氧化)，必然有另一物质得到电子(被还原)，且得、失电子的数目相等。同时，必然伴随着反应前后某些元素的化合价的升高或降低。

凡是物质之间有电子得失的反应叫做氧化-还原反应。

(2) 氧化剂与还原剂

在氧化-还原反应中得到电子的物质叫氧化剂；失去电子的物质叫做还原剂。

一般常用的氧化剂都是一些易获得电子的非金属，如 F_2、O_2、Cl_2 等，以及高价态元素的化合物，如 $KMnO_4$、$KClO_3$、HNO_3 等。

一般常用的还原剂都是一些易失去电子的金属，如钠(Na)、镁(Mg)、钾(K)等，以及含有低价态元素的化合物，如 CO、SO_2、H_2S、$FeSO_4$ 等。

氧化剂和还原剂是指参加反应的物质，氧化剂氧化了还原剂而本身被还原；还原剂还原氧化剂而本身被氧化。氧化剂和还原剂是相对的，有些物质如 SO_2 在不同条件下可以做氧

化剂也可以做还原剂。

(3) 氧化性和还原性

氧化性是指某种物质可作为氧化剂而氧化别的元素的性质。如 F_2 能被还原,因而具有氧化性。还原性是指某种物质可作为还原剂而还原别的元素的性质。如CO能被氧化,因而具有还原性。

得电子能力强的物质,其氧化性强;失电子能力强的物质,其还原性强。氧化性、还原性的强弱决定于得失电子的难易,而不决定于得、失电子的多少。

四、酸碱属性

1. 盐酸

盐酸是氯化氢的水溶液。化学名称为氢氯酸,俗称盐酸。化学式:HCl。

(1) 物理性质纯净的盐酸是无色液体,打开浓盐酸的瓶盖,瓶口有白雾,小心扇闻有刺激性气味,有酸味。说明:浓盐酸具有挥发性,挥发出的氯化氢气体遇到空气中的水蒸气形成白雾。浓盐酸具有腐蚀性。

(2) 化学性质

1) 能使紫色石蕊溶液变成红色,不能使无色酚酞溶液变色。石蕊溶液和酚酞溶液叫做酸碱指示剂。

2) 能和活泼金属反应:稀盐酸能和镁、铝、锌、铁等活泼金属反应。

3) 盐酸和金属氧化物反应:将一根生锈的铁钉放在盐酸中,过一会儿,铁锈溶解在酸中,溶液呈黄色。一些金属制品在焊接前,先用盐酸清洗表面,目的是除去金属表面的氧化层,使焊接牢固。

(3) 盐酸的用途:重要化工产品。用于金属表面除锈、制造药物(如盐酸麻黄素、氯化锌)等;人体胃液中含有盐酸,可帮助消化。

2. 硝酸的性质

化学式:HNO_3。纯净的硝酸是无色透明、有刺激性气味的油状液体,有腐蚀性,能与水按任何比例混合。常用的市售浓硝酸浓度约为 69%,浓度为 96%~98%的硝酸叫发烟硝酸。硝酸是一种强酸,在水中完全电离。它除了有酸的通性之外,还具有强氧化性和不稳定性。

强氧化性:硝酸分子中氮元素为最高价态(+5),因此硝酸具有强氧化性,硝酸的浓度越大,其氧化性越强。硝酸能氧化除金、铂之外的所有金属,其还原产物因硝酸浓度的不同而有变化,浓硝酸的还原产物主要为二氧化氮,稀硝酸主要为一氧化氮。

不稳定性:硝酸见光或受热都会分解,且浓度越高越易分解,所以,硝酸要避光保存。

3. 硫酸

化学式:H_2SO_4。

(1) 浓硫酸的物理性质:浓硫酸是无色、黏稠的液体,难挥发,无酸味。

(2) 浓硫酸的腐蚀性:浓硫酸有强烈的腐蚀性,它能夺取纸张、木材、布料、皮肤(都由含碳、氢、氧等元素的化合物组成)里的水分(严格地说,浓硫酸能将这些物质中的氢、氧元素按水的组成比脱去,通常叫做脱水作用),生成黑色的炭。所以使用浓硫酸时应十分小心。

(3) 浓硫酸的稀释:将浓硫酸沿烧杯壁慢慢地注入盛有水的烧杯里,用玻璃棒不断搅拌,用手接触烧杯外壁,有灼热感。这是因为浓硫酸易溶于水,溶解时放出大量的热。若将水注入浓硫酸中,由于水的密度较小,浮在浓硫酸上面,溶解时放出的热会使水立即沸腾,使硫酸液滴向四周飞溅,这是非常危险的。所以,在稀释浓硫酸时,一定要把浓硫酸沿器壁慢慢注入水里,并不断搅拌,切不可将水倒进浓硫酸里。

(4) 浓硫酸的吸水性:浓硫酸具有很强的吸水性,盛浓硫酸的试剂瓶不宜敞口放置。在实验室中,浓硫酸常用做某些气体的干燥剂。

(5) 稀硫酸的化学性质如下。

1) 稀硫酸能使紫色石蕊溶液变红,不能使无色酚酞溶液变色。

2) 稀硫酸能和活泼金属反应,生成氢气。

3) 稀硫酸能和金属氧化物反应:将一根生锈的铁钉放入稀硫酸中,过一会儿,铁锈溶解,溶液呈黄色。

(6) 硫酸的用途:重要化工原料。用于金属表面除锈、冶炼金属、精炼石油及生产化肥、农药、火药、染料等。

4. 碳酸钠和碳酸氢钠

碳酸钠的化学式:Na_2CO_3,碳酸氢钠的化学式 $NaHCO_3$,俗称苏打、纯碱,一种重要的化工基本原料,纯碱工业的主产品。通常为白色粉末,高温下易分解,易溶于水,水溶液呈碱性。碳酸钠与水生成 $Na_2CO_3 \cdot 10H_2O$、$Na_2CO_3 \cdot 7H_2O$、$Na_2CO_3 \cdot H_2O$ 三种水合物,其中 $Na_2CO_3 \cdot H_2O$ 最为稳定,且溶于水的溶解热非常小,多应用于照相行业。$Na_2CO_3 \cdot 10H_2O$ 又称晶碱或洗涤碱,溶于水时呈吸热反应,在空气中易风化。$Na_2CO_3 \cdot 7H_2O$ 不稳定,仅在 32.5~36 ℃范围内才能从碳酸钠饱和溶液中析出。

5. 氢氧化钠

化学式:NaOH,俗称火碱、烧碱、苛性钠。

(1) 氢氧化钠的物理性质:NaOH 是白色固体,放在空气中表面潮湿,这是因为 NaOH 容易吸收空气中的水分,这种现象叫做潮解。将 NaOH 放入水中溶解,并放出热量。

(2) 氢氧化钠有强烈的腐蚀性,因而称为火碱、烧碱、苛性钠。如果将 NaOH 溶液沾到皮肤上,要用较多的水冲洗,再涂上硼酸溶液。所以,在使用 NaOH 时要十分小心,防止眼睛、皮肤、衣服被它腐蚀。

(3) 氢氧化钠的化学性质如下。

1) 氢氧化钠溶液能使无色酚酞溶液变红色,能使紫色石蕊溶液变蓝色。

2) 氢氧化钠能和某些非金属氧化物反应。NaOH 吸收空气中的二氧化碳,生成碳酸钠和水。NaOH 要密封保存。NaOH 还能吸收二氧化硫气体,生成硫酸钠和水。同样,NaOH 也能吸收二氧化硫气体,生成亚硫酸钠和水。

(4) NaOH 的用途:NaOH 是一种重要的化工原料,广泛应用于肥皂、石油、造纸、纺织和印染等工业。NaOH 能与油脂反应,在生活中可用来去除油污,在核设施去污过程中,通常用到 NaOH 的这 性能。

五、有机化合物概述

1. 有机化合物的定义与特点

有机化合物简称有机物,通常指含碳元素的化合物,但一些简单的含碳化合物,如一氧化碳、二氧化碳、碳酸盐、金属碳化物、氰化物等,他们虽然含有碳元素,但属于无机化合物。在有机化合物中,除含碳元素外,绝大多数有机化合物分子中含有氢元素,有些还含氧、氮、卤素、硫和磷等元素。因此,常将有机化合物称为碳氢化合物及其衍生物。地球上所有的生命形式主要是由有机物组成的。例如脂肪、氨基酸、蛋白质、糖、血红素、叶绿素、酶、激素等。生物体内的新陈代谢和生物的遗传都涉及有机化合物的转变。此外,许多与人类生活有密切关系的物质,例如石油、天然气、棉花、染料、化纤、天然和合成药物等,均属有机化合物。

有机化合物的特点主要有以下 6 点。

(1) 数目繁多

虽然组成有机化合物的元素甚少,但有,机化合物的数目却极为庞大,迄今已逾 1 500 万种,而且新合成或被新分离和鉴定的有机化合物还在与日俱增。有机化合物之所以数目众多,主要有两个原因:① 碳原子彼此之间能够进行多种方式的结合,生成稳定的、长短不同的直链、支链或环状化合物;② 碳是周期表中第二周期第四族的元素,不仅能与电负性较小的氢原子结合,也能与电负性较大的氧、硫、卤素等元素形成化学键。

(2) 热稳定性差,容易燃烧

有机化合物一般对热是不稳定的,容易燃烧,生成二氧化碳、水和其他气体氧化物,同时放出大量的热量。而大多数无机化合物,如酸、碱、盐、氧化物等都不能燃烧。因而有时采用灼烧试验可以区别有机物和无机物。

(3) 熔、沸点低

在室温下,绝大多数无机化合物都是高熔点的固体,而有机化合物通常为气体、液体或低熔点的固体。例如,氯化钠和丙酮的相对分子质量相当,但二者的熔、沸点相差很大,见表 3.2-2。

表 3.2-2 熔点比较

	NaCl(氯化钠)	CH_3COCH_3(丙酮)
相对分子质量	58.44	58.08
熔点/℃	801	−95.35
沸点/℃	1 413	56.2

大多数有机化合物的熔点一般在 400 ℃以下,而且它们的熔、沸点随着相对分子质量的增加而逐渐增加。因此,熔点和沸点是有机化合物的重要物理常数。

(4) 难溶于水、易溶于有机溶剂

水是一种强极性物质,所以以离子键结合的无机化合物大多易溶于水,不易溶于有机溶剂。而有机化合物一般都是共价键型化合物,极性很小或无极性,所以大多数有机化合物在水中的溶解度都很小,但易溶于极性小的或非极性的有机溶剂(如乙醚、苯、烃、丙酮等)中,这就是“相似相溶”规律。正因为如此,有机反应常在有机溶剂中进行。

(5) 反应速度慢

无机反应是离子型反应,一般反应速度都很快。如 H^+与 OH^-的反应,Ag^+与 Cl^-生成 AgCl 沉淀的反应等都是在瞬间完成的。

有机反应大部分是分子间的反应，反应过程中包括共价键旧键的断裂和新键的形成，所以反应速度比较慢。一般需要几小时，甚至几十小时才能完成。为了加速有机反应的进行，常采用加热、光照、搅拌或加催化剂等措施。随着新的合成方法的出现，改善反应条件，促使有机反应速度的加快也是很有希望的。

(6) 副反应多，产物复杂

有机化合物的分子大多是由多个原子结合而成的复杂分子，所以在有机反应中，反应中心往往不局限于分子的某一固定部位，常常可以在不同部位同时发生反应，得到多种产物。反应生成的初级产物还可继续发生反应，得到进一步的产物。因此在有机反应中，除了生成主要产物以外，还常常有副产物生成。为了提高主产物的收率，控制好反应条件是十分必要的。由于得到的产物是混合物，故需要经分离、提纯的步骤，以获得较纯净的物质。

2. 有机化合物的结构

有机化合物种类繁多是由碳的特殊性质决定的。

碳原子的最外层有四个电子，碳元素在形成化合物时，它既不易失去电子而形成正离子，又不易获得电子而形成负离子，而是以共价键与其他原子结合。即碳原子以四根键同其他元素结合形成分子。例如 CCl_4。

碳原子不仅能与其他原子形成共价键，碳原子与碳原子之间也能以共价键相结合。他们可以共用一个、两个或三个电子对，形成单键(C—C)、双键(C=C)或三键(C≡C)。

同时，碳原子之间还可以相互结合呈链状、环状、网状的有机化合物的基本骨架。

3. 有机化合物的分类

有机化合物有两种分类方法，一是按碳架不同分类，二是按官能团分类。

(1) 根据碳架不同分类

1) 开链化合物

在开链化合物中，碳原子互相结合形成链状。因为这类化合物最初是从脂肪中得到的，所以又称脂肪族化合物。如：

$CH_3CH_2CH_3$	$CH_3CH{=}CH_2$	$CH_2{=}CH{-}CH{=}CH_2$	CH_3CH_2OH	$CH_3CH_2OCH_2CH_3$
丙烷	丙烯	1,3-丁二烯	乙醇	乙醚

2) 碳环化合物

碳环化合物分子中含有由碳原子组成的碳环。它们又可分为脂环化合物和芳香族化合物两类。

① 脂环化合物。它们的化学性质与脂肪族化合物相似，因此称脂环族化合物。如：

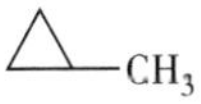
甲基环丙烷

环丁烷

环戊烷

环己烷

1,3-环戊二烯

② 芳香族化合物。这类化合物大多数都含有芳环，它们具有与开链化合物和脂环化合物不同的化学特性。如：

苯

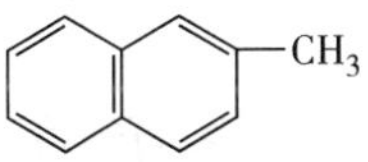
甲苯

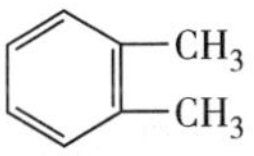
1,2-二甲苯

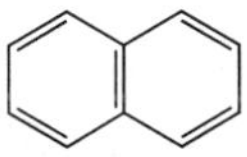
萘

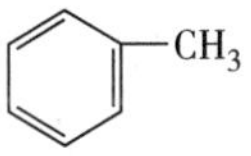
2-甲基萘

③ 杂环化合物。在这类化合物分子中,组成环的元素除碳原子以外还含有其他元素的原子(如氧、硫、氮),这些原子通常称为杂原子。如:

呋喃

噻吩

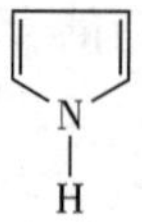
吡咯

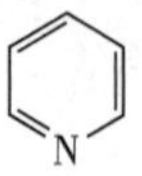
吡啶

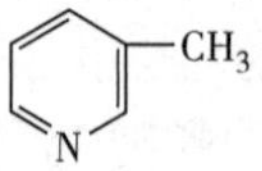
3-甲基吡啶

(2) 根据官能团不同分类

官能团是分子中比较活泼而又易起化学反应的原子或基团,它决定化合物的主要化学性质。含有相同官能团的化合物在化学性质上基本是相同的。因此,只要研究该类化合物中的一个或几个化合物的性质后,即可了解该类其他化合物的性质。

4. 有机化学中的术语和一些基本概念

(1) 有机化学中的几个化学用语

1) 最简式

用元素符号表示化合物分子中元素的种类和各元素的原子数最简单整数比的式子,称为最简式或实验式。不同的有机化合物会有相同的最简式。例如乙炔(C_2H_2)和苯(C_6H_6)的最简式都是 CH。分子式是最简式的整数倍。

2) 结构式

用一条短线连接有机化合物中各原子之间排列顺序的式子称为结构式。一条短线代表一对共用电子对。例如,乙烯的结构式可以写作:

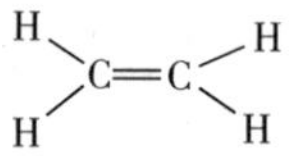

3) 结构简式

简化了的结构式叫做结构简式。它省略了表示单键的短线,保持分子中主要结构和官能团,能反映出各类有机化合物的主要特性。如乙烷和二甲醚的结构简式为 $CH_2—CH_3$ 和 $CH_3—O—CH_3$。

4) 有机反应化学方程式

它与无机物反应的化学方程式稍有不同,反应物和生成物是有机物的用结构简式写出,而不写分子式,这是因为有机物中常有同分异构现象;反应物与生成物之间常用箭头号,而不用等号;在单箭头号上要注明反应条件,这是因为条件不同,产物可能不一样。

(2) 有机化学中的一些基本概念

1) 烃

含有碳和氢两种元素的有机化合物统称为碳氢化合物,简称烃。例如,甲烷、乙烯、乙炔、苯等。它可以进一步分为饱和烃、不饱和烃、脂肪烃和芳香烃。

① 饱和烃。烃分子中如果碳原子与碳原子之间都以单键相连,其余价键都为氢原子所饱和,这类烃叫做饱和烃。饱和烃中碳原子结合的碳链如果没有闭合,则称为烷烃,如果碳链闭合成环,则叫环烷烃,如环丙烷。

② 不饱和烃。在链状烃中,如果各键没有被氢原子占满,富余的键会和其他碳原子组成双键或三键,这类烃就叫不饱和烃。有双键的叫“烯”,如乙烯、丙烯等;有三键的为

"炔",如乙炔、丙炔等。

③ 脂环烃。在烃分子中,有一个或多个由碳原子组成的环,性质与脂肪族烃相似,这类化合物称为脂环烃。脂环烃分子中,组成环的碳原子最少是三个。根据碳环内有无饱和键可分为饱和脂环烃(又称为环烷烃)和不饱和脂环烃。饱和脂环烃如环丙烷、环丁烷等,不饱和脂环烃如环丁烯、环辛炔等。

④ 芳香烃。芳香烃简称"芳烃",通常指分子中含有苯环结构的碳氢化合物,是闭链类的一种。根据结构的不同可分为三类:单环芳香烃(如苯的同系物)、稠环芳香烃(如萘、蒽、菲等)、多环芳香烃(如联苯、三苯甲烷)。

2) 烃基和官能团

烃(碳氢化合物)分子中少掉一个或几个氢原子而成的基团叫做烃基。从不同的烃类可以得到不同类型的烃基。从芳香烃核上少掉一个或几个氢原子而成的烃基称为芳烃基。例如苯基:C_6H_5—。从脂肪烃分子中少一个或几个氢原子而成的烃基称为脂烃基。脂烃基可用 R 表示。脂烃基还可以再分成烷基、烯基、炔基。例如,甲基(烷基):CH_3—、乙烯基(烯基):CH_2=CH—、乙炔基(炔基):CH≡C—。烃基通常用 R 表示。烃基可分为一价基、二价基和三价基。例如,一价基:CH_3CH_2—(乙基)、(CH_3)2CH—(异丙基)、CH≡C—CH_2—(2-丙炔基)。二价基:CH_3CH–(亚乙基)、—CH=CH—(1,2-亚乙烯基)。

决定某一类化合物一般性质的主要原子或原子团称为官能团或功能基。含有相同官能团的化合物,其化学性质基本上是相同的。卤代烃:卤原子(—X),X 代表卤族元素(F,Cl,Br,I);醇、酚:羟基(—OH);醛:醛基(—CHO);酮:羰基(>C=O);羧酸:羧基(—COOH);硝基化合物:硝基(—NO_2);胺:氨基(—NH_2);烯烃:双键(>C=C<);炔烃:三键(—C≡C—);醚:醚键(—O—);磺酸:磺基(—SO_3H);腈:氰基(—CN);酯:酯(—COO—);酮:羰基(C=O)。

3) 同系物和同系列

结构相似(有相同官能团,化学性质相似,物理性质发生规律性变化)、通式相同、在分子组成上相差一个或若干个 CH_2 原子团的物质,互称为同系物。由同系物组成的一系列物质群,称为同系列。例如,烷烃中的甲烷、乙烷、丁烷等,他们相差 n 个 CH_2,互为同系物。

4) 同分异构体和同分异构现象

具有相同分子式而结构不同的化合物互为同分异构体,如乙醇和甲醚,他们的分子式完全相同,而结构完全不同。化合物具有相同分子式,但具有不同结构的现象,叫做同分异构现象。

5) 衍生物

母体化合物分子中的原子或原子团被其他原子或原子团取代所形成的化合物,称为该母体化合物的衍生物。如卤代烃、醇、醛、羧酸可看成是烃的衍生物,因为它们是烃的氢原子被取代为卤素、羟基、氧等的产物。常见的烃衍生物主要有卤代烃、醇、酚、醛、羧酸、脂和硝基化合物等。

六、化学基本计算

1. 有关物质的量的计算

1 mol 物质的质量通常也叫该物质的摩尔质量。摩尔质量的单位为"克/摩尔",物质的摩尔质量在数值上等于物质的分子量。如物质的量用n(mol)表示,物质的质量用m(g)表示,物质的摩尔质量用M(g/mol)表示,则摩尔质量与物质的量之间的关系可表示为

$$n=\frac{m}{M} \tag{3.2-12}$$

需要注意的是:① 物质的摩尔质量和阿伏加德罗常量已知;② 摩尔可以为分数、整数、小数。

例 1 2.2 g CO_2分子里含有多少个CO_2分子?

解:

$$n(\text{mol})=2.2/44=0.05\ \text{mol}$$

$$CO_2\text{分子数}:0.05\times6.02\times10^{23}=3.01\times10^{22}\text{个}$$

答:2.2 g CO_2分子里含有3.01×10^{22}个CO_2分子。

2. 溶液的配制方法

(1) 直接配制法

该方法是将准确称取的一定溶质,溶解后在容量瓶中稀释至一定体积,由计算求出该溶液的准确浓度。

例 2 如何利用固体氢氧化钠配制 0.1 mol/L 的氢氧化钠溶液 500 mL?

解:计算溶质氢氧化钠的需要量

$$n_{NaOH}=C_{NaOH}\times V_{NaOH}=0.1\times0.5=0.05\ \text{mol}$$

$$m_{NaOH}=C_{NaOH}\times M_{NaOH}=0.05\times40=2\ \text{g}$$

溶液配制:先用天平准确称取固体氢氧化钠 2 g 置于烧杯中,用适量的纯水搅拌至氢氧化钠全部溶解并倒入 500 mL 的容量瓶中,然后加水至 500 mL 刻度。

(2) 溶液的稀释或混合法

该方法是指将某一浓度的溶液进行稀释或用两种不同浓度的溶液相混合进行配制某一浓度溶液。溶液的稀释或混合存在以下关系,即稀释前溶质的量等于稀释后溶质的量,混合前溶质的量等于混合后溶质的量。用公式可分别表示如下。

1) 百分含量的稀释或混合

稀释:

$$m_{浓}\times P_{浓}=m_{释}\times P_{释} \tag{3.2-13}$$

其中,m表示质量,$m_{稀}$=浓溶液的质量+水的质量。

混合:

$$m_1\times P_1+m_2P_2=(m_{1+}m_2)\times P_{混} \tag{3.2-14}$$

2) 物质的量浓度的稀释或混合

稀释:

$$C_{浓}\cdot V_{浓}=C_{稀}\cdot V_{稀} \tag{3.2-15}$$

混合:

$$C_1\cdot V_1+C_2\cdot V_2=C_{混}\cdot V_{混} \tag{3.2-16}$$

例 3 用 100 mL 质量分数为 98%的浓硫酸溶液(其密度为 1.84 g/cm^3)和 116 mL 的水配制成的溶液密度为 1.50 g/cm^3。求:

① 配制成的硫酸溶液中 H_2SO_4 的质量分数是多少？

② 配制成后的溶液的体积是多少？

解：① 溶液中 H_2SO_4 的质量分数为

$$\frac{1.84\ g/cm^3\times 100\ mL\times 98\%}{1.84\ g/cm^3\times 100\ mL+1\ g/cm^3\times 116\ mL}\times 100\%=60.1\%$$

② 设溶液的体积为 x

$$1.84\ g/cm^3\times 100\ mL\times 98\%=1.50\ g/cm^3\times x\times 60.1\%$$

$$x=\frac{1.84\ g/cm^3\times 100\ mL\times 98\%}{1.50\ g/cm^3\times 60.1\%}$$

$$=200\ mL$$

答：配制成的硫酸溶液中 H_2SO_4 的质量分数为 60.1%，配制成后的溶液的体积为 200 mL。

第三节 化工基础知识

一、流体流动

气体和液体统称流体。流体有多种分类方法：① 按状态分为气体、液体和超临界流体；② 按可压缩性可分为不可压缩流体和可压缩流体；③ 按照是否可忽略分子间作用力分为理想流体和黏性(实际)流体。

1. 流体静力学

(1) 流体的主要物理量

1) 流体的密度

单位体积流体所具有的质量称为流体的密度。以ρ 表示，单位为 kg/m^3。

$$\rho=\frac{M}{V} \tag{3.3-1}$$

式中，ρ ——流体的密度，kg/m^3；

M——流体的总质量，kg；

V——流体的总体积，m^3。

2) 比体积与相对密度

比体积(也称为比容)v 是单位质量物质所具有的体积，其单位是 m^3/kg，与密度呈倒数关系。

相对密度 d 是指某物质的质量与同体积的标准物质的质量比。对固体和液体，标准物质多采用 4 ℃的水(密度为 999.973 kg/m^3)；对气体则多采用标准状态(0 ℃，1 个大气压)的空气。

3) 流体的压强

单位面积(S)上所受到的流体垂直方向作用力(F)称为压强(习惯上又称为压力)，以 p 表示，即

$$p=F/S \tag{3.3-2}$$

式中，p——压强，Pa；

F——作用于流体垂直方向的力,N;

S——作用力的面积,m^2。

(2) 流体静力学方程

流体静力学基本方程式是用于描述静止流体内部的压力沿着高度变化的数学表达式。对于不可压缩流体,密度不随压力变化,其静力学基本方程为

$$P = P_0 + \rho g h \tag{3.3-3}$$

式中,p——流体压强,Pa;

P_0——大气压强,Pa;

ρ——流体密度,kg/m^3;

g——当地重力加速度,m/s^2;

h——流体深度,m。

静力学基本方程适用于在重力场中静止、连续的同种不可压缩流体,如液体。而对于气体来说,密度随压力变化,但若气体的压力变化不大,密度近似地取其平均值而视为常数时,该方程也适用。

2. 流体动力学基本概念

(1) 流量和流速

1) 流量

在流体流动过程中,单位时间内通过管道任一截面的流体的量为流体的流量。它可分为体积流量和质量流量。

① 体积流量

体积流量是指单位时间内流经任一截面的流体体积。用符号 V_s 表示,单位为 m^3/s 或 m^3/h。有效截面是指与流体流动方向垂直,且被流体充满的流道截面积。

② 质量流量

质量流量是指单位时间内流经管道有效截面的流体质量。用符号 W_s 表示,单位为 kg/s 或 kg/h。

质量流量与体积流量的关系:$W_s=\rho \cdot V_s$。

2) 流速

单位时间内流体在流动方向上通过的距离称为流速。流速亦有两种表示方法。

① 平均流速

实际流体在导管截面上各点的流速并不相同,管中心流速最高,离中心越远,流速越慢,导管壁上的流速为零。因此,通常所说的流速是指平均流速。所谓平均流速是指流体在同一截面上各点流速的平均值。用 u 表示,单位为 m/s。

② 质量流速

质量流速是指单位时间内流过单位有效截面积的流体质量。以符号 W 表示,其单位为 $kg/(m^2 \cdot s)$。

质量流量、体积流量与平均流速的关系:$S=V_s \cdot u$,$S=\rho \cdot u \cdot W_s$(S 为管道截面积)。

由于气体的体积随温度、压力变化较大,因此用质量流量和质量流速较为方便。

(2) 稳定流动与不稳定流动

在流动系统中,若流体在各个截面上的流速、密度、压强等只随位置改变,而不随时间改

变，则称为稳定流动。反之，若流体在各截面上的有关物理量既随位置变化，也随时间变化，则称为非稳定流动。例如水自变动水位的贮水槽中经小孔流出，则水的流出速度依槽内水面的高低而变化。在化工厂中，流体的流动情况大多为稳定流动。

3. 流动阻力

流体流动时会遇到阻力，简称流动阻力。流体阻力的大小与流体动力学性质(黏度)以及流速、管壁粗糙度等因素有关。

(1) 流体的黏度

在外力的作用下，流体内部各层之间产生相对运动。有相对运动则就有相互作用力，该作用力起到“抗拒”相对运动的作用，此特性就是流体的黏性。

衡量黏性大小的物理量是黏度，黏度越大，则流体的流动性就越差。黏度用符号 μ 表示。

流体的黏度可以通过实验或从手册上查找。在国际单位制中，黏度的单位用[N · s/m^2]或[Pa · s]表示。黏度的专用名称为[泊]，用符号 P 表示，也有用厘泊来表示。其关系为：1 Pa · s=10 P=1 000 Cp=1 000 mPa · s。

影响流体黏度的因素包括：

1) 液体。压强 p 对液体黏度的影响可以忽略不计，随着温度的升高，液体的黏度 μ 下降。

2) 气体。气体的黏度随压强增加而增加得很少，在一般工程计算中可予以忽略，只有在极高或极低的压强下，才需考虑压强对气体黏度的影响。温度对气体的黏度较大，随着温度的升高，气体的黏度随之增大。

对于理想流体(实际不存在)而言，它没有黏性，即$\mu=0$。

对混合物的黏度，如缺乏实验数据时，可选用适当的经验公式进行估算。

(2) 流体阻力的计算

流体在管道中流动，由于受到阻力的作用，必然要克服阻力而做功，对流体而言就是能量损失。根据阻力产生部位的不同，可以分为直管阻力和局部阻力。直管阻力是流体流经一定管径的直管时，由于流体的内摩擦力(即黏性力)而产生的阻力。局部阻力主要是由于体流经管路中管件、阀门及管截面形状和尺寸突然扩大和缩小等局部地方引起流体边界层分离造成的阻力。

流体在管路中流动的总阻力 $\sum h_f$ 由直管阻力 h_f 与局部阻力 h'_f 两部分构成，即

$$\sum h_f = h_f + h'_f$$

流动阻力消耗了机械能，表现为静压能的降低，称为压强降，用Δp_f 表示，即：$\Delta p_f=\rho\sum h_f$，是指单位体积流体流动时损失的机械能，值得指出的是。Δp_f 它是一个符号，并不代表增量。

流体在直管中的流动阻力的计算式由实验得知：

$$h_f = \lambda \frac{l}{d}\frac{u^2}{2} \tag{3.3-4}$$

式中，l——为直管长度，m；

d——为直管的内径，m；

λ——为比例常数，称为摩擦系数，m。

摩擦系数 λ 没有单位，与流体的流动状态和管壁的粗糙度有关。因此 λ 是 Re 和粗糙度的函数，可从 λ-Re 的关联图上查得。

二、化工单元操作

1. 化工单元操作基本概念

化工单元操作是指化学工业和其他过程工业中进行的物料粉碎、输送、加热、冷却、混合和分离等一系列使物料发生预期的物理变化的基本操作的总称。各种单元操作依据不同的物理化学原理,应用相应的设备,达到各自的工艺目的。如蒸馏根据液体混合物中各组分挥发能力的差异,可以实现液体混合物中各组分分离或某组分提纯的目的。又如在放射性废液蒸发过程中,根据水分和盐分的挥发能力的差异,实现水分与盐分的分离,从而达到净化放射性废液的目的。单元操作的应用遍及化工、冶金、能源、食品、轻工、核能和环境保护等部门,对这些部门生产的大型化和现代化起着重要作用。

按照各化工单元操作所遵循的基本规律,可以分为以下几类:

(1) 动量传递过程的单元操作。包括遵循流体力学原理的一些单元操作,如流体输送、气体压缩、过滤、离心沉降、固体流态化等。

(2) 热量传递过程(简称传热过程)的单元操作。符合物质间热量交换的基本规律的过程,如传热、蒸发、冷却等。

(3) 物质传递过程(简称传质过程)的单元操作。这类过程是符合某种物质的质量从一个相转移到另一个相并遵循传质理论的单元操作,如蒸馏、吸收、萃取和干燥等。

(4) 热力过程的单元操作。遵循热力学原理的一些操作,如冷冻、冷凝等。

(5) 机械过程的单元操作。符合机械力学原理的一些操作,如固体的输送与粉碎、筛选、物料的搅拌等。

2. 流体和固体的输送

流体在位能和静压能的作用下,通过设备之间连接的管路来输送,且只能由高位能向低位能流动,流动过程中将损失部分机械能。固体在设备内可以通过重力作用输送,也可以通过传送带、料斗或转鼓等机械设备来输送。

(1) 液体的输送

在化工装置上,流体通过流动实现从一台设备输送到另一台设备。常见的输送方式有:相同压力设备间的液体流动、流体从压力高的设备向压力低的设备流动、液体增压后从压力低的设备向压力高的设备流动。

相同压力设备间的液体流动可以利用位差来实现。当位差具有的位能足以克服设备连接管道(管道上可安装阀门)的阻力损失时,液体可以流动,并最终使位差等于零。反之,如果要使液体从低位能流向高位能,则需要增加加压设备。

液体从压力高的设备向压力低的设备流动时,同样需要克服设备连接管道、阀门的阻力以及两设备液体位差所具有的位能。在该情况下,液体的流动主要靠压差而实现的。

为了实现液体从压力低的设备向压力高的设备流动,需要在两设备间增设增压设备。在化工装置上常用的增压设备主要有泵、喷射器等。

(2) 气体输送

气体是可压缩流体,在压缩和膨胀过程中,不仅其压力发生变化,而且温度和体积也发生变化。压力、温度和体积三者的关系可通过气体的状态方程来计算。

气体的输送有加压输送、减压输送和真空抽吸。

为了将气体从压力低的容器输送至压力高的容器中，在输送前必须对气体进行加压操作。加压设备主要是压缩机或风机，也可以是喷射泵。

根据输送机械的构造和操作原理的不同，气体输送机械可以分为反复式、离心式、旋转式和流体作用式(例如喷射泵)等。根据设备出口压力或出口压力与进口压力之比(压缩比)来分类，则有四种：

1）压缩机。压缩比在 4 以上，或出口压力在 0.3 MPa(表压，下同)以上；

2）鼓风机。压缩比在 4 以下，出口压力在 0.015～0.3 MPa；

3）通风机。压缩比为 1～1.15，出口压力低于 0.015 MPa；

4）真空泵。用于泵前设备的减压，出口压力为大气压。

当气体从压力高的容器通过管道流向压力低的容器或向环境中排放时，为控制流速和设备内的压力，最简便的方法是在压力高的容器出口管道上安装可起调节作用的阀门。压力高的气体通过阀门的减压作用，实现气体从高压端向低压端的输送。由于气体的减压过程伴随体积增大和降温，因此往往将阀门后面的管道设计得比阀门前得管道管径大，当减压比(进口压力与出口压力之比)较大时会产生较大的温降，有时会使阀后温度低于环境温度而使管外壁出现结霜现象。

气体流动过程视作功方式不同，分为等温过程、绝热过程和多变过程。有关这方面内容，读者可参考有关书籍。

(3) 固体的简单连续输送

大批量固体原料除了可以使用运输车辆输送外，一般可以分为重力输送、机械输送和流体携带输送等三种方式。

1）重力输送

利用物体的重力作用可以将其从高处输送至低处。如果被输送固体的特性和生产工艺的许可，可以采用自由降落的方法。

2）机械输送

输送机械主要包括带式输送机、提升式料斗和螺旋输送机。

带式输送是一种以摩擦力为驱动力连续运输物料的方式。该方式由电动机驱动齿轮，带动皮带轮或滚筒。使传送带向一个方向运动，达到输送块状或粒状固体物料的目的。

提升式料斗机是将固体物料垂直或倾斜地连续从低处提升到高处。这种提升机的提升高度大，具有良好的密封性。

螺旋输送机是利用旋转的螺旋叶片将物料推移而进行输送。使物料不与螺旋输送机叶片一起旋转的力是物料自身重量和螺旋输送机机壳对物料的摩擦阻力。它适于各个物料环节的中间运卸，充当加料装置和出料装置。该方法的动力消耗高，对物料磨损较大。

3）流体携带输送

流体携带输送方式按所使用的携带介质不同，分为气力输送和液力输送。

所谓流体携带输送就是利用流体流动的性质，在一定的压力条件下，通过管道将固体物质输送至需要的部位。

3. 传热

传热是指由于温度差引起的能量转移,又称热传递。由热力学第二定律可知,凡是有温度差存在时,热就必然从高温处传递到低温处,因此传热是自然界和工程技术领域中极普遍的一种传递现象。

化工生产中对传热过程的要求经常有以下两种情况;一种是强化传热过程,如各种换热设备中的传热;另一种是削弱传热过程,如设备和管道的保温,以减少热损失。

(1) 传热的基本方式

根据传热机理的不同,热传递有三种基本方式:热传导、热对流和热辐射。传热可依靠其中的一种方式或几种方式同时进行,在无外功输入时,净的热流方向总是由高温处向低温处流动。

1) 热传导

若物体各部分之间不发生相对位移,仅借分子、原子和自由电子等微观粒子的热运动而引起的热量传递称为热传导(又称导热)。热传导的条件是系统两部分之间存在温度差,此时热量将从高温部分传向低温部分,或从高温物体传向与它接触的低温物体,直至整个物体的各部分温度相等为止。热传导在固体、液体和气体中均可进行,但它的微观机理因物态而异。固体中的热传导属于典型的导热方式。在金属固体中,热传导起因于自由电子的运动;在不良导体的固体中和大部分液体中,热传导是通过晶格结构的振动,即是原子、分子在其平衡位置附近的振动来实现的;在气体中,热传导则是由于分子不规则运动而引起的。对于纯热传导的过程,它仅是静止物质内的一种传热方式,也就是说没有物质的宏观位移。

2) 热对流

流体各部分之间发生相对位移所引起的热传递过程称为热对流(简称对流)。热对流仅发生在流体中。在流体中产生对流的原因两个方面:一是流体中各处的温度不同而引起密度的差别,使轻者上浮、重者下沉,流体质点产生相对位移,这种对流称为自然对流;二是因泵(风机)或搅拌等外力所致的质点强制运动,这种对流称为强制对流。流动的原因不同,对流传热的规律也不同。应予指出,在同一种流体中,有可能同时发生自然对流和强制对流。在化工传热过程中,常遇到的并非单纯对流方式,而是流体流过固体表面时发生的对流和热传导联合作用的传热过程,即是热由流体传到固体表面(或反之)的过程,通常将它称为对流传热(又称为给热)。对流传热的特点是靠近壁面附近的流体层中依靠热传导方式传热,而在流体主体中则主要依靠对流方式传热。由此可见,对流传热与流体流动状况密切相关。虽然热对流是一种基本的传热方式,但是由于热对流总伴随着热传导,要将两者分开处理是困难的,因此一般并不讨论单纯的热对流,而是着重讨论具有实际意义的对流传热。

3) 热辐射

因热的原因而产生的电磁波在空间的传递,称为热辐射。所有物体(包括固体、液体和气体)都能将热能以电磁波形式发射出去,而不需要任何介质,也就是说它可以在真空中传播。

自然界中一切物体都在不停地向外发射辐射能,同时又不断地吸收来自其它物体的辐射能,并将其转变为热能。物体之间相互辐射和吸收能量的总结果称为辐射传热。由于高温物体发射的能量比吸收的多,而低温物体则相反,从而使净热量从高温物体传向低温物体。辐射传热的特点是:不仅有能量的传递,而且还有能量形式的转移,即在放热处,热能转变为辐射能，以电磁波的形式向空间传递；当遇到另一个能吸收辐射能的物体时，即被其部分地或全部地吸收而转变为热能。应予指出，任何物体只要在热力学温度零度以上，都能发射辐射能，但是只有在物体温度较高时，热辐射才能成为主要的传热方式。

实际上，上述的三种基本传热方式，在传热过程中常常不是单独存在的，而是两种或三种传热方式的组合，称为复杂传热。例如，在高温气体与固体壁面之间的换热就要同时考虑对流传热和辐射传热等。

(2) 传热过程中热、冷流体(接触)热交换的方式

传热过程中热、冷流体热交换可分为三种基本方式，每种传热方式所用换热设备的结构也各不相同。

1) 直接接触式换热

这种传热方式是通过热、冷流体直接接触来进行的。例如，淋浴过程中，蒸汽与生产上水直接接触，蒸汽将热量传给生产上水，使淋浴水达到所需的温度。这种换热方式的优点是传热效果好，设备结构简单。直接接触换热的机理比较复杂，它在进行传热的同时往往伴有传质过程。

2) 蓄热式换热

这种传热方式是一种间歇式换热操作方法。先使热流体通过填充有蓄热材料(如耐火砖等)的蓄热器；然后停止热流体，改通冷流体，则贮存在蓄热器中的热流体将热量传给冷流体使冷流体升温。热、冷流体如此交替地流过蓄热器，达到冷、热流体换热的目的。通常在生产中采用二个并联的蓄热器交替地使用，如图 3.3-1 所示。

蓄热器结构简单，且可耐高温，因此多用于高温气体的加热。其缺点是设备体积庞大，且不能完全避免两种流体的混合，所以这类设备在化工生产中使用得不太多。

(3) 间壁式换热和间壁式换热器

在化工生产中遇到的多是间壁两侧流体的热交换，即冷、热流体被固体壁面(传热面)所隔开，它们分别在壁面两侧流动。固体壁面即构成间壁式换热器。间壁式换热器的类型很多，它们都是典型的传热设备。

如图 3.3-2 所示，热、冷流体通过间壁两侧的传热过程包括以下三个步骤：① 热流体将热量传至固体壁面左侧(对流传热)；② 热量自壁面左侧传至壁面右侧(热传导)；③ 热量自壁面右侧传至冷流体(对流传热)。

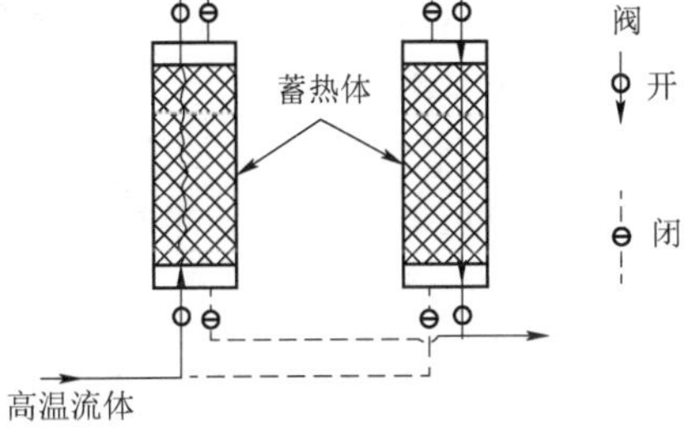

图 3.3-1　蓄热式换热器

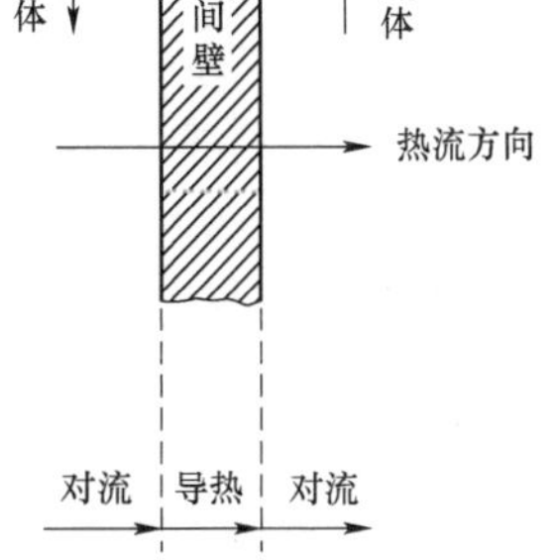

图 3.3-2　间壁两侧流体间传热间壁式换热

4. 蒸发

(1) 概述

借助加热作用使溶液中的溶剂汽化,从而使溶液获得浓缩的过程称为蒸发。蒸发操作一般在溶液的沸点下进行,也有在低于溶液沸点下进行的自然蒸发(如盐场晒盐)。自然蒸发因蒸发作用发生在溶液表面,因此效率较低,工业上应用较少。

蒸发是利用溶液中各组分的挥发度不同而进行物质分离的操作,但蒸发过程中,当溶液加热到沸点时只有溶剂汽化,而溶质不汽化,其过程的实质是热量传递而不是物质的传递。溶剂的汽化速率取决于传热速率。蒸发计算的基础:一是热量传递,二是整个蒸发过程中溶质在液相中的数量保持不变(特殊情况下需要考虑物理夹带和化学夹带)。

进行蒸发的必要条件是:

1) 蒸发操作所处理的溶液中溶剂具有挥发性,而溶质不具有挥发性。

2) 加热,满足溶液沸腾和溶剂汽化所需的能量。

3) 移走已经汽化的蒸汽,使溶液上面的蒸气压力始终低于溶液在沸腾温度下的平衡压力,保证蒸发推动力。

蒸发操作的加热方式一般采用饱和蒸汽对物料进行间接加热。由于工业上蒸发的物料大多是水溶液,汽化出来的大多是水蒸气,为区别于加热用的蒸汽,将汽化产生的水蒸气称为二次蒸汽。由于溶剂水汽化需要吸收大量的汽化热,将高温位的加热蒸汽热能转移到低温位的二次蒸汽中,因此蒸发操作是大量耗能的过程,节能是蒸发设计和操作需要重点考虑的问题,较低温位的二次蒸汽的利用在很大程度上决定了蒸发操作的经济性。

蒸发按操作压力的不同,可分为常压蒸发、加压蒸发和真空蒸发(又称为减压蒸发)。

常压蒸发过程中,设备与大气相通,或采用敞口设备,二次蒸汽直接排入大气中。该方法的优点是设备费用低,其缺点是热能利用率低。

加压蒸发采用密闭设备,操作压力高于大气压。加压下二次蒸汽的压力和温度较高,便于利用二次蒸汽的热量。压力提高后,溶液的沸点升高,流动性好,有利于提高传热效果。

真空蒸发的特点是密闭设备内的压强低于大气压。放射性废液蒸发处理过程中多采用真空蒸发。

采用真空蒸发的优点有以下 4 点:① 由于溶液的沸点低,在加热蒸汽压力相同的情况下,可以增大传热温度差,设计蒸发器的传热面积可相应减小;② 可以利用较低温度的蒸汽或废热作为热源;③ 有利于热敏性物质溶液的蒸发操作;④ 环境热损失较小。

蒸发操作可以是间歇的,也可以是连续的。工业上的连续蒸发按流程不同,可以分为单效蒸发和多效蒸发。单效蒸发产生的二次蒸汽不再利用,冷凝后直接排放;若将二次蒸汽作为下一效加热蒸汽,并将多个蒸发器串联,此蒸发过程即为多效蒸发。

(2) 单效蒸发的蒸发量

单效蒸发操作需要计算的内容有:① 确定水的蒸发量;② 加热蒸汽消耗量;③ 蒸发器所需传热面积。在给定生产任务和操作条件,如进料量、温度和浓度,完成液的浓度,加热蒸汽的压力和冷凝器操作压力的情况下,上述任务可通过物料衡算、热量衡算和传热速率方程求解。

1) 蒸发水量的计算

蒸发水量可利用物料衡算方法计算。计算公式如下:

$$Fx_0=(F-W)x_1 \tag{3.3-5}$$

$$W=F\left(1-\frac{x_0}{x_1}\right) \tag{3.3-6}$$

式中，F——原料液量，kg/h；

W——蒸发水量，kg/h；

x_0——原料液中溶质的浓度，质量分数；

x_1——完成液中溶质的浓度，质量分数。

2）传热面积的计算

蒸发器的传热面积可通过传热速率方程求得，即

$$A=\frac{Q}{K\Delta t_m} \tag{3.3-7}$$

式中，A——蒸发器的传热面积，m^2；

K——蒸发器的总传热系数，$W/(m^2 \cdot K)$；

Δt_m——传热平均温度差，℃；

Q——蒸发器的热负荷，W 或 kJ/kg。

上式中，Q 可通过对加热室作热量衡算求得。若忽略热损失，Q 即为加热蒸汽冷凝放出的热量，即 $Q=DR$。

在蒸发操作中，蒸发器加热室一侧是蒸汽冷凝，另一侧为液体沸腾，因此其传热平均温度差应为

$$\Delta t_m=T-t_{沸} \tag{3.3-8}$$

式中，T——加热蒸汽的温度，℃；

$t_{沸}$——操作条件下溶液的沸点，℃。

应该指出，溶液的沸点不仅受蒸发器内液面压力影响，而且受溶液浓度、液位等因素影响。因此，在计算 Δt_m 时需考虑这些因素。

3）蒸发器的传热系数

工业上的蒸发器一般采用管外饱和蒸汽加热，将管内液体加热到沸腾状态，因此蒸发器的总传热系数为

$$K=\frac{1}{\dfrac{1}{\alpha_1}+\dfrac{\delta}{\lambda}+\dfrac{1}{\alpha_2}+R_i+R_o} \tag{3.3-9}$$

式中，α_1——蒸汽冷凝传热系数；

α_2——管内沸腾的传热膜系数；

δ/λ——加热管壁的热阻；

R_i——管壁热阻；

R_o——污垢热阻。

① 管外蒸汽冷凝放热，冷凝传热的热阻 $1/\alpha_1$ 一般很小，但应防止不凝性气体在加热室内积累造成热阻增加。

② 管外壁如果是清洁面,则管壁热阻 R_w 可以忽略。

③ 加热管壁的热阻δ/λ可以忽略。

④ 管内壁一侧的垢层热阻 R_n 取决于溶液的性质和管内液体运动状态。

⑤ 管内沸腾给热的热阻 $1/\alpha_2$ 主要取决于沸腾液体的状态,涉及复杂的两相流动。在多数蒸发器内,液体自下而上通过加热管,在加热管底部,液体尚未沸腾,液体与管壁之间的传热是单相的对流给热。当液体到达沸腾区时,溶剂汽化,气体的快速流动带动液体在管壁上形成液膜快速上升,使流动的液膜与管壁之间的给热系数达到最大。如果加热管足够长,液膜最终被蒸干,气流夹带着雾滴一起流动,给热系数又趋于下降。因此,为提高全管程内的平均给热系数,应尽可能扩大膜状流动的区域。

(3) 多效蒸发

多效蒸发时,要求后效的操作压强和溶液的沸点均较前效低,引入前效的二次蒸汽作为后效的加热介质,即后效的加热室成为前效二次蒸汽的冷凝器,仅第一效需要消耗生蒸汽。

一般情况下,多效蒸发装置的末效或后几效总是在真空下操作,由于各效(末效除外)的二次蒸汽都作为下一效的加热蒸汽,故提高了生蒸汽的利用率,即经济性。

值得注意的是,蒸发量与传热量成正比,多效蒸发并没有提高蒸发量,而只是节约了加热蒸汽,其代价则是设备投资增加。在相同的操作条件下,多效蒸发器的生产能力并不比传热面积与其中一个效相等的单效蒸发器的生产能力大。

按多效蒸发时原料液的加料方式不同,可将多效蒸发分为并流法、逆流法和平流法,工业上较为常用的为并流法。

1) 并流法

料液的流向与蒸汽的流向相同,即均由第一效顺序至末效。这种方式的优点是:料液可藉相邻二效的压强差自动流入后一效,而不需用泵输送,同时,由于前一效的沸点比后一效的高,因此当物料进入后一效时,会产生自蒸发,这可多蒸出一部分水汽。这种流程的操作也较简便,易于稳定。但其主要缺点是传热系数会下降,这是因为后序各效的浓度会逐渐增高,但沸点反而逐渐降低,导致溶液粘度逐渐增大。

2) 逆流法

料液的流向与蒸汽的流向相反。这种方式的优点是:各效浓度和温度对溶液的粘度的影响大致相抵消,各效的传热条件大致相同,即传热系数大致相同。其缺点是:料液输送必须用泵,另外,进料也没有自蒸发。一般这种流程只有在溶液粘度随温度变化较大的场合才被采用。

3) 平流法

每效都加入原料液并在每效排出增浓溶液的方法称为平流法。该方法的特点是蒸汽的走向与并流相同,但原料液和完成液则分别从各效加入和排出。这种流程适用于处理易结晶物料,例如食盐水溶液等的蒸发。

(4) 蒸发设备的生产强度

1) 蒸发器的生产能力

蒸发器的生产能力用单位时间内蒸发的水分量,即蒸发量表示。其生产能力的大小取决于通过传热面积的传热速率 Q,因此也可以用蒸发器的传热速率来衡量生产能力。

进料状况影响蒸发器的生产能力:

① 低于沸点进料时，需消耗部分热量将溶液加热至沸点，因而降低了生产能力；

② 沸点进料时，通过传热面的热量全部用于蒸发水分，其生产能力有所增加；

③ 高于沸点进料时，由于部分原料液的自动蒸发，使生产能力有所增加。

2）蒸发器的生产强度

生产能力仅反映蒸发器生产量的大小，而不能反映蒸发器的优劣。因此引入了生产强度的概念。蒸发器的生产强度也简称为蒸发强度，是指单位传热面积上单位时间内蒸发的水量，单位为 $kg/(m^2 \cdot h)$，常采用生产强度 U 作为衡量蒸发器性能的标准。对于一定的蒸发任务而言，若蒸发强度越大，则所需的传热面积越小，即设备的投资就越低。

提高蒸发强度的途径包括以下几个方面：

① 提高传热温度差

提高传热温度差可提高热源的温度或降低溶液的沸点等角度考虑，化工生产中通常采用下列措施来实现：

a. 真空蒸发

真空蒸发可以降低溶液沸点，增大传热推动力，提高蒸发器的生产强度，同时由于沸点较低，可减少或防止热敏性物料的分解。另外，真空蒸发可降低对加热热源的要求，即可利用低温位的水蒸汽作热源。但是，应该指出，溶液沸点降低，其粘度会增高，并使总传热系数 K 下降。当然，真空蒸发要增加真空设备并增加动力消耗。

b. 高温热源

提高 Δt_m 的另一个措施是提高加热蒸汽的压力，但这时要对蒸发器的设计和操作提出严格要求。一般加热蒸汽压力不超过 0.6～0.8 MPa。对于某些物料如果加压蒸汽仍不能满足要求时，则可选用高温导热油、熔盐或改用电加热，以增大传热推动力。

② 提高总传热系数

蒸发器的总传热系数主要取决于溶液的性质、沸腾状况、操作条件以及蒸发器的结构等。因此，合理设计蒸发器以实现良好的溶液循环流动，及时排除加热室中不凝性气体，定期清洗蒸发器（加热室内管），均是提高和保持蒸发器在高强度下操作的重要措施。

5. 吸收

（1）概述

利用混合气体中各组分在液体中溶解度的差异而分离气体混合物的单元操作称为吸收。吸收操作时某些易溶组分进入液相形成溶液，不溶或难溶组分仍留在气相，从而实现混合气体的分离。

在混合气体中，能够溶解的组分称为吸收质或溶质，以 A 表示；不被吸收的组分为惰性组分或载体，以 B 表示。吸收操作所用的溶剂称为吸收剂或溶剂，以 S 表示；吸收操作所得的溶液称为吸收液，主要称为 S 和 A；吸收后排出的气体称为吸收尾气，主要成分为 B 和少量 A。

吸收过程在吸收塔中进行，逆流操作吸收塔示意图如图 3.3-3 所示。

吸收操作的主要用途包括以下几个方面：

1）制取产品。用吸收剂吸收气体中某些组分而获得产品。如硫酸吸收 SO_3 制浓硫酸，水吸收甲醛制福尔马林液，用水吸收氯化氢制盐酸等。

2）分离混合气体。吸收剂选择性地吸收气体中某些组分以达到分离目的。例如石油馏分裂解生产出来的乙烯、丙烯,还与氢、甲烷等混在一起,可用分子量较大的液态烃把乙烯、丙烯吸收,使与甲烷、氢分离开来。

3）气体净化。一类是原料气的净化,即除去混合气体中的杂质,如合成氨原料气脱 H_2S、脱 CO_2 等;另一类是尾气处理和废气净化以保护环境,如燃煤锅炉烟气、冶炼废气等脱除 SO_2,硝酸尾气脱除 NO_2 等。

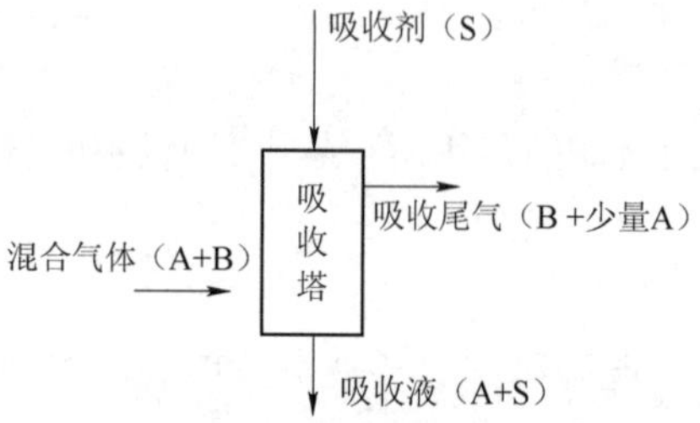

图 3.3-3　吸收操作示意图

在吸收过程中,如果溶质与溶剂不发生显著的化学反应,可视为单纯的气体溶解于液相的过程,称为物理吸收。如用水吸收二氧化碳、用水吸收乙醇或丙醇蒸汽、用洗油吸收芳烃等;如果溶质与溶剂有显著的化学反应发生,称为化学吸收。如用氢氧化钠或碳酸钠溶液吸收二氧化碳、用稀硫酸吸收氨等过程。化学反应能大大提高单位体积液体所能吸收的气体量并加快吸收速率。但溶液解吸再生较难。

混合气体中如果只有单一组分被液相吸收,其余组分因溶解度甚小其吸收量可忽略不计,则称为单一组分吸收;如果有两个或两个以上组分被吸收,多组分吸收。

气体溶解于液体之中,常常伴随着热效应,当发生化学反应时,还会有反应热产生,从而使液相温度逐渐升高,这样的吸收过程称为非等温吸收;如果热效应很小,或被吸收的组分在气相中浓度很低而吸收剂的用量很大时,温度升高并不显著,可以认为是等温吸收。

(2) 气、液相平衡

1）气体溶解度

如果把氨气和水共同封存在容器中,令体系的压力和温度维持一定,由于氨易溶于水,氨的分子便穿越两相界面进入水中,但进到水中的氨分子也会有一部分返回气相,只不过刚开始的时候进多出少。水中溶解的氨量越多,浓度越大,氨分子从溶液逸出的速率也就越大,直到最后,氨分子从气相进入液相的速率便等于它从液相返回气相的速率,氨实际上便不再溶解进水里,溶液的浓度也就不再变化,这种状态称为相际动平衡,简称相平衡或平衡。

平衡状态下气相中溶质的分压称为平衡分压或饱和分压,与之对应的液相浓度称为平衡浓度或气体在液体中的溶解度。这时溶液已经饱和,即达到了它在一定条件下的溶解度,也就是指气体在液相中的饱和浓度,习惯上以单位质量(或体积)的液体中所含溶质的质量来表示,也表明一定条件下吸收过程可能达到的极限程度。

气体的溶解度与温度和压力有关。在一定温度下达到平衡时,溶液的浓度随气体压力的增加而增加。如果要使一种气体在溶液中里达到某一特定的浓度,必须在溶液上方维持较高的平衡压力。一般来说,温度下降则气体的溶解度增高。

2）亨利定律

对于某种气体，在一定温度和气相总压力不高（一般低于 506.5 kPa）的情况下，多数气体溶解后形成的溶液为稀溶液，当气液处于平衡时，可吸收组分在液相中的浓度与其气相的平衡分压成正比，这一规律称为亨利定律。用公式可表示为

$$p_A^* = Ex_A \tag{3.3-10}$$

式中，p_A^*——平衡时溶质 A 组分在气相中的平衡分压，Pa；

x_A——平衡时溶液中溶质 A 组分的摩尔分率；

E——亨利系数，Pa。亨利系数随温度升高而增大，数值越大，则表明该气体的溶解度越小。

亨利定律也可以用下式表示：

$$y_A^* = mx_A \tag{3.3-11}$$

式中，y_A^*——与 x_A 平衡的溶质 A 组分在气相中的摩尔分率；

m——相平衡常数。显然，$m=E/p$。p 为气相总压。

如果气、液两相均用摩尔比表示，那么：

$$x_A = \frac{X_A}{1+X_A} \qquad y_A = \frac{Y_A}{1+Y_A} \tag{3.3-12}$$

代入上式，并整理可得：

$$Y^* = \frac{mX}{1+(1-m)X} \tag{3.3-13}$$

式中，X——溶质在液相中的摩尔比；

Y^*——与 X 呈平衡的气相中溶质的摩尔比。

对于稀溶液，X 的值很小，因此可以得到：

$$Y^* = mX \tag{3.3-14}$$

由此可见，Y^* 与 X 呈正比。

（3）相平衡与吸收过程的关系

利用亨利定律表达的相平衡关系可以判定气体溶质与溶剂发生传质过程的方向、极限和推动力大小。

1）传质过程的方向

设在 0.1 MPa 和 20 ℃下稀氨水的相平衡方程为 $y^*=0.94x$。今使含氨 10%的混合气体与 $x=0.05$ 的氨水接触，因实际气相浓度 $y=0.1$ 大于与实际溶液浓度成平衡的气相浓度 $y^*=0.94\times0.05=0.047$，因此两相接触时，有一部分氨气从气相转移至液相，即发生吸收过程。反之，在相同的温度和压力下，用含氨 3%的混合气体与 $x=0.05$ 的氨水接触，由于 $y<y^*$，液相中的氨部分转移至气相中，即发生解吸过程。

2）指明过程的极限

设在 0.1 MPa 和 20 ℃下，用 $x=0.05$ 的稀氨水从吸收塔顶喷淋吸收从塔底进入的含氨 10%的混合气体。稀氨水自塔上部到达塔底部时，浓度必然升高，但受平衡浓度的限制，其极限值为入塔混合气体中 10%氨所对应的相平衡浓度 x^*，即 $x^*=0.1/0.94=0.106\ 4$，出塔氨水中氨的浓度不会高于此值。

3）计算过程的推动力

平衡是过程的极限，不平衡的两相互相接触时才会发生气体的吸收或解吸。实际浓度偏离平衡浓度越远，过程的推动力越大，过程的速率也越快。在吸收过程中，通常以实际浓度与平衡浓度的偏离程度来表示吸收的推动力。

以吸收塔的某一截面为例（如图 3.3-4 所示），该处气相中的溶质浓度为 y，液相中的溶质的浓度为 x。那么，$(y-y^*)$ 为以气相浓度差表示的吸收推动力；(x^*-x) 为以液相浓度表示的吸收推动力。

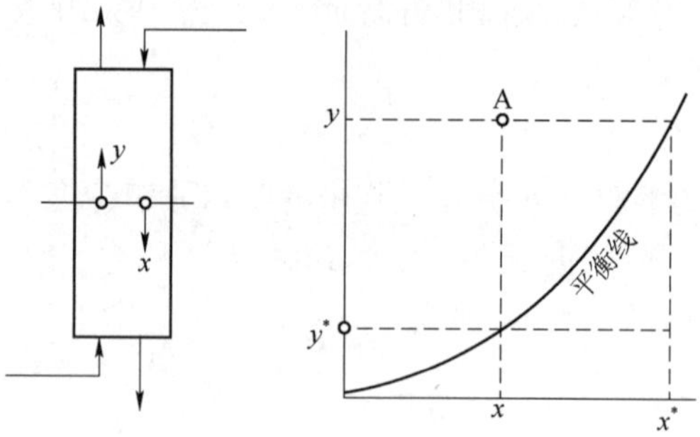

图 3.3-4　传质推动力

(4) 吸收机理简介

吸收过程的极限是由相平衡关系确定的，而吸收过程的速率取决于气液相之间组分的传质速率。吸收是一个两相间的物质传质过程，其过程包括三个步骤：

第一步，气相内的物质传递：溶质由气相主体传递到两相截面；

第二步，气液界面上发生的溶解过程：溶质在相界面上溶解，由气相转移至液相；

第三步，液相内的物质传递：溶质自界面传递至液相主体。

上面的三个步骤中，第二步很容易进行，阻力极小。因而通常认为界面上气液两相的溶质浓度满足相平衡关系，气、液两相间始终处于平衡状态。这样，吸收过程的总速率就取决于气、液两相内部的传质速率。

在气相和液相主体中的物质传递有分子扩散和湍流扩散两种形式。

第一种，分子扩散：溶质在静止或层流体中，依靠分子的微观运动，从高浓度处向低浓度处得传递过程。分子扩散类似于传热中由于温度差引起的热传导。

第二种，湍流扩散：溶质在湍流流体中，依靠流体质点的宏观运动形成的物质传递过程。

一般认为，在湍流流体中，物质的传递既要靠分子扩散，也要靠湍流扩散，合称对流扩散（或称对流传质）。对流扩散类似于传热中的对流传热。

但是，传质过程比传热过程要复杂，至今还没有很成熟的理论来完善地反映相间传质的内在过程。目前主要的对流传质理论有双膜理论、溶质渗透理论、表面更新理论灯光，但应用最广泛而且比较成熟的是双膜理论，其离理论模型基于以下假设：

1）相互接触的两流体间存在着稳定的相界面，界面两侧各存在着一个很薄（等效厚度分别为 δ_1 和 δ_2）的流体膜层。溶质以分子扩散方式通过此两膜层。

2）相界面没有传质阻力，即溶质在相界面处的浓度处于相平衡状态。

3）在膜层以外的两相主流区由于流体湍动剧烈，传质速率高，传质阻力可以忽略不计，相际的传质阻力集中在两个膜层内。气相吸收过程的推动力为$(y-y^*)$，液相吸收过程的推动力为(x^*-x)。

根据双膜理论，溶质必须以分子扩散的方式从气相主体先后通过此两薄膜而进入液相主体。因此，尽管气、液两膜很薄，两个膜层仍为主要的传质阻力或扩散阻力所在。

双膜理论存在着很大的局限性，例如对具有自由相界面或高度湍动的两流体间的传质体系，相界面是不稳定的，因此界面两侧存在稳定的等效膜层以及物质以分子扩散方式通过此两膜层的假设都难以成立。但像填料塔那样具有固定界面的吸收塔中，因流体的流速较低，可以得到符合实际的结果。

(5) 吸收速率方程式

单位时间内通过单位传质面积的溶质的量称为吸收速率，用符号N_A表示，其单位为$kmol/(m^2 \cdot s)$。

气体吸收因过程的复杂性，传质速率(吸收速率)一般难以理论求解，但遵循现象方程所描述的物理量传递的共性规律。

根据推动力及阻力可写出速率关系式，单独根据气膜或液膜的推动力及阻力写出的速率关系式称为气膜或液膜吸收速率方程式，相应的吸收系数称为膜系数或分系数，用k表示，与传热中的对流传热系数相当。

气相(气膜)传质速率方程为：

$$N_A = k_Y(Y_A - Y_i)$$

式中，Y_A、Y_i——分别为气相主体和相界面处溶质摩尔比；

k_Y——气膜吸收分系数，$kmol/(m^2 \cdot s)$。

液相(液膜)传质速率方程为：

$$N_A = k_X(X_i - X_A) \tag{3.3-15}$$

式中，X_A、X_i——分别为液相主体和相界面处溶质摩尔比；

k_X——液膜吸收分系数，$kmol/(m^2 \cdot s)$。

对于稳定吸收过程，可根据双膜理论建立相际传质速率方程(总传质速率方程)。类似于间壁式对流传热速率方程。

$$N_A = K_Y(Y_A - Y_A^*) \tag{3.3-16}$$

$$N_A = K_X(X_A^* - X_A) \tag{3.3-17}$$

式中，K_Y——以$(Y_A - Y_A^*)$为推动力的气相吸收总系数，$kmol/(m^2 \cdot s)$；

K_X——以$(X_A^* - X_A)$为推动力的液相吸收总系数，$kmol/(m^2 \cdot s)$；

Y_A——气相主体的摩尔比；

X_A——液相主体的摩尔比；

Y_A^*——与液相浓度X_A成平衡的气相摩尔比；

X_A^*——与气相浓度Y_A成平衡的气相摩尔比。

由于混合物的组成可用多种方式表示，对应于每一种表达法都有与之相应的传质速率方程。

气相或液相的吸收总系数称为传质总阻力，其表达式为：

$$\frac{1}{K_Y}=\frac{1}{k_Y}+\frac{m}{k_X} \tag{3.3-18}$$

$$\frac{1}{K_X}=\frac{1}{mk_Y}+\frac{1}{k_X} \tag{3.3-19}$$

总传质系数 K_Y (相际传质系数)与相内传质系数 k_X 、K_Y 的关系式,实质表达了总传质阻力 $1/K_Y$ 等于气相传质阻力 $1/k_Y$ 与液相传质阻力 m/k_X 之和。

对易溶气体,平衡常数 m 值小,平衡线很平,这时:

$$\frac{1}{k_Y}\gg\frac{m}{k_X}\Rightarrow\frac{1}{K_Y}\approx\frac{1}{k_Y}\Rightarrow K_Y\approx k_Y \tag{3.3-20}$$

此时,传质阻力主要集中在气相,此类传质过程称为气相阻力控制过程,或称气膜控制过程。

对难溶气体,平衡常数 m 值大,平衡线很陡,这时:

$$\frac{1}{k_X}\gg\frac{1}{mk_Y}\Rightarrow\frac{1}{K_X}\approx\frac{1}{k_X}\Rightarrow K_X\approx k_X \tag{3.3-21}$$

此时,传质阻力主要集中在液相,此类过程称为液相阻力控制过程,或液膜控制过程。

分析气、液两相中传质阻力所占的比例,对于强化传质过程,提高传质速率有重要的指导意义。例如,以气相阻力为主的吸收操作,增加气体流速,可减薄界面处气膜层的厚度,从而降低气相传质阻力,有效地提高吸收速率;而增加液体流速吸速率则不会有明显改变。

(6) 吸收塔的操作线方程与操作线

在气体吸收中,工业上一般都采用逆流连续操作,其流程如图 3.3-5 所示。

若取填料层任一截面与塔的塔底端面之间的填料层为物料衡算的控制体,则所得溶质 A 的物料衡算式为

$$VY+LX_1=VY_1+LX \tag{3.3-22}$$

$$Y=\frac{L}{V}X+\left(Y_1-\frac{L}{V}X_1\right) \tag{3.3-23}$$

同理,若在任一截面与塔顶端面间作溶质 A 的物料衡算,有:

$$Y=\frac{L}{V}X+\left(Y_2-\frac{L}{V}X_2\right) \tag{3.3-24}$$

上两式均称为吸收操作线方程,代表逆流操作时塔内任一截面上的气、液两相组成 Y 和 X 之间的关系。(L/V)称为吸收塔操作的液气比。

当 L/V 一定,操作线方程在 Y-X 图(图 3.3-6)上为以液气比 L/V 为斜率,过塔进、出口的气、液两相组成点(Y_1,X_1)和(Y_2,X_2)的直线,称为吸收操作线。线上任一点的坐标(Y,X)代表了塔内该截面上气、液两相的组成。

操作线上任一点 P 与平衡线间的垂直距离($Y-Y^*$)为塔内该截面上以气相为基准的吸收传质推动力;与平衡线的水平距离(X^*-X)为该截面上以液相为基准的吸收传质推动力。

两线间垂直距离($Y-Y^*$)或水平距离(X^*-X)的变化显示了吸收过程推动力沿塔高的变化规律。

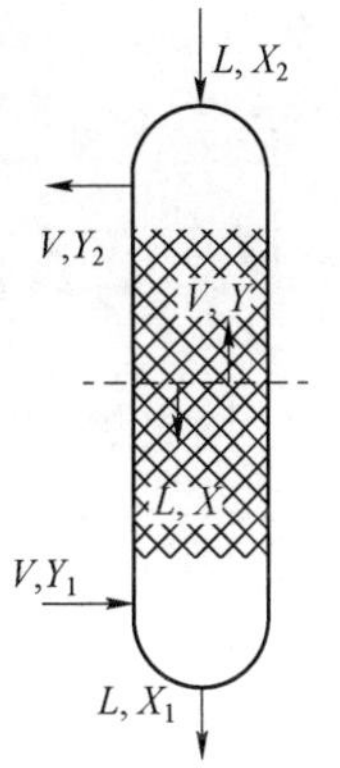

图 3.3-5 吸收塔物料平衡

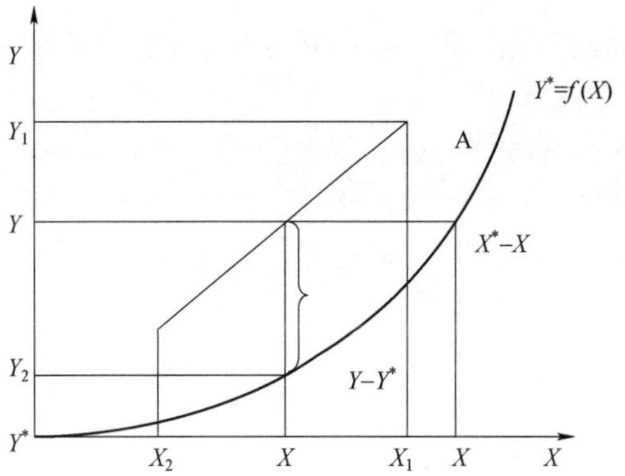

图 3.3-6 操作线与平衡线

(7) 解吸

将溶解于液体中的气体或挥发组分驱赶至气相的操作称为解吸。进行解吸操作的塔称为解吸塔。

解吸的方法包括:① 间接加热;② 与水蒸气或惰性气体直接接触;③ 减压。

在生产中,采用解吸操作的目的有:① 为了获得较纯的气体;② 为了将吸收剂与溶质分离开来,使吸收剂得以循环利用或回收溶质,节约操作费用。

解吸与吸收是相反的操作过程,因此,它的机理、流体的流向以及有关计算等,均可以根据吸收的反过程来理解和选用。

1) 解吸是气体组分从液相转入气相的过程,即过程的方向与吸收相反。

2) 解吸的必要条件是气相中可吸收组分的分压 p(或 y)必须小于液相中溶质的平衡分压 p^*(或 y^*),其推动力为(y^*-y)或($x-x^*$),操作线在平衡线的下方,与吸收正好相反。

3) 在吸收塔中,吸收剂从顶部送入,随着操作过程的进行,溶液逐渐增浓,最后从底部排出;而解吸操作中,从顶部送入的是溶液,随着过程的进行,溶液的浓度却不断减小。

4) 有关解吸的计算都可以应用前面在吸收中所介绍的公式,只是要把推动力颠倒过来。

5) 由于解吸是吸收的反过程,因此不利于吸收的因素均有利于解吸。

温度越高,气体的溶解度越小,对吸收不理,而有利于已吸收组分与溶剂的分离,将溶液加热是解吸操作中最常用的方法。

压力越低,亦即气体中可吸收组分的分压越小,溶解度也越小,对吸收不利。而减压下有利于实现 $p<p^*$ 的条件,对解吸有利。

解吸操作中,可以通入惰性气体,但不能获得纯净的气体组分,主要是用来回收吸收剂。但如果将惰性气体改为水蒸气,而组分气体又不溶于水的话,那么,将解吸后的混合气体加以冷凝,使组分气体与水分离,就可以实现获得纯净组分的目的。

6. *溶液的蒸馏*

蒸馏操作是分离和提纯液体均相混合物的典型单元操作。

液体都具有挥发而变成蒸汽的能力,这种能力称为物质的挥发性。在同一压力下,液体混合物中沸点高的组分,其挥发性要比沸点低的组分小,需要加热到更高的稳定度才能汽化。而在同一温度下,饱和蒸汽压较大的液体,其沸点较低,更容易汽化,该液体就是易挥发组分;饱和蒸汽压较小的液体,沸点较高,难以汽化,称为难挥发组分。利用液体中各组分挥发性的不同而实现液体混合物分离的操作称为蒸馏。

(1) 蒸馏的分类

蒸馏按蒸馏方式可分为平衡(闪蒸)蒸馏、简单蒸馏、精馏、特殊蒸馏。

平衡蒸馏和简单蒸馏常用于混合物中各组分的挥发度相差较大,对分离要求不高的场合。

平衡蒸馏又称闪蒸,溶液在一定的压力下被加热到需要的温度,再减压操作,挥发性大的组分因减压使沸点下降而迅速汽化,这样形成的气液两相可以达到平衡,所以叫平衡蒸馏。

当混合物中各组分间挥发性相差不大,又要求将各组分完全分离时,则需要用精馏分离。当组分间挥发性相差很小,需要加入某一组分来扩大原液中不同组分间的沸点差异后,才能达到有效分离时,则需要用特殊蒸馏。

在蒸馏过程中,液体混合物被加热后,沸点低的组分先汽化,沸点高的组分后汽化,当气液两相达到平衡时,气相中易挥发组分的含量就会高于液相中该组分的含量,而液相中难挥发组分的含量也会高于该组分在气相中的含量。若液体混合物只经过一次部分汽化和一次部分冷凝,最终就能得到含易挥发组分含量较高的混合液,这种操作称为简单蒸馏。如果对液体混合物进行多次部分汽化和对混合物的蒸汽进行多次部分冷凝(回流),最终可以在气相中得到纯度较高的一挥发组分,在液相中得到纯度较高的难挥发组分,这种操作称为精馏。精馏的特点是能得到很纯的产品。

精馏按操作压力的大小可分为加压精馏、常压精馏和减压精馏;按被分离混合物中组分数目的多少分为双组分精馏和多组分精馏;按操作是否连续可分为间歇蒸馏和连续蒸馏。

(2) 蒸馏与吸收和蒸发的区别

蒸馏和吸收都属于传质过程,但前者是分离液体混合物,后者是分离气体混合物;他们依据的原理也不一样,蒸馏是利用不同组分的沸点差异,而吸收是利用不同组分在同一吸收剂中溶解度的不同。

蒸馏与解吸操作除了所依据的原理不一样外,还有以下区别:蒸馏产生的气相在降低温度后容易液化;而解吸操作从溶液中分离出来的气体在降低温度后不容易液化,除非解吸气体中仍然含有一定比率的溶剂组分。在化工生产中,往往在解吸塔的顶部设置精馏段,通过液体回流来降低解吸气体中溶剂的含量。

蒸馏与蒸发在依据的原理上相似,且同样是以加热汽化为前提,但操作上具有本质的区别。蒸馏过程中溶剂和溶质都要汽化,只是因挥发性不同,溶质在气相中含量会高一些,既有热交换,又有传质过程;而蒸发过程中,溶质的挥发性比溶剂要小得多,只有溶剂汽化而溶质仍保持液态,只有传热,没有传质,且蒸发多在常压和真空下进行,溶液增浓以至于溶质结晶析出,可以获得比较高浓度的溶质产品。

(3) 挥发度和相对挥发度

挥发度是表示某种液体容易挥发的程度。对于纯组分通常用它的饱和蒸汽压来表示。而溶液中各组分的蒸汽压因组分间的相互影响要比纯态时为低。故溶液中各组分的挥发度则用它在一定温度下蒸汽中的分压和与之平衡的液相中该组分的摩尔分率之比来表示。以双组分溶液为例:

组分 A 的挥发度：

$$\nu_A=\frac{p_A}{x_A}$$

组分 B 的挥发度：

$$\nu_B=\frac{p_B}{x_B}$$

式中，ν_A,ν_B——分别为组分 A、B 的挥发度，Pa。

溶液中两组分的挥发度之比称为相对挥发度。用α表示，通常为易挥发组分的挥发度与难挥发组分的挥发度之比。

$$\alpha=\frac{\nu_A}{\nu_B}=\frac{p_A\cdot x_B}{p_B\cdot x_A}$$

如果该双组分溶液的气相服从道尔顿定律(理想气体混合物的总压等于各组分气体分压之和)：

$$p_A=p\cdot y_A$$
$$p_B=p\cdot y_B$$
$$p=p_A+p_B$$

式中，y_A、y_B——分别为气相中组分 A、B 的摩尔分率；

p——气相的总压，Pa；

p_A、p_B——分别为平衡时溶液上方组分 A、B 的蒸汽压，Pa。

液相服从拉乌尔定律(理想溶液在一定温度下，达到气液相平衡时，溶液上方气相中任意组分的分压等于该组分在相同温度下的饱和蒸汽压乘以该组分在液相中的摩尔分率)：

$$p_A=p_A^0\cdot x_A$$
$$p_B=p_B^0\cdot x_B$$

式中，p_A^0、p_B^0——分别为纯组分 A、B 在平衡时的饱和蒸汽压，Pa；

x_A、x_B——分别为液相中组分 A、B 的摩尔分率。

对于双组分溶液，则有：

$$y_A=1-y_B,\ x_A=1-x_B,\ p=p_A+p_B$$

则：

$$\alpha=\frac{py_Ax_B}{py_Bx_A}=\frac{y_Ax_B}{y_Bx_A}$$

或

$$y_A=\frac{\alpha x_A}{1+(\alpha-1)x_A}$$

$$x_A=\frac{p-p_B^0}{p_A^0-p_B^0}$$

$$\alpha=\frac{p_A^0}{p_B^0}$$

由上式可以看出，理想溶液中两组分之间的相对挥发度等于两纯组分的饱和蒸汽压之比。

第四节　工艺设备常识

一、泵与风机

泵和风机都是根据流体力学理论设计的输送流体或者提高流体压力的流体机械。工作对象是液体的机械叫泵;工作对象是气体的机械叫风机。它们的工作原理都是将原动机(电动机等)的机械能转变为被作用流体的能量,从而使流体产生速度和压力。

了解泵和风机的基础知识有助于掌握它们的工作特性,在异常时帮助判断缺陷、分析原因。

1. 泵

(1) 常用泵的分类

泵的种类繁多,按工作原理可分为:

1) 动力式泵,又叫叶轮式泵或叶片式泵,依靠旋转的叶轮对液体的动力作用,把能量连续地传递给液体,使液体的动能(为主)和压力能增加,随后通过压出室将动能转换为压力能,又可分为离心泵、轴流泵、部分流泵和旋涡泵等。

2) 容积式泵,依靠包容液体的密封工作空间容积的周期性变化,把能量周期性地传递给液体,使液体的压力增加至将液体强行排出,根据工作元件的运动形式又可分为往复泵和回转泵。

3) 其他类型的泵,以其他形式传递能量。如射流泵依靠高速喷射的工作流体将需输送的流体吸入泵后混合,进行动量交换以传递能量;水锤泵利用制动时流动中的部分水被升到一定高度传递能量;电磁泵是使通电的液态金属在电磁力作用下产生流动而实现输送。

按结构分为单级泵和多级泵。

按工作原理分为离心泵、混流泵、轴流泵、旋涡泵、射流泵、容积泵(螺杆泵、活塞泵、隔膜泵)等。

按用途分为水泵、砂泵、泥浆泵、污水泵、污物泵、潜水电泵等。

按动力类型分为手动泵、电动泵、机动泵、水轮泵、内燃水泵、水锤泵等。

(2) 水泵的参数及性能

水泵参数是指泵工作性能的主要技术数据,包括流量、扬程、转速、效率和比转数等。

1) 流量 Q

流量是泵在单位时间内输送出去的液体量(体积或质量)。

体积流量用 Q 表示,单位:m^3/s、m^3/h、L/s 等。

质量流量用 Q_m 表示,单位:t/h、kg/s 等。

质量流量和体积流量的关系为

$$Q_m=\rho Q$$

式中,ρ——液体的密度(kg/m^3,t/m^3),常温清水ρ=1 000 kg/m^3。

2) 扬程 H

泵的扬程是指单位重量的液体通过泵所增加的能量。以 H 表示,实质上就是水泵能够扬水的高度，又叫总扬程或全扬程。水泵的实际扬程都比水泵铭牌上的扬程数值小。

3）转速 n

转速是指泵叶轮每分钟的转数，以 n 表示，单位为转/分(r/min)。每台泵都有一定的转速，不能随意提高或降低，这个固定的转素称为额定转速，水泵铭牌上标定的转速即为额定转速。如泵运转超过额定转速，不但会引起动力机超载或转不动，而且泵的零部件也容易损坏；转速降低，泵的效率就会降低，影响水泵的正常工作。

(3) 离心泵的工作原理及特点

1）离心泵的工作原理

图 3.4-1 所示为离心泵。水泵开动前，先将泵和进水管灌满水，水泵运转后，在叶轮高速旋转而产生的离心力的作用下，叶轮流道里的水被甩向四周，压入蜗壳，叶轮入口形成真空，水池的水在外界大气压力下沿吸水管被吸入补充了这个空间。继而吸入的水又被叶轮甩出经蜗壳而进入出水管。由此可见，若离心泵叶轮不断旋转，则可连续吸水、压水，水便可源源不断地从低处扬到高处或远方。综上所述，离心泵是由于在叶轮的高速旋转所产生的离心力的作用下，将水提向高处的，故称离心泵。

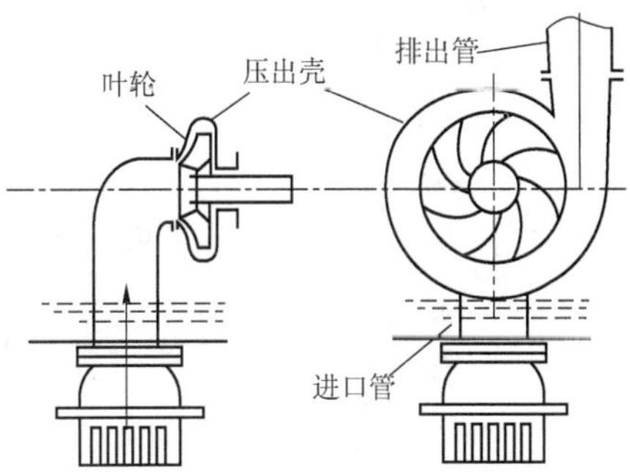

图 3.4-1　离心泵的工作原理

2）离心泵的一般特点

水沿离心泵的流经方向是沿叶轮的轴向吸入，垂直于轴向流出，即进出水流方向互成 90°。

由于离心泵靠叶轮进口形成真空吸水，因此在起动前必须向泵内和吸水管内灌注引水，或用真空泵抽气，以排出空气形成真空，而且泵壳和吸水管路必须严格密封，不得漏气，否则形不成真空，也就吸不上水来。

由于叶轮进口不可能形成绝对真空，因此离心泵吸水高度不能超过 10 m，加上水流经吸水管路带来的沿程损失，实际允许安装高度(水泵轴线距吸入水面的高度)远小于 10 m。

(4) 轴流泵的工作原理及特点

1）轴流泵的工作原理

轴流泵与离心泵的工作原理不同，它主要是利用叶轮的高速旋转所产生的推力提水。轴流泵叶片旋转时对水所产生的升力，可把水从下方推到上方。

轴流泵的叶片一般浸没在被吸水源的水池中。由于叶轮高速旋转，在叶片产生的升力作用下，连续不断的将水向上推压，使水沿出水管流出。叶轮不断地旋转，水也就被连续压送到高处。

2）轴流泵的一般特点

① 水在轴流泵的流经方向是沿叶轮的轴相吸入、轴相流出，因此称轴流泵。

② 扬程低(1～13 m)、流量大、效益高，适于平原、湖区、河网区排灌。

③ 起动前不需灌水，操作简单。

(5) 混流泵的工作原理及特点

1）混流泵的工作原理

由于混流泵的叶轮形状介于离心泵叶轮和轴流泵叶轮之间，因此，混流泵的工作原理既有离心力又有升力,靠两者的综合作用,水则以与轴组成一定角度流出叶轮,通过蜗壳室和管路把水提向高处。

2) 混流泵的一般特点

混流泵与离心泵相比,扬程较低,流量较大,与轴流泵相比,扬程较高,流量较低。适用于平原、湖区排灌。

水沿混流泵的流经方向与叶轮轴成一定角度而吸入和流出的,故又称斜流泵。

(6) 往复泵(活塞泵)的基本原理

往复泵是依靠活塞、柱塞或隔膜在泵缸内往复运动使缸内工作容积交替增大和缩小来输送液体或使之增压的容积式泵。

图 3.4-2 是往复泵的工作原理。活塞自左向右移动时,泵缸内形成负压,则贮槽内液体经吸入阀进入泵缸内。当活塞自右向左移动时,缸内液体受挤压,压力增大,由排出阀排出。活塞往复一次,各吸入和排出一次液体,称为一个工作循环;这种泵称为单动泵。若活塞往返一次,各吸入和排出两次液体,称为双动泵。活塞由一端移至另一端,称为一个冲程。

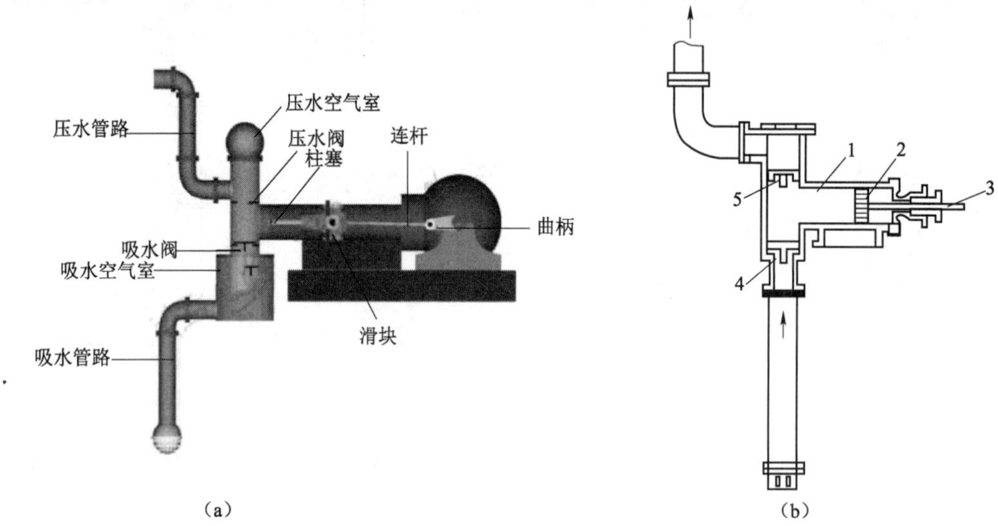

图 3.4-2 往复泵的工作原理

(a) 往复泵工作示意;(b) 往复泵装置简图

1—泵缸;2—活塞;3—活塞杆;4—吸入阀;5—排出阀

往复泵的特点是:自吸能力强;理论流量与工作压力无关,只取决于转速、泵缸尺寸及作用数;额定排出压力与泵的尺寸和转速无关;流量不均匀;转速不宜太快;对液体污染度不很敏感;结构较复杂,易损件较多。

(7) 喷射泵的工作原理

工业用的喷射泵,又称射流泵和喷射器,见图 3.4-3。利用高压工作流体的喷射作用来输送流体的泵。由喷嘴、混合室和扩大管等构成。为使操作平稳起见,在喉管处设置一真空室(也称吸入室);为了使两种流体能够充分混合,在真空室后面有一混合室。操作时,工作流体以很高的速度由喷嘴喷出,在真空室形成低压,使被输送液体吸入真空室,然后进入混合室。在混合室中高能量的工作流体和低能量的被输送液体充分混合,使能量相互交换,速度也逐渐一致，从喉管进入扩散室，速度放慢，静压力回升，达到输送液体的目的。

喷射泵的工作流体可以是气体(空气或蒸汽)和液体。常见的有水蒸气喷射泵、空气喷射泵和水喷射泵。

水蒸气喷射泵是以水蒸气为工作介质，能直接对大气排气的一种射流真空泵。这种泵起动快，占地面积小，工作压力范围宽，抽气量大，能抽除含有灰尘、腐蚀性和易燃易爆气体。若能利用剩余或废弃的蒸汽就较经济。这种泵的缺点是土建投资高(安装高度有的需要10 m 以上)和冷却水耗量大。

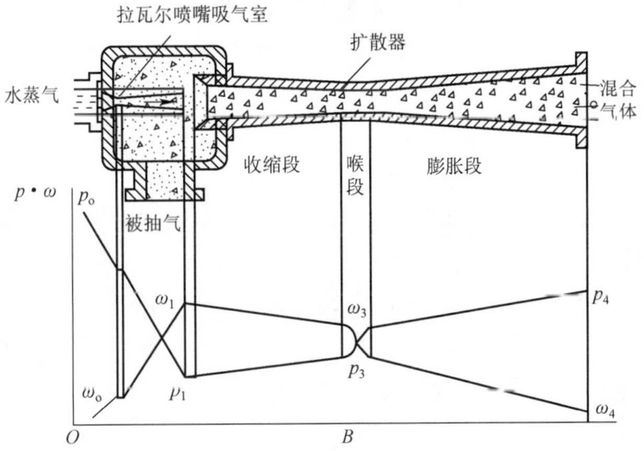

图 3.4-3 喷射泵的原理图

空气喷射泵是利用压缩空气或常压空气作为工作介质。靠气流在喷嘴出口处产生低压来抽吸空气或其他气体，然后把它压缩排出。根据工作介质是高压空气还是常压空气，分为一般空气喷射泵和大气喷射泵。空气喷射泵的工作介质耗量大，必须具备容量大的空气压缩机。一般空气喷射泵大多数是单级的。

当要求的真空度不太高时，可以用一定压力的水作为工作流体的水喷射来产生真空。水喷射的速度常在 15～30 m/s 左右。由于水喷射泵有产生真空和冷凝蒸汽的双重作用，所以应用极为广泛。

(8) 泵的汽蚀的危害与防护

当水泵流道中的液体流动到某处的压力等于或低于相应的汽化压力时，液体会发生汽化产生大量汽泡，当汽泡流动到高压区，在高压作用下迅速凝结而破裂，对流道表面材料形成极大的、反复的冲击，造成疲劳侵蚀或剥蚀，即为水泵汽蚀的产生过程。

1) 水泵汽蚀的危害

① 噪声和振动

水泵发生汽蚀过程中，从水泵吸入口(低压区域)到出水口(高压区域)，大量的汽泡将不断地产生、发展、凝结、破裂所带来的反复不断高速的冲击和极大的脉动力，会引起严重的噪声和剧烈的振动。

② 对水泵材料产生破坏

由于大量汽泡不断地产生、破裂带来高速冲击，形成极大脉动冲击力，反复不断作用在水泵流道表面，所谓“滴水穿石”，金属材料常常由于经受不起这种严峻考验而产生破坏或失效。

③ 水力性能大幅下降

水泵发生汽蚀时由于大量汽泡堵塞流道的过流截面而使流量下降(流道越小越严重),同时改变了水流速度和方向,降低了流体从叶轮叶片所获能量,大大减小了水泵的扬程。

2) 常用防止发生汽蚀的措施

① 防止长时间在大流量下运行;

② 在同样转速和流量下,采用双吸泵,因减小进口流速、泵不易发生汽蚀;

③ 泵发生汽蚀时,应把流量调小或降速运行;

④ 对于在苛刻条件下运行的泵,为避免汽蚀破坏,可使用耐汽蚀材料。

(9) 泵的启动

1) 离心泵的启动

① 启动前的准备工作

a. 认真检查泵的出入口管线、阀门、法兰、压力表接头是否安装安全,符合要求,冷却水是否畅通,地脚螺栓及其它连接部分有无松动。

b. 向轴承箱加入润滑油,油面处于轴承箱液面计的三分之二。

c. 盘车检查转子是否轻松灵活,检查泵体内是否有金属撞击声或摩擦声。

d. 装好靠背轮防护罩,严禁护罩和靠背轮接触。

e. 清理泵体机座,搞好卫生工作。

f. 开启入口阀,使液体充满泵体,打开放空阀,将空气排净后关闭。若是热油泵,则不允许开放空阀排空气,防止热油窜出自燃,如有专门放空管线及油罐,可以向放空管线排空气和冷油。

g. 热油泵在启动前要缓慢预热,特别在冬天应使泵体与管道同时预热,使泵体与输送介质的温差在 50 ℃以下。

h. 封油引入油泵前必须充分脱水。

i. 与各有关岗位、有关单位联系好,做好启动准备。

② 离心泵的启动

a. 泵入口阀全开,出口阀全关,启动电机,全面检查机泵的运转情况。

b. 当泵出口压力高于操作压力时,逐步打开出口阀,控制泵的流量、压力。

c. 检查电机电流是否在额定值以内,如泵在额定流量运转而电机超负荷时应停泵检查。

③ 注意事项

a. 离心泵在任何情况下都不允许无液体空转,以免零件损坏。

b. 热油泵一定要预热,以免冷热温差太大,造成事故。

c. 离心泵启动后,在出口阀未开的情况下,不允许长时间运行。

d. 在正常情况下,离心泵不允许用入口阀来调节流量,以免抽空,而应用出口阀来调节。

e. 离心泵运行的最小流量低于额定流量的 1/3。

f. 对于出口压差较大的高压离心泵,在出口流管上应设置一与额定流量相应的限流孔板,以防超负荷调节

2) 往复泵(活塞泵)的启动与停车

① 准备工作

a. 启动前检查传动部件(包括十字头、柱塞等)是否完好。

b. 检查所有配管及辅助设备安装是否符合要求。

c. 检查泵联轴器的对中情况及防护罩是否齐全紧固。

d. 上、下阀座、阀套均勿倒装或装错。

e. 检查泵体周围有无易燃易爆物品和其它杂物。

f. 检查地脚螺栓和其它固定螺栓有无松动，防静电接地完好。

g. 检查泵机箱内润滑油面，中线为正常（初次加油，稍高于中线）。

h. 检查入口罐内液位高于50%。

i. 检查管线，泵体是否有异常，附属设备是否好用。导通管路流程。

j. 盘车检查是否灵活轻松，有无异常声音和卡涩现象。

k. 查看压力表完好，打开压力表阀。

② 往复泵的启动

a. 打开出口放气阀，将泵体内的空气排尽，关闭放气阀。

b. 初次启动往复泵时，手动盘车，给液压油排气直至无气泡产生为止。

c. 在排出压力为零的情况下，打开泵的进口阀，灌泵，保证液体充满泵体。必要时关闭出口阀打开放空阀排出管线及泵体内的气体。

d. 打开泵的入口阀，出口阀。

e. 用冲程调节手柄把冲程调到“0”的位置。

f. 检查柱塞冲程是否和调量表的指示相符。

g. 启动电机，注意检查压力，噪音和振动情况。

h. 调节计量旋钮，使泵达到正常流量，旋转调量表时，应注意不得过快过猛，应按照从小流量往大流量方向调节，若需要从大流量往小流量方向调节时应把调量表旋过数格，再向大流量方向旋至刻度。调节完毕后，用锁紧螺丝锁紧。

i. 如有必要，泵机械运转正常后，可以进行流量校验。若经多次测定证明流量与冲程保持线性关系，且容积效率变化不大，则可投入正常运行。

③ 往复泵的停车

a. 冲程调零。

b. 停泵后切断电源。

c. 关闭进口阀。

3）轴流泵的启动要求

轴流泵的启动要求，出了要做好启动前的各项准备，与离心泵不同的是一定要注意在启动前先打开出口阀。

2. 风机

（1）风机的分类

风机是输送气体的机械，一般分为三大类，即通风机、鼓风机和空气压缩机。放射性厂房用的最多的是通风机，它为放射性厂房、各不同工作区域的通风、空调系统提供空气输送动力。核通风、空调不仅可以创造舒适的工作环境，更主要的是保证工作人员身体健康的辐射防护要求，核通风和核安全直接相关。

1）按风机工作原理分类

按风机作用原理的不同，有叶片式风机与容积式风机两种类型。叶片式是通过叶轮旋转将能量传递给气体;容积式是通过工作室容积周期性改变将能量传递给气体。两种类型风机又分别具有不同型式。

- 叶片式风机
  - 离心式风机
  - 轴流式风机
  - 混流式风机
- 容积式风机
  - 往复式风机
  - 回转式风机

2) 按风机工作压力(全压)大小分类

① 风扇

标准状态下,风机额定压力范围为 $p<98$ Pa(10 mmH_2O)。此风机无机壳,又称自由风扇,常用于建筑物的通风换气。

② 通风机

设计条件下,风机额定压力范围为 98 Pa$<p<$14 710 Pa(1 500 mmH_2O)。一般风机均指通风机而言,也是本章所论述的风机。通风机是应用最为广泛的风机。空气污染治理、通风、空调等工程大多采用此类风机。

③ 鼓风机

工作压力范围为 14 710 Pa$<p<$196 120 Pa,压力较高,是污水处理曝气工艺中常用的设备。

④ 压缩机

工作压力范围为$p>$196 120 Pa 或气体压缩比大于 3.5 的风机,如常用的空气压缩机。

3) 通风机通常也按工作压力分类

- 通风机
  - 离心式风机
    - 低压风机$p\leqslant$980 Pa(100 mmH_2O)
    - 中压风机 980 Pa$<p\leqslant$2 942 Pa(300 mmH_2O)
    - 高压风机 2 942 Pa$<p<$14 710 Pa(1 500 mmH_2O)
  - 轴流式风机
    - 低压风机$p\leqslant$490 Pa(50 mmH_2O)
    - 高压风机 490 Pa$<p<$4 900 Pa(500 mmH_2O)

(2) 离心式风机主要部件

离心风机的主要部件与离心泵类似。下面仅结合风机本身的特点进行论述。

1) 叶轮

叶轮是离心泵风机传递能量的主要部件,它由前盘、后盘、叶片及轮毂等组成。叶片有后弯式、径向式和前弯式。后弯式叶片形状又分为机翼型、直板型和弯板型。叶轮前盘的形式有平直前盘、锥形前盘和弧形前盘三种,如图 3.4-4 所示。

2) 集流器

将气体引入叶轮的方式有两种:一种是从大气直接吸气,称为自由进气;另一种是用吸风管或进气箱进气。不管哪一种进气方式,都需要在叶轮前装置进口集流器。集流器的作用是保证气流能均匀地分布在叶轮入口断面,达到进口所要求的速度值,并在气流损失最小的情况下进入叶轮。集流器形式有圆柱形、圆锥形、弧形、锥柱形和锥弧形等,如图 3.4-5 所示。弧形、锥弧形性能好,被大型风机所采用以提高风机效率,高效风机基本上都采用锥弧形集流器。

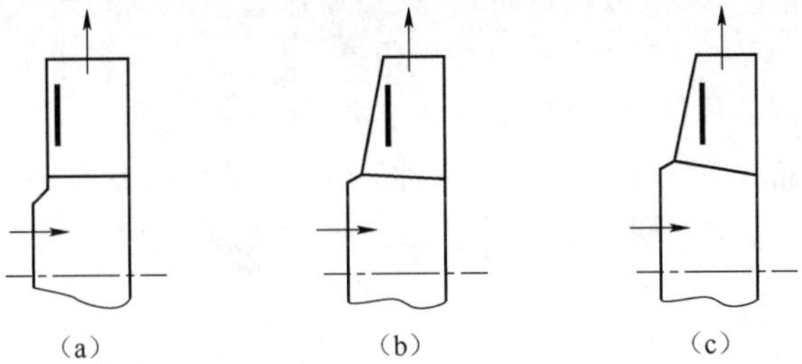

图 3.4-4　前盘形式

(a) 平直前盘;(b) 锥形前盘;(c) 弧形前盘

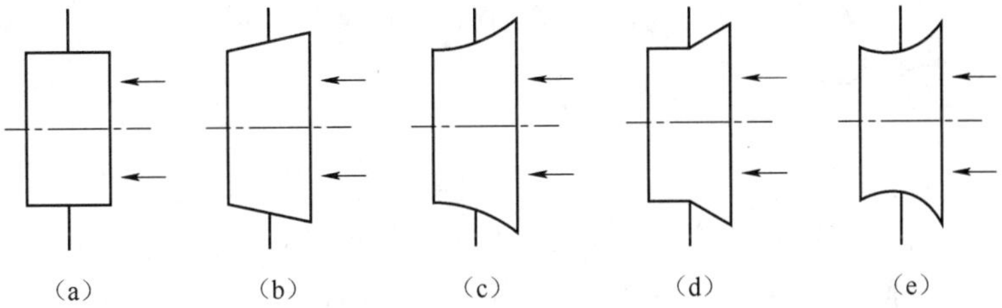

图 3.4-5　集流器形式

(a) 圆柱形;(b) 圆锥形;(c) 弧形;(d) 锥柱形;(e) 锥弧形

3) 涡壳

涡壳作用是汇集叶轮出口气流并引向风机出口,与此同时将气流的一部分动能转化为压能。涡壳外形以对数螺旋线或阿基米德螺旋线最佳,具有最高效率。涡壳轴面为矩形,并且宽度不变。

涡壳出口处气流速度仍然很大,为了有效利用气流的能量,在涡壳出口装扩压器,由于涡壳出口气流受惯性作用向叶轮旋转方向偏斜,因此扩压器一般作成沿偏斜方向扩大,其扩散角θ通常为 6°～8°,如图 3.4-6 所示。

离心风机涡壳出口部位有舌状结构,一般称为涡舌。涡舌可以防止气体在机壳内循环流动。一般有涡舌的风机效率,压力均高于无舌的风机。

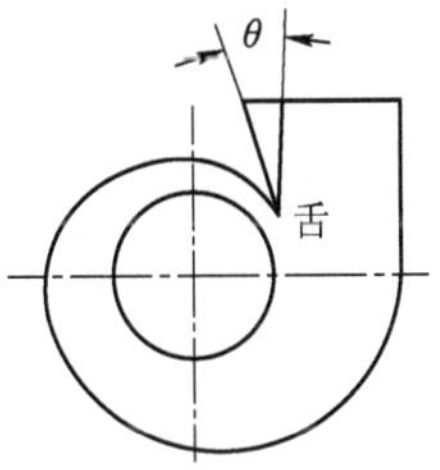

图 3.4-6　涡壳

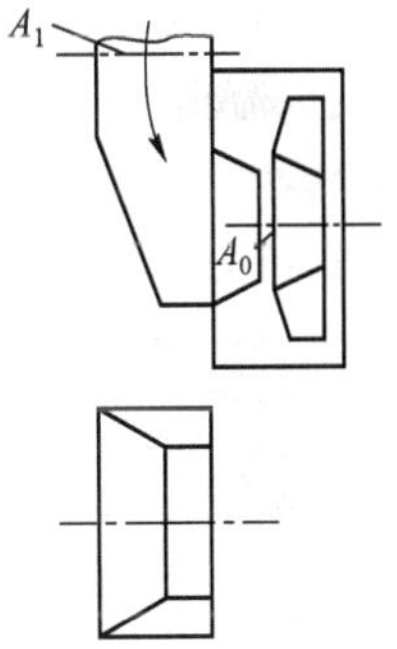

图 3.4-7　进气箱

4）进气箱

气流进入集流器有三种方式。一种是自由进气;另一种是吸风管进气,该方式要求保证足够长的轴向吸风管长度;再一种是进气箱进气,当吸风管在进口前需设弯管变向时,要求在集流器前装设进气箱进气,以取代弯管进气,可以改善进风的气流状况。进气箱如图3.4-7所示。

(3) 轴流式风机的工作原理与部件

轴流风机又叫局部通风机,是常用的一种风机,它的外形就是一个筒形,电机和风叶在圆筒内。轴流式风机主要用于局部通风,安装方便,通风换气效果明显,安全,也可以接风筒把风送到指定的区域。

轴流式风机叶片的工作方式与飞机的机翼类似。但是,后者是将升力向上作用于机翼上并支撑飞机的重量,而轴流式风机则固定位置并使空气移动。

气流由集流器进入轴流风机,经前导叶获得预旋后,在叶轮动叶中获得能量,再经后导叶,将一部分偏转的气流动能转变为静压能,最后气体流经扩散筒,将一部分轴向气流的动能转变为静压能后输入到管路中。

1）叶轮

叶轮与轴一起组成了通风机的回转部件,通常称为转子。叶轮是轴流式通风机对气体做功的唯一部件,叶轮旋转时叶片冲击气体,使空气获得一定的速度和风压。轴流风机的叶轮由轮毂和叶片组成,轮毂和叶片的连接一般为焊接结构。叶片有机翼型、圆弧板形等多种,叶片从根部到叶顶常是扭曲的,有的叶片与轮毂的连接为可调试,可以改变通风机的风量和风压。一般叶片数为4～8个,其极限范围则在2～50个。

2）集风器和流线罩

集风器(吸风口)和流线罩两者组成光滑的渐缩形流道,其左右是将气体均匀的导入叶轮,减少入口风流的阻力损失。

3）前后置导流器

前导流器的作用是使气流在入口出产生负旋转,以提高风机的全压;此外,前置导流器常做成可转动的,通过改变叶片的安装的角度可以改变风机的工况。

后导流器的作用是扭转从叶轮流出的旋转气流,使一部分偏转气流动能转变为静压能,同时可减少因气流旋转而引起的摩擦和漩涡损失动能。

4）扩压器

在轴流风机的级的出口,气流轴向速度很大。扩散筒的作用是将一部分轴向气流动能转变为静压能,使风机流出的气体的静压能进一步提高,同时减少出口突然扩散损失。轴流式风机的横截面一般为翼剖面。叶片可以固定位置,也可以围绕其纵轴旋转。叶片与气流的角度或者叶片间距可以不可调或可调。改变叶片角度或间距是轴流式风机的主要优势之一。小叶片间距角度产生较低的流量,而增加间距则可产生较高的流量。

先进的轴流式风机能够在风机运转时改变叶片间距(这与直升机旋翼颇为相似),从而相应地改变流量。这称为动叶可调轴流式风机。

二、阀门

阀门是流体输送系统中的控制部件,具有截止、调节、导流、防止逆流、稳压、分流或溢流泄压等功能。用于流体控制系统的阀门，从最简单的截止阀到极为复杂的自控系统中所用的各种阀门，其品种和规格相当繁多。阀门可用于控制空气、水、蒸汽、各种腐蚀性介质、泥浆、油品、液态金属和放射性介质等各种类型流体的流动。阀门根据材质还分为铸铁阀门、铸钢阀门、不锈钢阀门、铬钼钢阀门、铬钼钒钢阀门、双相钢阀门、塑料阀门、非标订制等阀门材质。

在工艺系统中，为了实现对管道中流动的工作介质进行控制，设置了许多阀门，依据阀门的工作环境和所承担的功能不同，选取的阀门也多种多样。

1. 阀门的分类

(1) 按驱动力分

第一类自动阀门：依靠介质（液体、气体）本身的能力而自行动作的阀门。如止回阀、安全阀、调节阀、疏水阀、减压阀等。

第二类驱动阀门：借助手动、电动、液动、气动来操纵动作的阀门。如闸阀、截止阀、节流阀、蝶阀、球阀、旋塞阀等。

(2) 按结构特征，根据关闭件相对于阀座移动的方向分

1) 截门形：关闭件沿着阀座中心移动。

2) 闸门形：关闭件沿着垂直阀座中心移动。

3) 旋塞和球形：关闭件是柱塞或球，围绕本身的中心线旋转。

4) 旋启形：关闭件围绕阀座外的轴旋转。

5) 碟形：关闭件的圆盘，围绕阀座内的轴旋转。

6) 滑阀形：关闭件在垂直于通道的方向滑动。

(3) 根据阀门的不同用途分

1) 开断用：用来接通或切断管路介质，如截止阀、闸阀、球阀、蝶阀等。

2) 止回用：用来防止介质倒流，如止回阀。

3) 调节用：用来调节介质的压力和流量，如调节阀、减压阀。

4) 分配用：用来改变介质流向、分配介质，如三通旋塞、分配阀、滑阀等。

5) 安全阀：在介质压力超过规定值时，用来排放多余的介质，保证管路系统及设备安全，如安全阀、事故阀。

6) 其他特殊用途：如疏水阀、放空阀、排污阀等。

(4) 按驱动方式的不同分

1) 手动：借助手轮、手柄、杠杆或链轮等，有人力驱动，传动较大力矩时装有蜗轮、齿轮等减速装置。

2) 电动：借助电机或其他电气装置来驱动。

3) 液动：借助（水、油）来驱动。

4) 气动：借助压缩空气来驱动。

(5) 按阀门的公称压力分

1) 真空阀：绝对压力$<$0.1 MPa，即 760 mm 汞柱高的阀门（通常用 mm 汞柱或 mm 水柱表示压力）。

2) 低压阀：公称压力 PN$\leq$1.6 MPa 的阀门（包括 PN$\leq$1.6 MPa 的钢阀）。

3）中压阀:公称压力 PN2.5～6.4 MPa 的阀门。

4）高压阀:公称压力 PN10.0～80.0 MPa 的阀门。

5）超高压阀:公称压力 PN≥100.0 MPa 的阀门。

(6）按阀门工作时的介质温度分

1）普通阀门:适用于介质温度−40～425 ℃的阀门。

2）高温阀门:适用于介质温度 425～600 ℃的阀门。

3）耐热阀门:适用于介质温度 600 ℃以上的阀门。

4）低温阀门:适用于介质温度−150～−40 ℃的阀门。

5）超低温阀门:适用于介质温度−150 ℃以下的阀门。

(7）按阀门的公称通径分

1）小口径阀门:公称通径 DN<40 mm 的阀门。

2）中口径阀门:公称通径 DN50～300 mm 的阀门。

3）大口径阀门:公称通径 DN350～1 200 mm 的阀门。

4）特大口径阀门:公称通径 DN≥1 400 mm 的阀门。

(8）按阀门与管道连接方式分

1）法兰连接阀门:阀体带有法兰,与管道采用法兰连接的阀门。

2）螺纹连接阀门:阀体带有内螺纹或外螺纹,与管道采用螺纹连接的阀门。

3）焊接连接阀门:阀体带有焊口,与管道采用焊接连接的阀门。

4）夹箍连接阀门:阀体上带有夹口,与管道采用夹箍连接的阀门。

5）卡套连接阀门:采用卡套与管道连接的阀门。

2. 阀门的选择

给水管道上使用的阀门,一般按下列原则选择:

(1）管径不大于 50 mm 时,宜采用截止阀;管径大于 50 mm 时采用闸阀、蝶阀。

(2）需调节流量、水压时宜采用调节阀、截止阀。

(3）要求水流阻力小的部位(如水泵吸水管上),宜采用闸板阀。

(4）水流需双向流动的管段上应采用闸阀、蝶阀,不得使用截止阀。

(5）安装空间小的部位宜采用蝶阀、球阀。

(6）在经常启闭的管段上,宜采用截止阀。

(7）口径较大的水泵出水管上宜采用多功能阀。

3. 常见阀门的优缺点

(1）截止阀

截止阀是指关闭件(阀瓣)沿阀座中心线移动的阀门。

根据阀瓣的这种移动形式,阀座通口的变化是与阀瓣行程成正比例关系。由于该类阀门的阀杆开启或关闭行程相对较短,而且具有非常可靠的切断功能,又由于阀座通口的变化与阀瓣的行程成正比例关系,非常适合于对流量的调节。因此,这种类型的阀门非常适合作为切断或调节以及节流用。

优点:

1）在开启和关闭过程中,由于阀瓣与阀体密封面间的摩擦力比闸阀小,因而耐磨。

2) 通常在阀体和阀瓣上只有一个密封面,因而制造工艺性比较好,便于维修。

3) 由于其填料一般为石棉与石墨的混合物,故耐温等级较高。一般蒸汽阀门都用截止阀。

缺点:

1) 由于介质通过阀门的流动方向发生了变化,因此截止阀的最小流阻也较高于大多数其他类型的阀门。

2) 由于行程较长,开启速度较球阀慢。

3) 不适用于带颗粒、粘度较大、易结焦的介质。

4) 调节性能较差。

(2) 球阀

球阀是由旋塞阀演变而来,它的启闭件是一个球体,利用球体绕阀杆的轴线旋转 90°实现开启和关闭的目的。球阀在管道上主要用于切断、分配和改变介质流动方向,设计成V形开口的球阀还具有良好的流量调节功能。

优点:

1) 具有最低的流阻(实际为0)。

2) 因在工作时不会卡住(在无润滑剂时),故能可靠地应用于腐蚀性介质和低沸点液体中。

3) 在较大的压力和温度范围内,能实现完全密封。

4) 可实现快速启闭,某些结构的启闭时间仅为 0.05～0.1 s。快速启闭阀门时,操作无冲击。

5) 球形关闭件能在边界位置上自动定位。

6) 工作介质在双面上密封可靠。

7) 在全开和全闭时,球体和阀座的密封面与介质隔离,因此高速通过阀门的介质不会引起密封面的侵蚀。

8) 结构紧凑、重量轻,可以认为它是用于低温介质系统的最合理的阀门结构。

9) 阀体对称,尤其是焊接阀体结构,能很好地承受来自管道的应力。

10) 关闭件能承受关闭时的高压差。

11) 全焊接阀体的球阀,可以直埋于地下,使阀门内件不受浸蚀,最高使用寿命可达30年。

缺点:

1) 因为球阀最主要的阀座密封圈材料是聚四氟乙烯,它对几乎所有的化学物质都有是惰性的,且具有摩擦系数小、性能稳定、不易老化、温度适用范围广和密封性能优良的综合性特点。但聚四氟乙烯的物理特性,包括较高的膨胀系数,对冷流的敏感性和不良的热传导性,要求阀座密封的设计必须围绕这些特性进行。所以,当密封材料变硬时,密封的可靠性就受到破坏。而且,聚四氟乙烯的耐温等级较低,只能在小于 180 ℃情况下使用。超过此温度,密封材料就会老化。而考虑长期使用的情况下,一般只会在 120 ℃以下使用。

2) 它的调节性能相对于截止阀要差一些,尤其是气动阀(或电动阀)。

(3) 闸阀

闸阀是指关闭件(闸板)沿通道轴线的垂直方向移动的阀门,在管路上主要作为切断介质用,即全开或全关使用。一般,闸阀不可作为调节流量使用。它可以适用低温低压也可以适用于高温高压,并可根据阀门的不同材质适用于各种不同的介质。但闸阀一般不用于输送泥浆等介质的管路中。

优点:

1) 流体阻力小。

2) 启、闭所需力矩较小。

3) 可以使用在介质向两方向流动的环网管路上,也就是说介质的流向不受限制。

4) 全开时,密封面受工作介质的冲蚀比截止阀小。

5) 形体结构比较简单,制造工艺性较好。

6) 结构长度比较短。

缺点:

1) 外形尺寸和开启高度较大,所需安装的空间亦较大。

2) 在启闭过程中,磨损较大,甚至在高温时容易引起擦伤现象。

3) 一般闸阀都有两个密封面,给加工、研磨和维修增加了一些困难。

4) 启闭时间长。

(4) 蝶阀

蝶阀是用圆盘式启闭件往复回转 90°左右来开启、关闭和调节流体通道的一种阀门。

优点:

1) 结构简单,体积小,重量轻,耗材省,用于大口径阀门中。

2) 启闭迅速,流阻小。

3) 可用于带悬浮固体颗粒的介质,依据密封面的强度也可用于粉状和颗粒状介质。可适用于通风除尘管路的双向启闭及调节。

缺点:

1) 流量调节范围不大,当开启达 30%时,流量就将近 95%以上。

2) 由于蝶阀的结构和密封材料的限制,不宜用于高温、高压的管路系统中。一般工作温度在 300 ℃以下,PN40 以下。

3) 密封性能相对于球阀、截止阀较差,故用于密封要求不是很高的地方。

(5) 隔膜阀

隔膜阀是指在阀体和阀盖内装有一挠性膜或组合隔膜,其关闭件是与隔膜相连接的一种压缩装置。阀痤可以是堰形,也可以是直通流道的管壁。

优点:

1) 操纵机构与介质通路隔开,不但保证了工作介质的纯净,同时也防止管路中介质冲击操纵机构工作部件的可能性,阀杆处不需要采用任何形式的单独密封,除非在控制有害介质中作为安全设施使用。

2) 由于工作介质接触的仅仅是隔膜和阀体,二者均可以采用多种不同的材料,因此该阀能理想控制多种工作介质,尤其适合带有化学腐蚀或悬浮颗粒的介质。

3) 结构简单,只由阀体、隔膜和阀盖组合件三个部件构成。该阀易于快速拆卸和维修,更换隔膜可以在现场及短时间内完成。

缺点:

1) 由于受阀体衬里工艺和隔膜制造工艺和限制,较大的阀体衬里和较大的隔膜制造工艺都很难,故隔膜不宜用于较大的管径,一般应用在 DN≤200 mm 以下的管路上。

2) 由于受隔膜材料的限制,隔膜阀适用于低压及温度不高的场合。一般不超过 180 ℃;

3) 调节性能相对较差,只在小范围内调节(一般在关闭至 2/3 开度时,可用于流量调节)。

(6) 安全阀

安全阀是指在受压容器、设备或管路上,作为超压保护装置。当设备、容器或管路内的压力升高超过允许值时,阀门自动开启,继而全量排放,以防止设备、容器或管路和压力继续升高;当压力降低到规定值时,阀门应自动及时关闭,从而保护设备、容器或管路的安全运行。

(7) 其他常见阀门

1) 蒸汽疏水阀:在输送蒸汽、压缩空气等介质中,会有一些冷凝水形成,为了保证装置的工作效率和安全运转,就应及时排放这些无用且有害的介质,以保证装置的消耗和使用。

它有以下作用:

① 能迅速排除产生的凝结水。

② 防止蒸汽泄漏。

③ 排除空气及其他不凝性气体。

2) 减压阀:是通过调节,将进口压力减至某一需要的出口压力,并依靠介质本身的能量,使出口压力自动保持稳定的阀门。

3) 止回阀:又称逆流阀、逆止阀、背压阀和单向阀。这些阀门是靠管路中介质本身的流动产生的力自动开启和关闭的,属于一种自动阀门。止回阀用于管路系统,其主要作用是防止介质倒流、防止泵及驱动电动机反转,以及容器介质的泄放。

三、热交换器的分类及原理

为了实现热量的传递和交换,核设施退役中会使用大量的各种类型的热交换器。通过了解热交换器的分类及原理,可以掌握热交换器的工作特性。

1. 热交换器的分类

按照热量传递方式的不同,换热设备可分为三类。

(1) 混合式换热器

利用冷、热流体直接能与混合的作用进行热量的交换这类交换器的结构简单、单价便宜,常做成塔状。

容许两种完全混合且不同温度的介质,在直接接触的过程中完成其热量的传递。

例如冷水塔(凉水塔)、造粒塔、气流干燥装置、流化床等。

(2) 蓄热式换热器

在这类换热器中,能量传递是通过格子砖或填料等蓄热体来完成的。首先让热流体通过,把热量积蓄在蓄热体中,然后再让冷流体通过,把热量带走。由于两种流体交变转换输入,因此不可避免地存在着一小部分流体相互掺和的现象,造成流体的“污染”。

蓄热式换热器结构紧凑、价格便宜、单位体积传热面大,故较适用于气—气热交换的场合。回转蓄热式换热器的结构特点是实现连续操作,换热器中的蓄热体一般采用成型板片或金属丝网组装的扇形柜内,其外部由金属壳体密封,并以每分1～4转的慢速转动进行连续换热。

(3) 间壁式换热器

所谓间壁式换热器,是指两种不同温度的流体在固定的壁面(称为传热面)相隔的空间里流动,通过壁面的导热和壁表面的对流换热进行热量的传递。参加换热的流体不会混合,传递过程连续而稳定地进行。间壁式换热器的传热面大多采用导热性能良好的金属制造。在某些场合由于防腐的需要,也有用非金属(如石墨、聚四乙烯等)制造的。这是工业制造最为广泛应用的一类换热器。冷、热流体被一固体壁面隔开通过壁面进行传热。按照传热面的形状与结构特点它可分为:

1) 管式换热器

如套管式、螺旋管式、管壳式、热管式等。

2) 板面式换热器

如板式、螺旋板式、板壳式等。

3) 扩展表面式换热器

如板翅式、管翅式、强化的传热管等。

2. 常见热交换器

1) 夹套式换热器

夹套式换热器结构如图 3.4-8 所示。夹套空间是加热介质和冷却介质的通路。这种换热器主要用于反应过程的加热或冷却。当用蒸汽进行加热时,蒸汽上部接管进入夹套,冷凝水由下部接管流出。作为冷却器时,冷却介质(如冷却水)由夹套下部接管进入,由上部接管流出。

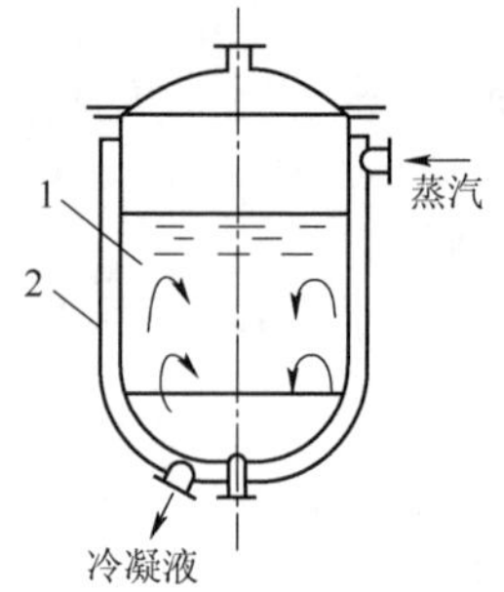

图 3.4-8 夹套式换热器

1—容器;2—夹套

夹套式换热器结构简单,但由于其加热面受容器壁面限制,传热面较小且传热系数不高。

2) 喷淋式换热器

喷淋式换热器的结构与操作如图 3.4-9 所示。这种换热器多用作冷却器。热流体在管内自下而上流动,冷水由最上面的淋水管流出,均匀地分布在蛇管上,并沿其表面呈膜状自上而下流下,最后流入水槽排出。喷淋式换热器常置于室外空气流通处。冷却水在空气中汽化亦可带走部分热量,增强冷却效果。其优点是便于检修,传热效果较好。缺点是喷淋不易均匀。

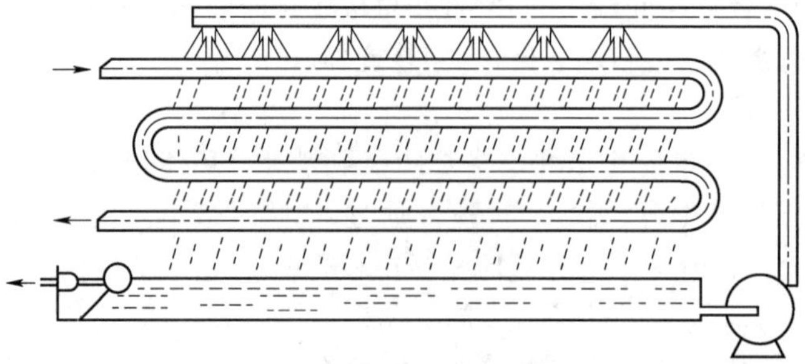

图 3.4-9 喷淋式换热器

3）套管式换热器

套管式换热器是用两种尺寸不同的标准管连接而成同心圆套管，外面的叫壳程，内部的叫管程。两种不同介质可在壳程和管程内逆向流动（或同向）以达到换热的效果，见图 3.4-10。

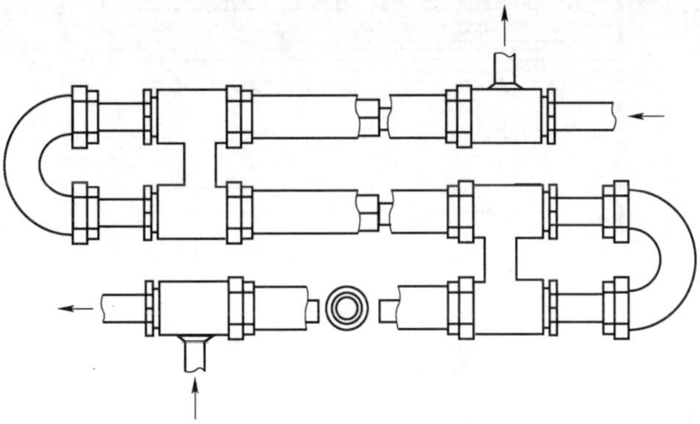

图 3.4-10　套管式换热器

套管换热器的优点是构造简单，内管能耐高压，传热面积可根据需要增减，适当选择两管的管径，两流体皆可获得适宜的流速，且两流体可作严格逆流。其缺点是管间接头较多，接头处易泄漏，单位换热器体积具有的传热面积较小。故适用于流量不大、传热面积要求不大但压强要求较高的场合。

4）管壳式换热器

① 固定管板式

结构见图 3.4-11。管子两端与管板的连接方式可用焊接法或胀接法固定。壳体则同管板焊接。

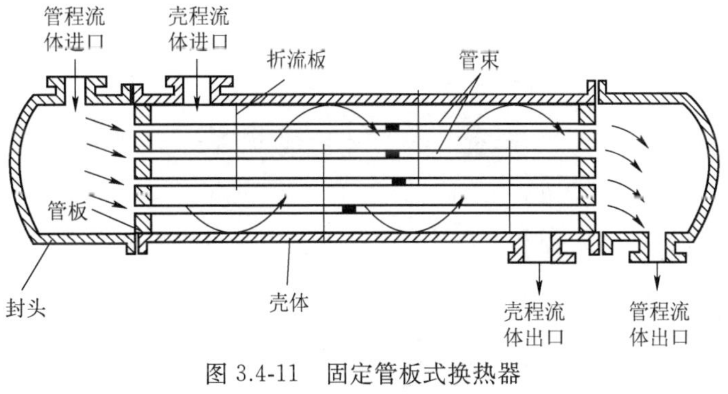

图 3.4-11　固定管板式换热器

从而管束、管板与壳体成为一个不可拆的整体。这就是固定管板式名称的由来。

操作时，管壁温度是由管程与壳程流体共同控制的，而壳壁温度只与壳程流体有关，与管程流体无关。管壁与壳壁温度不同，二者线膨胀不同，又因整体是固定结构，必产生热应力。热应力大时可能使管子压弯或把管子从管板处拉脱。所以当热、冷流体间温差超过 50 ℃时应有减小热应力的措施，称“热补偿”。

② 浮头式

结构如图 3.4-12 所示。其特点是有一端管板不与外壳相连，可以沿轴向自由伸缩。这种结构不但完全消除了热应力，而且由于固定端的管板用法兰与壳体连接，整个管束可以从壳体中抽出,便于清洗和检修。浮头式换热式应用较为普遍,但结构复杂,造价较高。

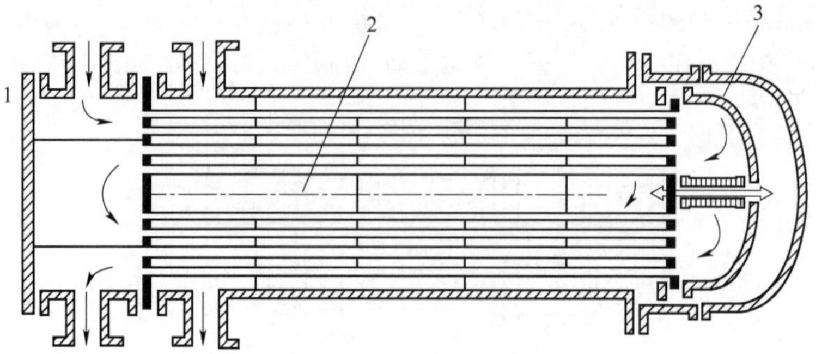

图 3.4-12　浮头式换热器

1—管程隔板;2—壳程隔板;3—浮头

③ U 形管式

如图 3.4-13 所示,U 型管式换热器每根管子都弯成 U 形,管子的进出口均安装在同一管板上。封头内用隔板分成两室。这样,管子可以自由伸缩,与壳体无关。这种换热器结构适用于高温和高压场合,其主要不足之处是管内清洗不易,制造困难。

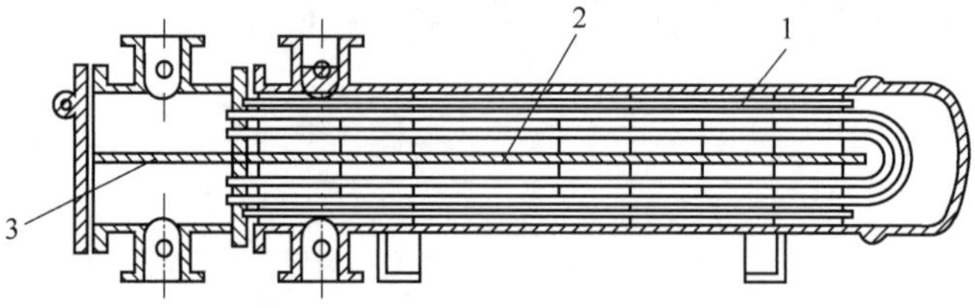

图 3.4-13　U 型管换热器

1—U 形管;2—壳程隔板;3—管程隔板

第五节　机械常识

一、机械制图的一般规定

1. 图纸幅面及规格

为了便于图纸的绘制、使用和保管,应采用表 3.5-1 所规定的基本幅面,表中字母含义见图 3.5-1。

表 3.5-1　图纸的基本幅宽及图框尺寸　　mm

幅面代号	A0	A1	A2	A3	A4
$B \times L$	841×1 189	594×841	420×594	297×420	210×297
c	10			5	
a	25				
e	20		10		

说明：B 为图幅宽；L 为图幅长；a 为装订边的宽；c 为装订式中非装订边宽；e 为非装订式中所有边的宽。

2. 图框格式

在图纸上必须用粗实线画出图框,其格式分为不留装订边和留有装订边两种,但同一产品的图纸只能采用一种格式。图纸图框如图 3.5-1 所示。

(1) 留有装订边的图纸的图框格式如图 3.5-1(a)、(b)所示,图中尺寸 a、c 按表 3.5-1 的规定选用。

(2) 不留装订边的图纸的图框格式如图 3.5-1(c)、(d)所示,图中尺寸 e 按表 1 的规定选用。

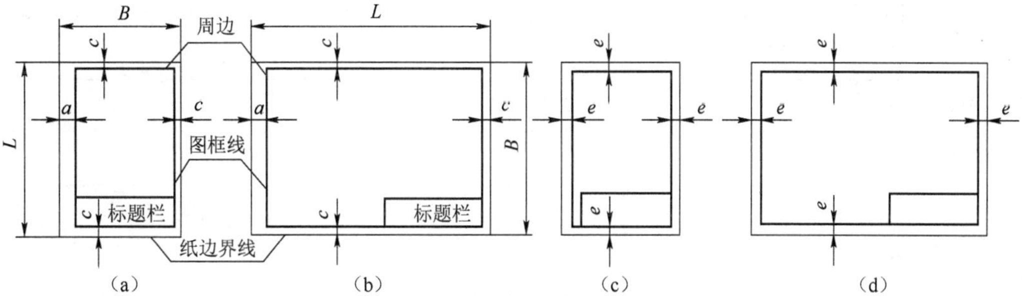

图 3.5-1 图框格式

(3) 加长幅面图纸的图框尺寸,按所选用的基本幅面大一号的图框尺寸确定。例如 A2×3 的图框尺寸,按 A1 的图框尺寸确定,即 e 为 20(或 c 为 10),而 A3×4 的图框尺寸,按 A2 的图框尺寸确定,即 e 为 10(或 c 为 10)。

3. 比例

(1) 图中图形与其实物相应要素的线性尺寸之比称为比例。

(2) 比值为 1 的比例称为原值比例,即 1:1。比值大于 1 的比例称为放大比例,如 2:1 等。比值小于的 1 比例称为缩小比例,如 1:2 等。绘图时应采用表 3.5-2 中规定的比例,最好选用原值比例,但也可根据机件大小和复杂程度选用放大或缩小比例。

(3) 同一机件的各个视图应采用相同比例,并在标题栏"比例"一项中填写所用的比例。当机件上有较小或较复杂的结构需用不同比例时,可在视图名称的下方标注比例。

表 3.5-2 常用比例

种类	比例	
	优先选取	允许选取
原值比例	1:1	
放大比例	5:1 2:1 5×10^n:1 2×10^n:1 1×10^n:1	4:1 2.5:1 4×10^n:1 2.5×10^n:1
缩小比例	1:2 1:5 1:10 1:2×10^n 1:5×10^n 1:1×10^n	1:1.5 1:2.5 1:3 1:4 1:6 1:1.5×10^n 1:2.5×10^n 1:3×10^n 1:4×10^n 1:6×10^n

注:n 为正整数。

4. 图线及其画法

机械图样中的图形是用各种不同粗细和型式的图线画成的,不同的图线在图样中表示不同的含义。绘制图样时,应采用表 3.5-3 中规定的图线型式来绘图。

表 3.5-3　不同图线的主要用途

<table>
<tr><th>名　称</th><th>形　式</th><th>宽度</th><th colspan="2">主要用途及线素长度</th></tr>
<tr><td>粗实线</td><td></td><td>粗</td><td colspan="2">表示可见轮廓</td></tr>
<tr><td>细实线</td><td></td><td rowspan="5">细</td><td colspan="2">表示尺寸线、尺寸界线、通用剖面线、引出线、重合断面的轮廓、过渡线</td></tr>
<tr><td>波浪线</td><td></td><td colspan="2">表示断裂处的边界、局部剖视的分界</td></tr>
<tr><td>双折线</td><td></td><td colspan="2">表示断裂处的边界</td></tr>
<tr><td>虚　线</td><td></td><td colspan="2">表示不可见轮廓。画 $12d$,短间隔 $3d$(d 为粗线宽度)</td></tr>
<tr><td>细点画线</td><td></td><td>表示轴线、圆中心线、对称线、轨迹线</td><td rowspan="3">长画长 $24d$、短间隔长 $3d$、短画长 $6d$</td></tr>
<tr><td>粗点画线</td><td></td><td>粗</td><td>表示有特殊要求的表面的表示线</td></tr>
<tr><td>双点画线</td><td></td><td>细</td><td>表示假想轮廓、断裂处的边界</td></tr>
</table>

二、投影的基本原理

1. 投影的基本知识

物体在光线照射下,会在地面或墙面产生影子,这种影子在某种程度上反映了上物体的形体特征。人们把这种自然现象加以抽象,把光源抽象为投射中心、墙面或地面抽象为投影面、光线抽象为投影线、物体的影子抽象为投影。像这种在平面上用投影表达物体的方法,称为投影法,如图 3.5-2 所示。

工程上常用的投影法分为两类。

(1) 中心投影法:投影线汇交于投射中心。

(2) 平行投影法:投影线互相平行。

投影线与投影面垂直的平行投影又叫正投影。用正投影法可以获得物体的真实形状和大小,而且作图方便,度量性好,所以在绘制机械图样时得到广泛的应用。

(a)　　　　(b)

图 3.5-2　中心投影与正投影

(a) 中心投影;(b) 正投影

2. 三视图

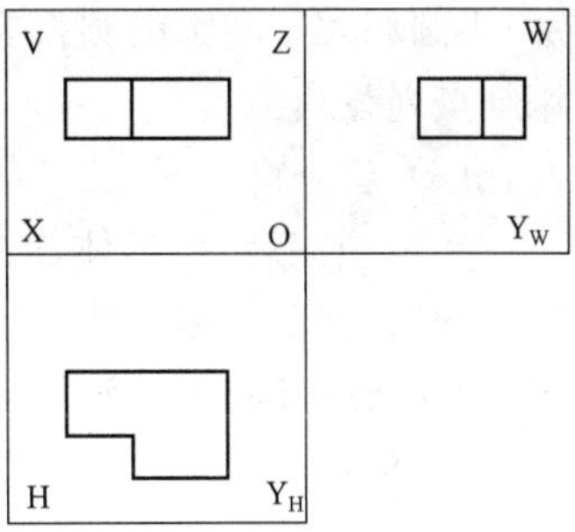

图 3.5-3　三视图

将人的视线规定为平行投影线，然后正对着物体看过去，将所见物体的轮廓用正投影法绘制出来该图形称为视图。一个物体有六个视图：从物体的前面向后面投射所得的视图称主视图（正视图）——能反映物体的前面形状，从物体的上面向下面投射所得的视图称俯视图——能反映物体的上面形状，从物体的左面向右面投射所得的视图称左视图（侧视图）——能反映物体的左面形状，还有其他三个视图不是很常用。三视图就是主视图（正视图）、俯视图、左视图（侧视图）的总称，如图 3.5-3 所示。

三视图投影规则是：主俯长对正、主左高平齐、俯左宽相等，即：

- 主视图和俯视图的长要相等；
- 主视图和左视图的高要相等；
- 左视图和俯视图的宽要相等。

画组合体三视图的方法：在画组合体三视图之前，首先运用形体分析法把组合体分解为若干个形体，确定它们的组合形式，判断形体间邻接表面是否处于共面、相切和相交的特殊位置；然后逐个画出形体的三视图；最后对组合体中的垂直面、一般位置面、邻接表面处于共面、相切或相交位置的面、线进行投影分析。当组合体中出现不完整形体、组合柱或复合形体相贯时，可用恢复原形法进行分析。

（1）进行形体分析

把组合体分解为若干形体，并确定它们的组合形式，以及相邻表面间的相互位置。

（2）确定主视图

三视图中，主视图是最主要的视图。一是确定放置位置。要确定主视投影方向，首先解决放置问题。选择组合体的放置位置以自然平稳为原则。并使组合体的表面相对于投影面尽可能多地处于平行或垂直的位置。二是确定主视投影方向。选最能反映组合体的形体特征及各个基本体之间的相互位置，并能减少俯、左视图上虚线的那个方向，作为主视图投影方向。

（3）选比例，定图幅

画图时，尽量选用 1:1 的比例。这样既便于直接估量组合体的大小，也便于画图。按选定的比例，根据组合体长、宽、高预测出三个视图所占的面积，并在视图之间留出标注尺寸的位置和适当的间距，据此选用合适的标准图幅。

（4）布图、画基准线

先固定图纸，然后画出各视图的基准线。每个视图在图纸上的具体位置就确定了。基准线是指画图时测量尺寸的基准，每个视图需要确定两个方向的基准线。一般常用对称中心线，轴线和较大的平面作为基准线，逐个画出各形体的三视图。

（5）画法

根据各形体的投影规律，逐个画出形体的三视图。画形体的顺序：一般先实（实形体）后空（挖去的形体）；先大（大形体）后小（小形体）；先画轮廓，后画细节。画每个形体时，要三个视图联系起来画,并从反映形体特征的视图画起,再按投影规律画出其他两个视图。对称图形、半圆和大于半圆的圆弧要画出对称中心线,回转体一定要画出轴线。对称中心线和轴线用细点划线画出。

(6) 检查

底稿画完后,按形体逐个仔细检查。对形体中的垂直面、一般位置面、形体间邻接表面处于相切、共面或相交特殊位置的面、线,用面、线投影规律重点校核,纠正错误和补充遗漏。按标准图线描深,可见部分用粗实线画出,不可见部分用虚线画出。

3. 剖视图

(1) 剖视图的概念

剖视图主要用于表达机件内部的结构形状,它是假想用一剖切面(平面或曲面)剖开机件,将处在观察者和剖切面之间的部分移去,而将其余部分向投影面上投射,这样得到的图形称为剖视图,如图 3.5-4 所示。

(2) 剖面图的画法

绘制剖视图的方法与步骤如下:

1) 对物体进行形体分析,弄清其结构。

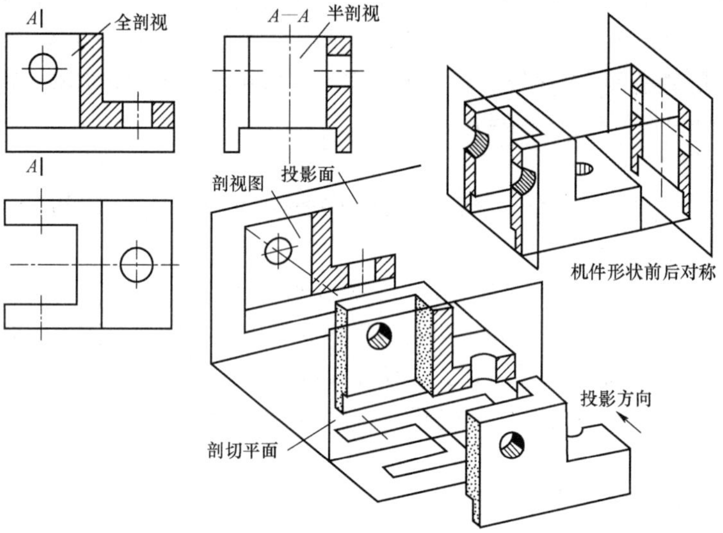

图 3.5-4 剖视图

2) 选择剖切位置及投影方向,并根据规定作出标注。剖切面可以是平面或曲面,应通过物体的对称面或孔、洞的轴线,以反映内腔结构的实形。一般采用平行于投影面的平面剖切。剖切位置选择要得当,首先应通过内部结构的轴线或对称平面以剖出它的实形;其次应在可能的情况下使剖切面通过尽量多的内部结构。

3) 画出剖面区域轮廓的投影,并填充剖面符号。绘制剖视图时,为了分清机件内部结构的层次,规定在机件上被剖切到的切口部分画出剖面符号。根据制造机件所用的材料,应采用规定的剖面符号。常见材料的剖面符号见表 3.5-4。

4) 补全缺漏的轮廓线。

表 3.5-4　常用剖面符号

金属材料 (已有规定剖面符号者除外)	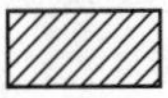	木质胶合板 (部分层数)	
线圈绕组元件	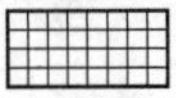	基础周围的泥土	
转子、电枢、变压器和 电抗器等的迭钢片	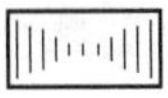	混凝土	
非金属材料 (已有规定剖面符号者除外)		钢筋混凝土	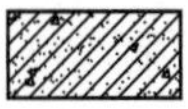
型砂、填砂、粉末冶金、砂轮、 陶瓷刀片、硬质合金刀片等	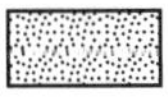	砖	

(3) 剖面图标注

为了说明剖视图与有关视图之间的对应关系,剖视图一般要加以标注,注明剖切位置、投影方向和剖视名称。

剖切位置用剖切符号表示。即在剖切平面的起止处各画一短粗实线,此线尽可能不与形体的轮廓线相交。

投影方向用细实线箭头表示,箭头画在剖切位置线的两端。

剖视名称用相同的数字或字母依次注写在剖切符号的附近,并一律水平书写,而在相应的剖视图的下方(或上方)注出相同的两个数字或字母,中间加一横线。

符合下列条件时,可简化或省略标注:

1) 当剖视图按投影关系配置,中间又无其他图形隔开时,可省略箭头;

2) 当单一剖切平面通过物体的对称平面或基本对称的平面,且剖视图按投影关系配置,中间又无其他图形隔开时,可省略标注。

第六节　常用材料基本知识

一、工程常用材料基础知识

一般将工程材料按化学成分分为金属材料、非金属材料、高分子材料和复合材料四大类。

1. 金属材料

金属材料是指金属元素或以金属元素为主构成的具有金属特性的材料的统称。包括纯金属、合金、金属材料金属间化合物和特种金属材料等。人类文明的发展和社会的进步同金属材料关系十分密切。继石器时代之后出现的铜器时代、铁器时代。均以金属材料的应用为其时代的显著标志。现代,种类繁多的金属材料已成为人类社会发展的重要物质基础。金属材料通常分为黑色金属、有色金属和特种金属材料。

1) 黑色金属又称钢铁材料,包括含铁 90%以上的工业纯铁,含碳 2%~4%的铸铁,含碳小于 2%的碳钢,以及各种用途的结构钢、不锈钢、耐热钢、高温合金、精密合金等。广义的黑色金属还包括铬、锰及其合金。

2）有色金属是指除铁、铬、锰以外的所有金属及其合金，通常分为轻金属、重金属、贵金属、半金属、稀有金属和稀土金属等，有色合金的强度和硬度一般比纯金属高，并且电阻大、电阻温度系数小。

3）特种金属材料包括不同用途的结构金属材料和功能金属材料。其中有通过快速冷凝工艺获得的非晶态金属材料，以及准晶、微晶、纳米晶金属材料等；还有隐身、抗氢、超导、形状记忆、耐磨、减振阻尼等特殊功能合金以及金属基复合材料等。

2. 非金属材料

非金属材料包括耐火材料、耐火隔热材料、耐蚀(酸)非金属材料和陶瓷材料等。

1）耐火材料。耐火材料是指能承受高温下作用而不易损坏的材料。常用的耐火材料有耐火砌体材料、耐火水泥及耐火混凝土。

2）耐火隔热材料。耐火隔热材料又称为耐热保温材料。常用的隔热材料有硅藻土、蛭石、玻璃纤维(又称矿渣棉)、石棉以及它们的制品。

3）耐蚀(酸)非金属材料。耐蚀(酸)非金属材料的组成主要是金属氧化物、氧化硅和硅酸盐等，在某些情况下它们是不锈钢和耐蚀合金的理想代用品。常用的非金属耐蚀材料有铸石、石墨、耐酸水泥、天然耐酸石材和玻璃等。

4）陶瓷材料。

二、金属材料的物理和力学特性

1. 金属材料的物理特性

常见金属材料的物理特性见表 3.6-1。

表 3.6-1 常见金属材料的物理特性

金属	密度/(g/cm³)	熔点/℃	比热容/(kcal/kg℃)	导热系数/(kcal/m℃h)	线膨胀系数/(a×10⁻⁶/℃)
高硅铁	7.0～7.4	1 250～1 280	0.13	22～23	11
碳钢	6.9	1 220	—	4.5	4.7
合金钢	7.85	1 400～1 500	0.11	40～50	11.2
1Cr18Ni9Ti	7.9	1 400	0.12	12～16	17.3
铜	8.94	1 083	0.093	334	16.5
68 黄铜	8.5	940	0.092	90～100	20
钢	2.71	657	0.218	188	24
铝	11.35	327	0.031	30	29.2
镍	8.8	1 452	0.11	50	34

(1）熔点：金属材料由固态转变成液态时的温度，对金属材料的熔炼、热加工有直接影响，并与材料的高温性能有很大关系。

(2）比热容：又称比热容量，是单位质量物质的热容量，即单位质量物体改变单位温度时的吸收或释放的内能。

(3）导热系数：是指在稳定传热条件下，1 m 厚的材料，两侧表面的温差为 1 度(K,℃)，在 1 秒钟内通过 1 平方米面积传递的热量。

(4) 线膨胀系数:单位长度的金属材料每升高一度(K,℃)的伸长量。

2. 金属材料的力学性能

任何机械零件或工具,在使用过程中,往往要受到各种形式外力的作用。如起重机上的钢索,受到悬吊物拉力的作用;柴油机上的连杆,在传递动力时,不仅受到拉力的作用,而且还受到冲击力的作用;轴类零件要受到弯矩、扭力的作用等等。这就要求金属材料必须具有一种承受机械荷而不超过许可变形或不破坏的能力。这种能力就是材料的力学性能。金属的力学性能是指金属材料抵抗各种外加载荷的能力,其中包括弹性和刚度、强度、塑性、硬度、冲击韧度、断裂韧度及疲劳强度等,它们是衡量材料性能极其重要的指标。

(1) 强度

强度是指金属材料在静载荷作用下抵抗变形和断裂的能力。强度指标一般用单位面积所承受的载荷即力表示,符号为σ,单位为 MPa。

工程中常用的强度指标有屈服强度和抗拉强度。屈服强度是指金属材料在外力作用下,产生屈服现象时的应力,或开始出现塑性变形时的最低应力值,用σ_s 表示。抗拉强度是指金属材料在拉力的作用下,被拉断前所能承受的最大应力值,用σ_b 表示。

对于大多数机械零件,工作时不允许产生塑性变形,所以屈服强度是零件强度设计的依据;对于因断裂而失效的零件,而用抗拉强度作为其强度设计的依据。

(2) 塑性

塑性是指金属材料在外力作用下产生塑性变形而不断裂的能力。

工程中常用的塑性指标有伸长率和断面收缩率。伸长率指试样拉断后的伸长量与原来长度之比的百分率,用符号δ表示。断面收缩率指试样拉断后,断面缩小的面积与原来截面积之比,用 y 表示。

伸长率和断面收缩率越大,其塑性越好;反之,塑性越差。良好的塑性是金属材料进行压力加工的必要条件,也是保证机械零件工作安全,不发生突然脆断的必要条件。

(3) 硬度

硬度是指材料表面抵抗比它更硬的物体压入的能力。

硬度是材料的重要力学性能指标。一般材料的硬度越高,其耐磨性越好。材料的强度越高,塑性变形抗力越大,硬度值也越高。

(4) 冲击韧性

金属材料抵抗冲击载荷的能力称为冲击韧性,用α_K表示,单位为 J/cm^2。

冲击韧性常用一次摆锤冲击弯曲试验测定,即把被测材料做成标准冲击试样,用摆锤一次冲断,测出冲断试样所消耗的冲击 A_K,然后用试样缺口处单位截面积 F 上所消耗的冲击功 α_K 表示冲击韧性。

α_K 值越大,则材料的韧性就越好。α_K 值低的材料叫做脆性材料,α_K 值高的材料叫韧性材料。很多零件,如齿轮、连杆等,工作时受到很大的冲击载荷,因此要用α_K 值高的材料制造。铸铁的α_K值很低,灰口铸铁α_K值近于零,不能用来制造承受冲击载荷的零件。

三、碳素钢的分类及牌号表示方法

含碳量小于 1.35%(0.1%～1.2%),除铁、碳和限量以内的硅、锰、磷、硫等杂质外,不含其他合金元素的钢。碳素钢的性能主要取决于含碳量。含碳量增加,钢的强度、硬度升高,塑性、韧性和可焊性降低。与其他钢类相比,碳素钢使用最早,成本低,性能范围宽,用量最大。

1. 碳钢的分类

(1) 按碳的质量百分数分

1) 低碳钢(C≤0.25%)又称软钢,低碳钢易于接受各种加工如锻造、焊接和切削,常用于制造链条、铆钉、螺栓、轴等。

2) 中碳钢(0.25%<C≤0.6%)有镇静钢、半镇静钢、沸腾钢等多种产品。

3) 高碳钢(C>0.6%)常称工具钢,含碳量从大于0.60%至1.70%,可以淬硬和回火。锤,撬棍等由含碳量0.75%的钢制造;切削工具如钻头、丝锥、铰刀等由含碳量0.90%至1.00%的钢制造。

含碳量越高,硬度、强度越大,但塑性降低。(另外,含碳量为2.1%~4.5%的铁碳合金一般称为铸铁。)

(2) 按钢的质量分(主要是杂质硫、磷的含量)

1) 普通碳素钢(S≤0.055%,P≤0.045%)。

2) 优质碳素钢(S≤0.040%,P≤0.040%)。

3) 高级优质碳素钢(S≤0.030%,P≤0.035%)。

(3) 按用途分

1) 碳素结构钢:主要用于桥梁、船舶、建筑构件、机器零件等。

2) 碳素工具钢:主要用于刀具、模具、量具等。

2. 碳钢的牌号与用途

(1) 普通碳素结构钢:碳素结构钢按照钢材屈服强度分为5个牌号:Q195、Q215、Q235、Q255、Q275。每个牌号由于质量不同分为A、B、C、D等级,Q195、Q215、Q235塑性好,可轧制成钢板、钢筋、钢管等;Q255、Q275可轧制成型钢、钢板等。

(2) 优质碳素结构钢:钢号以碳的平均质量万分数表示。如$20^{\#}$、$45^{\#}$等。$20^{\#}$表示含C 0.20%(万分之20)。用途:主要用于制造各种机器零件

(3) 碳素工具钢:钢号以碳的平均质量千分数表示,并在前冠以T。如T9、T12等。T9表示含C 0.9%(千分之9)。用途:主要用于制造各种刀具、量具、模具等

(4) 铸钢:铸钢牌号是在数字前冠以ZG,数字代表钢中平均质量分数(以万分数表示)。如ZG25,表示含C 0.25%。用途:主要用于制造形状复杂并需要一定强度、塑性和韧性的零件,如齿轮、联轴器等。

四、合金钢的分类及牌号表示方法

合金钢是在碳钢的基础上,为了获得特定的性能,有目的地加入一种或多种合金元素而得到的。合金废钢经常含有硅、钼、钨、铬、钒、铝、硼、钴、锰、镍、钛、稀土等合金元素。

1. 合金钢的分类

(1) 按合金钢中碳含量来区分,可以分为两大类,一类是含有较多碳的合金钢;另一类是含有微量碳的合金钢。

(2) 按用途可以把合金钢分为合金结构钢、合金工具钢、高速工具钢、弹簧钢、轴承钢、

不锈耐酸钢、耐热不起皮钢等。

(3) 根据钢中主要合金元素的类型,可将合金钢分为锰钢、硅钢、硅锰钢、硼钢、铬镍钢、铬镍钼钢等。

(4) 根据合金元素总含量的多少,合金钢可分为低合金钢(合金元素总量少于 5%)、中合金钢(含金元素总量度 5%～10%)和高合金钢(合金素总是多于 10%)。

2. 常用的合金钢

(1) 合金结构钢

合金结构钢含碳量比碳素结构钢低一些,一般在 0.15%～0.50%范围内。广泛用于制造汽车、船舶、汽轮机、重型机床的各种传动件和紧固件。

(2) 合金工具钢

合金工具钢是一种含多种合金元素(如硅、钼、钨、铬、钒等)的中高碳钢,适用于制造尺寸大、形状复杂的刃具、模具和量具。它除了具有适当的强度和韧性外,同时具有很高的硬度和耐磨性。

(3) 高速工具钢

高速工具钢是高碳高合金工具钢,含碳量为 0.7%～1.4%,并含有能形成高硬度碳化物合金元素,如钨、钼、铬、钒等。高速工具钢具有高的红硬性,在高速切削条件下,当温度高达 500～600 ℃时硬度也不降低。常用于制造高切削速度、高生产率的车刀、铣刀、铰刀、拉刀、麻花钻等。

(4) 弹簧钢

弹簧钢主要用于制造在冲击、振动或长期交变应力下使用的弹簧,主要是硅锰系钢钟。

(5) 轴承钢

轴承钢主要用来制造滚动体和轴承套圈。轴承钢一般含碳量约 1.0%,它对钢材的化学成分均匀性、非金属夹杂物的含量和分布、碳化物的颁等都有十分严格的要求。

(6) 不锈钢酸钢,即不锈钢。这种不锈钢和耐蚀性是相对的,并不是绝对不生锈,而是生锈量极少,生锈过程很慢。根据其应用场合,不锈耐酸钢可分为两组:不锈钢和耐酸钢。不锈钢,即在空气中能抵抗腐蚀的钢,主要用于制造汽轮机叶片、测量工具、医疗器械、剪切工具、餐具、厨房设备、食品加工设备、速冷冻藏设备、不锈钢焊管类公共设施、汽车排气管用铁素体不锈钢等;耐酸钢,即在各种侵蚀性强烈的介质中能抵抗腐蚀的钢,主要用于船舶控制设备、航海设备、制酸、油、气的不锈钢罐等设备、尿素设备等。按主要化学成分分类,基本上可分为铬不锈钢和铬镍不锈钢两大系统。

(7) 耐热不起皮钢。用于制造长期高温下使用的机器零件。

3. 合金钢牌号表示方法

合金结构钢牌号采用阿拉伯数字和标准的化学元素符号表示。用两位阿拉伯数字表示平均含碳量(以万分之几计),放在牌号头部。

合金元素含量表示方法为:

(1) 平均含量小于 1.50%时,牌号中仅标明元素,一般不标明含量。

(2) 平均合金含量为 1.50%～2.49%、2.50%～3.49%、3.50%～4.49%、4.50%～5.49%、……时,在合金元素后相应写成 2、3、4、5、……

例如:碳、铬、锰、硅的平均含量分别为 0.30%、0.95%、0.85%、1.05%的合金结构钢,当 S、P 含量分别≤0.035%时,其牌号表示为“30CrMnSi”。

(3) 高级优质合金结构钢(S、P 含量分别≤0.025%),在牌号尾部加符号“A”表示。

例如:“30CrMnSiA”。

(4) 特级优质合金结构钢(S≤0.015%、P≤0.025%),在牌号尾部加符号“E”。

例如:“30CrMnSiE”。

合金弹簧钢牌号的表示方法与合金结构钢相同。例如:碳、硅、锰的平均含量分别为 0.60%、1.75%、0.75%的弹簧钢,其牌号表示为“$60Si_2Mn$”。高级优质弹簧钢,在牌号尾部加符号“A”,其牌号表示为“$60Si_2MnA$”。

五、铜合金及铝合金

铜、铝合金是工业上最常用的有色合金。因具有某些特殊的使用性能,使其成为现代工业技术中不可缺少的材料。

1. 铜合金

在纯铜中加入某些合金元素(如锌、锡、铝、铍、锰、硅、镍、磷等),就形成了铜合金。铜合金具有较好的导电性、导热性和耐腐蚀性,同时具有较高强度和耐磨性。

根据成分不同,铜合金分为黄铜和青铜等。

(1) 黄铜是以锌为主要合金元素的铜合金。按照化学成分,黄铜分为普通铜和特殊黄铜两种。

1) 普通黄铜普通黄铜是铜锌二元合金。由于塑性好,适于制造板材、棒材、线材、管材及深冲零件,如冷凝管、散热管及机械、电器零件等。铜的平均含量为 62%和 59%的黄铜也可进行铸造,称为铸造黄铜。

2) 特殊黄铜为了获得更高的强度、抗蚀性和良好的铸造性能,在铜锌合金中加入铝、硅、锰、铅、锡等元素,就形成了特殊黄铜。如铅黄铜、锡黄铜、铝黄铜、硅黄铜、锰黄铜等。

铅黄铜的切削性能优良,耐磨性好,广泛用于制造钟表零件,经铸造制作轴瓦和衬套。

锡黄铜的耐腐蚀性能好,广泛用于制造海船零件。

铝黄铜中的铝能提高黄铜的强度和硬度,提高在大气中的抗蚀性,铝黄铜用于制造耐蚀零件。

硅黄铜中的硅能提高铜的力学性能、耐磨性的耐蚀性,硅黄铜主要用于制造海船零件及化工机械零件。

(2) 青铜原指铜锡合金,但工业上都习惯称含铝、硅、铅、铍、锰等的铜合金也为青铜,所以青铜实际上包括锡青铜、铝青铜、铝青铜、铍青铜、硅青铜、铅青铜等。青铜也分为压力加工青铜和铸造青铜两类。

1) 锡青铜

以锡为主要合金元素的铜基合金称锡青铜。工业中使用的锡青铜,锡含量大多在 3%~14%。锡含量小于 5%锡青铜适于冷加工使用;锡含量为 5%~7%的锡青铜适于热加工;锡含量大于 10%的锡青铜适于铸造。锡青铜在造船、化工、机械、仪表等工业中广泛应用,主要用以制造轴承、轴套等耐磨零件和弹簧等弹性元件以及抗蚀、抗磁零件等。

2）铝青铜

以铝为主要合金元素的铜基合金称铝青铜。铝青铜的力学性能比黄铜和锡青铜高。实际应用的铝青铜的铝含量在 5%～12%，含铝为 5%～7%的铝青铜塑性最好，适于冷加工使用。铝含量大于 7%～8%后，强度增加，但塑性急剧下降，因此多在铸态或经热加工后使用。铝青铜的耐磨性以及在大气、海水、海水碳酸和大多数有机酸中的耐蚀性，均比黄铜和锡青铜高。铝青铜可制造齿轮、轴套、蜗轮等高强度抗磨零件以及高耐蚀性弹性元件。

（3）铍青铜

以铍为基本元素的铜合金称铍青铜。铍青铜的含铍量为 1.7%～2.5%。铍青铜的弹性极限、疲劳极限都很高，耐磨性和抗蚀性优异，具有良好的导电性和导热性，还具有无磁性、受冲击时不产生火花等优点。铍青铜主要用于制作精密仪器的重要弹簧、钟表齿轮、高速高压下工作的轴承、衬套以及电焊机电极、防爆工具、航海罗盘等重要机件。

2. 铝合金

铝中加入合金元素就形成了铝合金。铝合金具有较高的强度和良好的加工性能。根据成分及加工特点，铝合金分为形变铝合金和铸造铝合金。

（1）形变铝合金

形变铝合金包括防锈铝合金、硬铝合金、超硬铝合金等。因其塑性好，故常利用压力加工方法制造冲压件、锻件等，如铆钉、焊接油箱、管道、容器、发动机叶片、飞机大梁及起落架、内燃机活塞等。

（2）铸造铝合金

铸造铝合金是用于制造铝合金铸件的材料，按主要合金元素的不同，铸造铝合金分为铝硅合金、铝铜合金、铝镁合金和铝锌合金。

1）铝硅铸造铝合金（铝硅合金）是应用最广的铸造铝合金，通常称为硅铝明。其铸造性能好，比重小，并有相当好的抗蚀性和耐热性，适于制造形状复杂的零件，如泵体、电动机壳体、发动机的气缸头、活塞以及汽车、飞机、仪器上的零件，也可制造日用品。

2）铝铜铸造铝合金（铝铜合金）的强度较高，耐热性较好，铸造性能较差，常用于铸造内燃机气缸头、活塞等零件，也可作为结构材料铸造承受中等载荷、形状较简便的零件。

3）铝镁铸造铝合金（铝镁合金）强度高、比重小，有良好的耐蚀性，但铸造性能不好，多用于制造承受冲击载荷、在腐蚀性介质中工作、外形简单的零件，如舰般配件、氨用泵体等。

4）铝锌铸造铝合金铝锌合金价格便宜、铸造性能优良、强度较高，但抗蚀性差、热裂倾向大，常用于制造汽车、拖拉机发动机零件及形状复杂的仪器元件，也可用于制造日用品。

六、非金属材料

非金属材料也是重要的工程材料。它包括耐火隔热材料、耐蚀（酸）非金属材料和陶瓷材料等。

1. 耐火材料

能承受高温作用而不易损坏的材料，称为耐火材料。常用的耐火材料有耐火砌体材料、耐火水泥及耐火混凝土。

(1) 耐火材料的主要性能指标

1) 耐火度。

2) 荷重软化温度。

3) 高温化学稳定性。

4) 抵抗温度变化的能力越好,则耐火材料在经受温度急剧变化时越不易损坏。

5) 抗压强度要好。

6) 密度和比热容。

7) 热导率要小,隔热性能要好,电绝缘性能要好。

(2) 耐火材料的分类

1) 耐火砌体材料。按材质高低,分为普通耐火材料和特种耐火材料;按耐火材料的主要化学成分分为黏土砖、高铝砖、硅砖、氧化铝砖、石墨和碳制品以及碳化硅制品等。

2) 耐火水泥及混凝土。按照胶结料的不同,耐火混凝土分为水硬性耐火混凝土、火硬性耐火混凝土和气硬性耐火混凝土;按照密度的高低,可分为重质耐火混凝土和轻质耐火混凝土两类。

2. 耐火隔热材料

耐火隔热材料,又称为耐热保温材料。它是各种工业用炉(冶炼炉、加热炉、锅炉炉膛)的重要筑炉材料。常用的隔热材料有硅藻土、蛭石、玻璃纤维(又称矿渣棉)、石棉,以及它们的制品如板、管、砖等。

(1) 硅藻土耐火隔热保温材料

硅藻土砖、板广泛用于电力、冶金、机械、化工、石油、金属冶炼电炉和硅酸盐等工业的各种热体表面及各种高温窑炉、锅炉、炉墙中层的保温绝热方面。硅藻土管广泛用于各种化工、石油、气体、液体高温过热管道及其他高温设备的保温绝热方面。

(2) 硅酸铝耐火纤维

硅酸铝耐火纤维是轻质耐火材料之一。硅酸铝耐火纤维及其制品(毡、板、砖、管等)和复合材料,广泛地用于冶金、机械、建筑、化工和陶瓷工业中的热力设备,如锅炉、加热炉和导管等的耐火隔热材料。

(3) 微孔硅酸钙保温材料

微孔硅酸钙保温材料制品可用于高温设备热力管道的保温隔热工程。

(4) 矿渣棉制品

矿渣棉制品可用作保温、隔热和吸音材料。

3. 耐蚀(酸)非金属材料

常用的非金属耐蚀材料有铸石、石墨、耐酸水泥、天然耐酸石材和玻璃等。

(1) 铸石

铸石具有极优良的耐磨与耐化学腐蚀性、绝缘性及较高的抗压性能。在各类酸碱设备中,其耐腐蚀性比不锈钢、橡胶、塑性材料及其他有色金属高得多,但铸石脆性大、承受冲击荷载的能力低。因此,在要求耐蚀、耐磨或高温条件下,当不受冲击震动时,铸石是钢铁(包括不锈钢)的理想代用材料。

(2) 石墨

石墨材料在高温下有高的机械强度。石墨材料常用来制造传热设备。

石墨具有良好的化学稳定性。除了强氧化性的酸(如硝酸、铬酸、发烟硫酸和卤素)之外,在所有的化学介质中都很稳定,甚至在熔融的碱中亦稳定。

不透性石墨可作为耐腐蚀的非金属无机材料。

(3) 玻璃

按形成玻璃的氧化物可分为硅酸盐玻璃、磷酸盐玻璃、硼酸盐玻璃和铝酸盐玻璃等,其中硅酸盐玻璃是应用最为广泛的玻璃品种。硅酸盐玻璃的化学稳定性很高,抗酸性强,组织紧密而不透水,但它若长期在某些介质作用下,也会受侵蚀。硅酸盐玻璃具有较好的光泽和透明度、化学稳定性和热稳定性好、机械强度高、硬度大和电绝缘性强,但不耐氢氟酸、热磷酸、热浓碱液的腐蚀。一般用作制造化学仪器和高级玻璃制品,无碱玻璃纤维。耐热用玻璃和绝缘材料等。

(4) 天然耐蚀石料

花岗岩强度高,耐寒性好,但热稳定性较差;石英岩强度高,耐久性好,硬度高,难于加工;辉绿岩及玄武岩密度高、耐磨性好、脆性大、强度极高、加工较难;石灰岩热稳定性好,硬度较低。

(5) 水玻璃型耐酸水泥

水玻璃型耐酸水泥具有能抗大多数无机酸和有机酸腐蚀的能力,但不耐碱。水玻璃胶泥衬砌砖、板后必须进行酸化处理。

4. 陶瓷材料

陶瓷材料有高温化学稳定性、超硬的特点和极好的耐腐蚀性能。

(1) 陶瓷一般分为普通陶瓷和新型陶瓷两大类。

(2) 在工程中常用的陶瓷有电器绝缘陶瓷、化工陶瓷、结构陶瓷和耐酸陶瓷等。

七、高分子材料

1. 高分子材料的基本概念

高分子材料具有较高的强度,良好的塑性,较强的耐腐蚀性能,很好的绝缘性和重量轻等优良性能。高分子材料一般分天然和人工合成两大类。通常根据机械性能和使用状态将工程高分子材料分为塑料、橡胶和合成纤维三大类。

常见的加聚树脂有聚乙烯(PE)、聚氯乙烯(PVC)、聚苯乙烯(PS)、ABS 树脂、聚醋酸乙烯(PVAC)、聚丙烯(PP)和聚甲基丙烯酸甲酯(PMMA)等。

2. 高分子材料的基本性能及特点

(1) 质轻。

(2) 比强度高。

(3) 有良好的韧性。

(4) 减摩、耐磨性好。

(5) 电绝缘性好。

(6) 耐蚀性。

(7) 导热系数小。

(8) 易老化。

(9) 易燃。

(10) 耐热性。

(11) 刚度小。

3. 工程中常用高分子材料

(1) 塑料制品

1) 塑料的组成。常用的塑料制品都是以合成树脂为基本材料,再按一定比例加入填充料、增塑剂、着色剂和稳定剂等材料,经混炼、塑化,并在一定压力和温度下制成的。

① 树脂

树脂有合成树脂和天然树脂之分。

树脂在塑料中主要起胶结作用,通过胶结作用把填充料等胶结成坚实整体。因此,塑料的性质主要取决于树脂的性质。

合成树脂分子结构分为直线型、支链型和体型(或称为网状型)三种。

② 填料

又称填充剂,其作用是提高塑料的强度和刚度,减少塑料在常温下的蠕变(又称冷流)现象及提高热稳定性,对降低塑料制品的成本、增加产量有显著的作用,提高塑料制品的耐磨性、导热性、导电性及阻燃性,并可改善加工性能。填料的种类很多,常用的有有机和无机两大类。

③ 增塑剂

其作用是提高塑料加工时的可塑性及流动性;改善塑料制品的柔韧性。常用的增塑剂为酯类和酮类等。

④ 着色剂

着色剂的种类按其在着色介质中或水中的溶解性分为染料和颜料两大类。

染料可溶于被着色树脂或水中,透明度好,着色力强,色调和色泽亮度好,但光泽的光稳定性及化学稳定性差,主要用于透明的塑料制品。常见的染料品种有:酞青兰和酞青绿、联苯胺黄和甲苯胺红等。

颜料不溶于被着色介质或水。在塑料制品中,常用的是无机颜料。无机颜料不仅对塑料具有着色性,同时又兼有填料和稳定剂的作用。如炭黑既是颜料,又有光稳定性。

⑤ 稳定剂。

2) 工程中常用塑料制品

① 热塑性塑料

a. 低密度聚乙烯(LDPE)。低密度聚乙烯具有质轻。吸湿性极小、良好的电绝缘性能好。延伸性和透明性强和较好的耐寒性和化学稳定性,但强度和耐环境老化性较差。它一般用作耐蚀材料、小载荷零件(齿轮、轴承)及一般电缆包皮和农用薄膜等。

b. 高密度聚乙烯(HDPE)。高密度聚乙烯具有良好的耐热性和耐寒性,力学性能优于低密度聚乙烯,介电性能优良,但略低于低密度聚乙烯,耐磨性及化学稳定性良好,能耐多种酸、碱、盐类腐蚀,吸水性和水蒸气渗透性很低,但耐老化性能较差,表面硬度高,尺寸稳定性好。它主要用于制作单口瓶、运输箱、安全帽、汽车零件、贮罐、电缆护套、压力管道及编织袋等。

c. 聚丙烯(PP)。聚丙烯具有质轻,不吸水,介电性、化学稳定性和耐热性良好,力学性能优良,但是耐光性能差,易老化,低温韧性和染色性能不好。聚丙烯主要用于制作受热的电气绝缘零件、汽车零件、防腐包装材料以及耐腐蚀的(浓盐酸和浓硫酸除外)化工设备等。

d. 聚氯乙烯(PVC)。硬聚氯乙烯塑料常被用来制作化工、纺织等工业的废气排污排毒塔,以及常用气体、液体输送管。软聚氯乙烯塑料常制成薄膜,用于工业包装等,但不能用来包装食品,因增塑剂或稳定剂有毒,能溶于油脂中,污染食品。

e. 聚四氟乙烯(PTFE,F-4)。聚四氟乙烯俗称塑料王,具有非常优良的耐高、低温性能。几乎耐所有的化学药品,在浸蚀性极强的王水中煮沸也不起变化,摩擦系数极低。它也不粘,不吸水,电性能优异,是目前介电常数和介电损耗最小的固体绝缘材料。缺点是强度低,冷流性强。

f. 聚苯乙烯(PS)。聚苯乙烯具有较大的刚度。聚苯乙烯比重小,常温下较透明,几乎不吸水,具有优良的耐蚀性,电阻高,是很好的隔热、防震、防潮和高频绝缘材料。缺点是耐冲击性差,不耐沸水,耐油性有限,但可改性。

g. 聚碳酸酯(PC)。聚碳酸酯誉称"透明金属",具有优良的综合性能,冲击韧性和延性在热塑性塑料中是最好的,弹性模量较高,不受温度的影响,抗蠕变性能好,尺寸稳定性高,透明度高,可染成各种颜色,吸水性小,绝缘性能优良。但自润滑性差,耐磨性低,不耐碱、氯化烃、酮和芳香烃腐蚀,长期浸在沸水中会发生水解或破裂,有应力开裂倾向,疲劳抗力较低。

h. ABS。普通 ABS 是丙烯腈、丁二烯和苯乙烯的三元共聚物。综合机械性能良好,同时尺寸稳定,容易电镀和易于成形,耐热和耐蚀性较好,在−40 ℃的低温下仍有一定的机械强度。

i. 聚酸胺(PA)。聚酷胺通称尼龙,这种热塑性塑料由二元胺与二元酸缩合而成,这是机械工业中应用较广的工程塑料。

j. 单体浇注尼龙 (MC)。单体浇注尼龙简称 MC 尼龙。

k. 聚甲基丙烯酸甲酯(PMMA)。俗称有机玻璃,缺点是表面硬度不高,易擦伤,由于导热性差和热膨胀系数大,易在表面或内部引起微裂纹,因而比较脆。此外,易溶于有机溶液中。

② 热固性塑料

a. 酚醛模塑料(PF)。

b. 酚醛玻璃纤维增强塑料。

c. 环氧树脂(EP)。环氧树脂树脂强度较高,韧性较好;尺寸稳定性高和耐久性好;具有优良的绝缘性能。耐热,耐寒,化学稳定性很高。缺点是有毒性。

d. 呋喃树脂。呋喃树脂能耐强酸、强碱和有机溶剂腐蚀,并能适用于其中两种介质的结合或交替使用的场合。但不能耐强氧化性介质。

e. 不饱和聚酯树脂。不饱和聚酯树脂主要特点是工艺性能优良,在室温下固化,常压下成型,因而施工方便,易保证质量。

(2) 橡胶

橡胶是一种具有良好耐酸、碱性能的高分子防腐蚀材料。橡胶分天然橡胶和合成橡胶两大类。工程中常用橡胶制品有:

1) 天然橡胶(NR)。

2) 丁苯橡胶(SBR)具有良好的耐寒性、耐磨性,力学性能与天然橡胶相似。

3) 丁睛橡胶(NBR)一般含有丙烯腈,丙烯腈含量越高,耐油、耐热和耐磨性越好,但耐寒性则相反。

4) 氯磺化聚乙烯橡胶(CSM)耐臭氧性、耐热性优异,耐候性、耐温性能良好,但压缩变形大,耐油性差。

5) 丁基橡胶(IIR)。

6) 氯丁橡胶(CR)。

7) 氟硅橡胶(MFQ)。

(3) 合成纤维

目前国内外大量发展的主要有聚酰胺纤维、聚酯纤维及聚丙烯腈纤维三大类。

合成纤维具有强度高、比重小、耐磨和不霉不腐等特点,广泛用于制作衣料。

八、复合材料

1. 复合材料组成、分类和特点

按基体材料类型可分为:有机材料基、无机非金属材料基和金属基复合材料三大类。

按增强体类型可分为:颗粒增强型、纤维增强型和板状增强型复合材料三大类。

按用途可分为结构复合材料与功能复合材料两大类。

以增强纤维类型分为碳纤维复合材料、玻璃纤维复合材料、有机纤维复合材料、复合纤维复合材料和混杂纤维复合材料等。

与普通材料相比,复合材料具有许多特性,具体表现在:

(1) 高比强度和高比模量。

(2) 耐疲劳性高。

(3) 抗断裂能力强。

(4) 减振性能好。

(5) 高温性能好,抗蠕变能力强。

(6) 耐腐蚀性好。

(7) 复合材料还具有较优良的减摩性、耐磨性、自润滑性和耐蚀性等特点,而且复合材料构件制造工艺简单,表现出良好的工艺性能,适合整体成型。

2. 复合材料增强体

(1) 纤维增强体

在纤维增强体中,玻璃纤维是应用最为广泛的增强体。玻璃纤维具有成本低、不燃烧、耐热、耐化学腐蚀性好、拉伸强度和冲击强度高、断裂延伸率小、绝热性及绝缘性好等特点。

(2) 颗粒增强体

(3) 其他增强体

- 片状增强体。天然片状增强体的典型代表是云母;人造的片状增强体有玻璃、铝和银等。
- 天然增强体。

3. 复合材料基体

(1) 树脂基体

树脂基复合材料是复合材料中最主要的一类,通常称为增强塑料。

常用的热固性树脂基体有不饱和聚酯树脂,它以其室温低压成型的突出优点,使其成为玻璃纤维增强塑料用的主要树脂;环氧树脂,它广泛用作碳纤维复合材料及绝缘复合材料;酚醛树脂,它则大量用作摩擦复合材料。

热塑性树脂主要有通用型和工程型树脂两类。

(2) 金属基体

金属基复合材料主要有三类:颗粒增强、短纤维或晶须增强、连续纤维或薄片增强。多种金属及其合金可用作基体材料。主要有以下几种:铝合金、钛合金、镁合金、铜。

除此之外,还有金属间化合物,如镍铝化合物等。用金属间化合物作为基体材料制造复合材料，提高韧性是一种有效的方法。

(3) 陶瓷基体

制作陶瓷基复合材料的主要目的是增加韧性。

4. 复合材料的应用

(1) 用玻璃纤维增强塑料得到的复合材料,俗称玻璃钢。玻璃纤维增强聚酚胺纤维的刚度、强度和减摩性好。

(2) 碳纤维增强酚醛树脂、聚四氟乙烯复合材料,常用作宇宙飞行器的外层材料。

(3) 石墨纤维增强铝基复合材料,可用于结构材料。

(4) 硼纤维增强铝合金的性能高于普通铝合金,甚至优于钛合金,此外,增强后的复合材料耐疲劳性能非常优越,比强度也高,且有良好的抗蚀性。

(5) 塑料一钢复合材料,主要是由聚氯乙烯塑料膜与低碳钢板复合而成,有单面塑料复合材料和双面塑料复合材料两种。塑料一钢复合材料的性能如下:

1) 化学稳定性好,耐酸、碱、油及醇类的浸蚀,耐水性也好;

2) 塑料与钢材间的剥离强度大于或等于 20 MPa;

3) 深冲加工时不剥离,冷弯 120°不分离开裂;

4) 绝缘性能和耐磨性能良好;

5) 具有低碳钢的冷压力加工性能;

6) 加工温度在 10～40 ℃为佳,在−10～60 ℃可长期使用,短时间使用可耐 120 ℃。

九、建筑安装工程常用材料

1. 金属的型材、板材、管材和线材

(1) 金属型材

普通型钢主要用于建筑结构,如桥梁、厂房结构,但个别也用于粗大的机械构件。

普通型钢可分为冷轧和热轧两种,其中热轧最为常用。型材按其断面形状分为:圆钢、方钢、六角钢、角钢、槽钢、工字钢和扁钢等。型材的规格以反映其断面形状的主要轮廓尺寸来表示;圆钢的规格以其直径(mm)来表示;六角钢的规格以其对边距离(mm)来表示;工字钢和槽钢的规格以其高×腿宽×腰厚(mm)来表示;扁钢的规格以厚度×宽度(mm)来表示。

(2) 金属板材

1) 钢板

安装工程中常用钢板分为普通钢板(黑铁皮)、镀锌钢板(白铁皮)、塑料复合钢板和不锈耐酸钢板等常用钢板。

钢板规格表示方法为宽度×厚度×长度(mm)。钢板分厚板(厚度＞4 mm)和薄板(厚度≤4 mm)两种。

① 厚钢板。厚钢板按钢的质量可分为普通钢厚钢板、优质钢厚钢板和复合钢厚钢板。

② 薄钢板。薄钢板按钢的质量可以分为普通薄钢板和优质薄钢板;按生产方法可分为热轧薄钢板和冷轧薄钢板。

③ 钢带。钢带按钢的质量分为优质和普通两类,按轧制方法分为热轧和冷轧两类。

④ 硅钢片。硅钢片也称矽钢片或硅钢薄板,按用途可以分为电机硅钢片和变压器硅钢片,变压器硅钢片中按轧制工艺又分为热轧和冷轧两种。硅钢片主要用于电工器材的制造。

2) 铝板

延展性能好,适宜咬口连接,耐腐蚀,且具有传热性能良好,在摩擦时不易产生火花的特性,所以铝板常用于防爆的通风系统。

(3) 金属管材

1) 钢管

① 无缝钢管

a. 除一般无缝钢管外,还有专用无缝钢管,主要有锅炉用无缝钢管、锅炉用高压无缝钢管、地质钻探用无缝钢管、石油裂化用钢管和不锈耐酸无缝钢管等。

b. 锅炉用高压无缝钢管是用优质碳素钢和合金钢制造,质量比一般锅炉用无缝钢管好,可以耐高压和超高压,用于制造锅炉设备与高压超高压管道,用来输送高温、高压汽、水等介质或高温高压含氢介质。

c. 地质钻探用无缝钢管用专用钢种 D240、D250、D255、…、D295 制造。

d. 石油裂化用无缝钢管一般用合金结构钢制造。

e. 不锈耐酸钢无缝钢管是用合金结构钢制造,它主要用于化工、石油和机械用管道的防腐蚀部位,用于输送强腐蚀性介质、低温或高温介质以及纯度要求很高的其他介质。

② 焊接钢管

焊接钢管分为黑铁管和镀锌管(白铁管)。按焊缝的形状可分为直缝钢管、螺旋缝钢管和双层卷焊钢管;按其用途不同又可分为水、煤气输送钢管;按壁厚分薄壁管和加厚管等。

a. 直缝电焊钢管主要用于输送水、暖气和煤气等低压流体和制作结构零件等。

b. 螺旋缝钢管。单面螺旋缝焊管用于输送水等一般用途,双面螺旋焊管用于输送石油和天然气等特殊用途。

③ 合金钢管

合金钢管用于各种加热炉工程,锅炉耐热管道及过热器管道等。合金钢具有高强度性,在同等条件下采用合金钢管可达到节省钢材的目的。但合金钢管的焊接都有特殊的工艺要求,焊后要对焊口部位采取热处理。

2) 铸铁管

铸铁管的连接形式分为承插式和法兰式两种。

3) 有色金属管

① 铅及铅合金管

铅管其耐蚀性能强。铅管不宜在压力下使用。铅管的机械性能不高,但重量很重,是金属管材中最重的一种。

② 铜及铜合金

铜管的导热性能良好,适用工作温度在 250 ℃以下,多用于制造换热器、压缩机输油管、低温管道、自控仪表以及保温拌热管和氧气管道等。

③ 铝及铝合金管

铝管的特点是重量轻,不生锈,但机械强度较差,不能承受较高的压力,用于输送浓硝酸、醋酸、脂肪酸、过氧化氢等液体及硫化氢、二氧化碳气体。它不耐碱及含氯离子的化合物,如盐水和盐酸等介质。

④ 钛及钛合金管

钛管具有重量轻、强度高、耐腐性强和耐低温等特点,常被用于其他管材无法胜任的工艺部位。

(4) 金属线材

金属线材主要指普通低碳钢热轧圆盘条,从品种上来说还有电焊盘条、优质盘条等。

(5) 其他金属材料

1) 钢筋混凝土结构用钢筋

根据轧制和加工工艺,钢筋可分为热轧钢筋、热处理钢筋和冷加工钢筋。

2) 轨钢

① 重轨

每米重量大于 24 kg 的钢轨叫重轨。按用途重轨又分为一般重轨和起重机钢轨两种。一般重轨主要用于铁道道轨,起重钢轨主要用于起重机轨道。

② 轻轨

每米重量小于 24 kg 的钢轨叫轻轨。主要用于城市和矿山运输。

2. 非金属管材

(1) 混凝土管。混凝土管有预应力钢筋混凝土管和自应力钢筋混凝土管两种。主要用于输水管道,管道连接采取承插接口,用圆形截面橡胶圈密封。

(2) 陶瓷管。陶瓷管分普通陶瓷管和耐酸陶瓷管两种。普通陶瓷管多用于建筑工程室外排水管道。耐酸陶瓷管耐腐蚀,用于输送除氯氟酸、热磷酸和强碱以外的各种浓度的无机酸和有机溶剂等介质。

(3) 玻璃管。用于输送除氢氟酸、氟硅酸、热磷酸和热浓碱以外的一切腐蚀性介质和有机溶剂。

(4) 玻璃钢管。玻璃钢管质量轻、隔音、隔热,耐腐蚀性能好,可输送氢氟酸和热浓碱以外的腐蚀性介质和有机溶剂。

(5) 石墨管。主要用于高温耐腐蚀生产环境中石墨加热器所需管材。

(6) 铸石管。多用于承受各种强烈磨损和强酸和碱腐蚀的地方。

(7) 橡胶管。

(8) 塑料管。塑料管常用的塑料管有硬聚氯乙烯(PVC)管、聚乙烯(PE)管、聚丙烯(PP)管和耐酸酚醛塑料管等。

1) 硬聚氯乙烯管。硬聚氯乙烯管材的安装采用承插、法兰、丝扣及焊接等方法。

2) 软聚氯乙烯管。一般用于输送无机稀酸及稀碱液。

3）耐酸酚醛塑料管。它用于输送除氧化性酸(如硝酸)及碱以外的大部分酸类和有机溶剂等介质,特别能耐盐酸、低浓度及中等浓度硫酸的腐蚀。

第七节　电工知识

一、电路的组成和欧姆定律

电流所流过的路径称为电路。它是由电源、负载、开关和连接导线等 4 个基本部分组成的,如图 3.7-1 所示。电源是把非电能转换成电能并向外提供电能的装置。常见的电源有干电池、蓄电池和发电机等。负载是电路中用电器的总称,它将电能转换成其他形式的能。如电灯把电能转换成光能;电烙铁把电能转换成热能;电动机把电能转换成机械能。开关属于控制电器,用于控制电路的接通或断开。连接导线将电源和负载连接起来,担负着电能的传输和分配的任务。电路电流方向是由电源正极经负载流到电源负极,在电源内部,电流由负极流向正极,形成一个闭合通路。

1. 电路图

在设计、安装或维修各种实际电路时,经常要画出表示电路连接情况的图。如果画图 3.7-1 所示的实物连接图,虽然直观,但很麻烦。通常以电路图代替实物图。所谓电路图就是用国家统一规定的符号,表示电路连接情况的图。表 3.7-1 是几种常用的电工符号。图 3.7-2 是图 3.7-1 的电路图。

表 3.7-1　几种常用的电工符号

名称	符　号	名称	符　号
电池	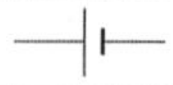	电流表	
线		电压表	
开关	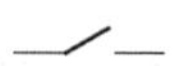	熔断器	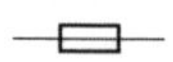
电阻	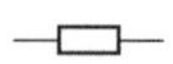	电容	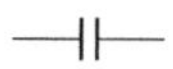
照明灯		接地	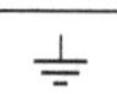

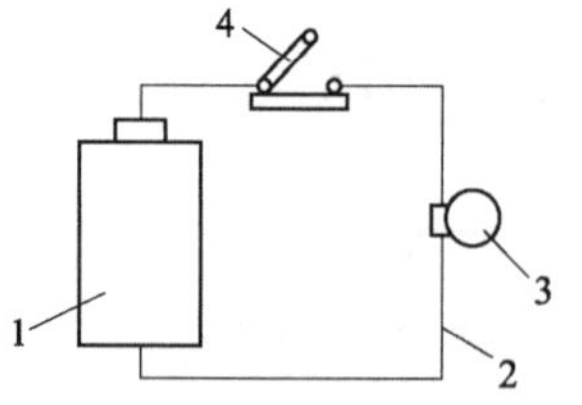

图 3.7-1　电路的组成

1—电源;2—导线;3—灯泡;4—开关

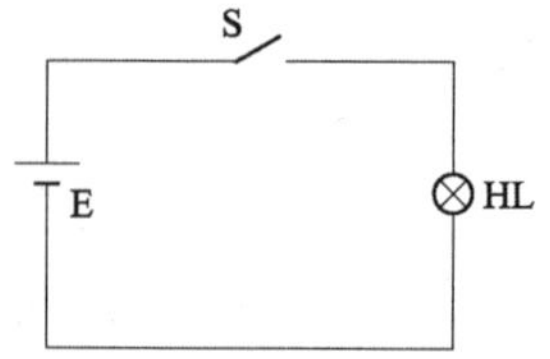

图 3.7-2　电路图

2. 电路的三种状态

电路有三种状态:即通路、开路、短路。

通路是指电路处处接通。通路也称为闭合电路，简称闭路。只有在通路的情况下，电路才有正常的工作电流。开路是电路中某处断开，没有形成通路的电路，开路也称为断路，此时电路中没有电流；短路是指电源或负载两端被导线连接在一起，分别称为电源短路或负载短路。电源短路时电源提供的电流要比通路时提供的电流大很多倍，通常是有害的，也是非常危险的，所以一般不允许电源短路。

二、欧姆定律

实验证明，一段电阻电路欧姆定律的内容是，流过导体的电流强度与这段导体两端的电压成正比；与这段导体的电阻成反比。其数学表达式为：

$$I=\frac{U}{R} \tag{3.7-1}$$

式中，I——导体中的电流，A；

U——导体两端的电压，V；

R——导体的电阻，Ω。

已知其中电流、电压、电阻其中两个量，就可以通过欧姆定律求出第三个未知量。

三、电阻的串联、并联电路

1. 电阻的串联电路

在一段电路上，将几个电阻的首尾依次相连所构成的一个没有分支的电路，叫做电阻的串联电路。如图 3-26a 所示是电阻的串联电路。图 3.7-3(b)是图 3.7-3(a)的等效电路。

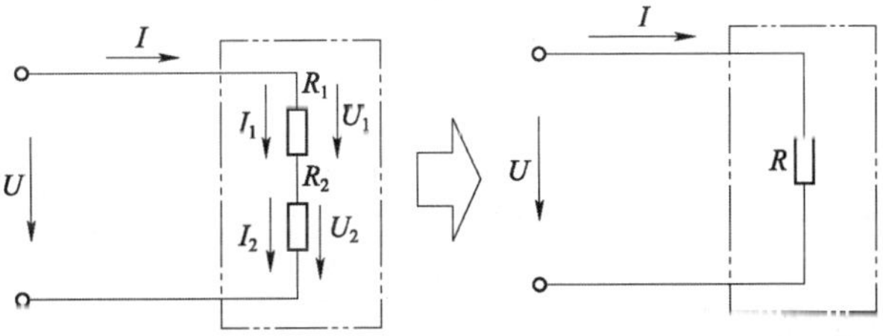

(a)　　(b)

图 3.7-3　电阻的串联电路及等效电路

(a) 电阻的串联电路；(b) 等效电路

电阻的串联电路有以下特点：

(1) 串联电路中流过各个电阻的电流都相等，即

$$I=I_1=I_2=I_3=\cdots=I_n$$

(2) 串联电路两端的总电压等于各个电阻两端的电压之和，即

$$U=U_1+U_2+\cdots+U_n$$

(3) 串联电路的总电阻(即等效电阻)等于各串联的电阻之和，即

$$R=R_1+R_2+\cdots=R_n$$

在串联电路中，电阻的阻值越大，这个电阻所分配到的电压越大；反之，电压越小，即电阻上的电压分配与电阻的阻值成正比。这个理论是电阻串联电路中最重要的结论，用途极

其广泛。

2. 电阻的并联电路

将两个或两个以上的电阻两端分别接在电路中相同的两个节点之间,这种连接方式叫做电阻的并联电路。如图 3.7-4a 所示是电阻的并联电路,图 3.7-4b 是图 3.7-4a 的等效电路。

电阻的并联电路有如下特点:

(1) 并联电路中各个支路两端的电压相等,即

$$U=U_1+U_2+\cdots=U_n$$

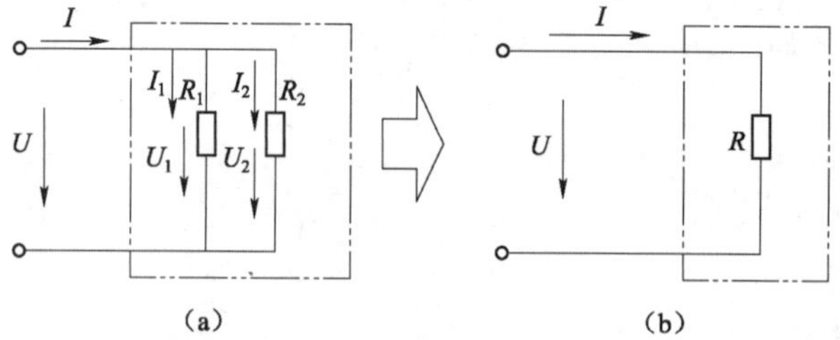

图 3.7-4 电阻的并联电路及等效电路

(a) 电阻的并联电路;(b) 等效电路

(2) 并联电路中总的电流等于各支路中的电流之和,即

$$I=I_1+I_2+\cdots=I_n$$

(3) 并联电路的总电阻(即等效电阻)的倒数等于各并联电阻的倒数之和,即

$$\frac{1}{R}=\frac{1}{R_1}+\frac{1}{R_2}+\cdots+\frac{1}{R_n}$$

在并联电路中,电阻的阻值越大,这个电阻所分配到的电流越小,反之越大,即电阻上的电流分配与电阻的阻值成反比。这个结论是电阻并联电路特点的重要推论,用途极为广泛。

四、电工测量基本知识

自然界中的物理量,都可以使用特定的工具来进行测量。测量各种电量的仪器仪表,统称为电工测量仪表。电工测量仪表种类繁多,最常见的是测量基本电量的仪表。

电工仪表用来测量电路中的电流、电压、电功率、电功、功率因数、电量的频率、电阻、绝缘状况等物理量。本书简单介绍电工应用中最常用的仪表——万用表。

1. 万用表的外形及基本组成

操作万用表的主要部分有三个:挡位拨盘、表头、表笔。

(1) 挡位拨盘

用于选择测量哪种物理量,一般万用表都至少设有如下四个挡位,每个挡位又分为几个不同量限或不同倍率的挡位。

- 交流电压挡:测量交流电压。
- 直流电压挡:测量直流电压。

- 直流电流挡:用于测量直流电流值。
- 电阻挡:用于测量电器阻值。

电压、电流的每个挡位的数值表示的是量限(或量程),待测的物理量值应小于该值。在选择挡位时,要选择一个挡位量限大于被测量值,并且与被测量值最接近的一个量限的挡位。

(2) 表头

机械表头有若干条刻度线,如电阻值读取线,电压、电流刻度线等。

电阻值读取线:指针指向最右端,指示值为 0;指针指向最左端,指示值为∞。注意被测电阻的实际阻值是指示值与所选挡位的倍率的乘积。

电压、电流刻度线:是均匀刻度线,用于读取电压、电流的指示值。被测对象的测量值也经常需要从读取值换算而得到。

机械表头经常还有其他一些刻度线,请参照有关书籍。

电子表头的读数比较简单,可直接读数,然后冠以所选挡位的单位,即是被测对象的测量值。

(3) 表笔

万用表的两表笔一般使用红黑两种颜色,红表笔一般插在标有"+"的插孔内,黑表笔一般插在标有"−"的插孔内。测量电压时,红、黑表笔分别接在高、低电位端;测量电流时,红、黑表笔分别接在电流的流入端和流出端。否则表针会反向打针,对万用表不利。

2. 万用表的使用步骤

(1) 确认万用表的状态,保证各部分的功能正常可靠。

(2) 明确要测量的物理量。一般包括交流电压、直流电压、直流电流和电阻器阻值。

(3) 选择合适的挡位。

(4) 适当接入被测对象。测量电压时,直接将红、黑表笔并接在被测元件的高、低电位两端或电路中的高、低电位点上。测量电流时,须断开被测电路,将红、黑表笔接入电路的电流流出、流入端,使电流经红表笔流入表内,从黑表笔流出时测量电阻器阻值时,电阻器须脱离电路,然后将表笔两端接在电阻器两端测量即可。

(5) 获取测量值。读取刻度值,并进行必要的换算及冠以单位,如前所述。

(6) 测量值的分析。对测得值要进行确认,是否合理,是否具备科学性。

3. 万用表的使用注意事项

(1) 万用表是便携式仪表,本身精度不高,可能有 5%以内的误差。

(2) 测量电阻时,首先要进行电阻值调零,方法是将表笔短接,使用万用表面板上的调零钮进行调整。

(3) 注意检查万用表内的电池,当电量不足时,会影响电阻的测量。

(4) 万用表最容易发生的损坏是,当万用表处在电流挡时,测量电压,此时极易永久性损坏内部电路及表头。避免的办法是,每次用完万用表,都将挡位置于交流电压最高挡(一般为 1 000 V)。

五、电磁的基本知识

1. 磁现象

人们把物体能够吸引铁、钴、镍及其合金的性质称为磁性,把具有磁性的物体叫做磁体。

磁体上磁性最强的位置称为磁极,磁体有两个磁极:即南极和北极,通常用字母 S 表示南极(常涂红色),用字母 N 表示北极(常涂绿色或白色)。

2. *磁场、磁感应线*

磁体周围存在磁力作用的空间称为磁场。我们经常看见两个互不接触的磁体之间具有相互作用力,它们是通过磁场这一特殊物质进行传递的。我们用磁感应线形象地描述磁场的性质。

实验证明磁感应线具有下列特点。

(1) 磁感应线是闭合曲线

在磁体外部,磁感应线从 N 极出发,然后回到 S 极,在磁体内部,是从 S 极到 N 极,这叫做磁感应线的不可中断性。

(2) 磁感应线互不相交

这是因为磁场中任何一点磁场方向只有一个。

(3) 磁感应线的疏密程度与磁场强弱有关。

磁感应线稠密表示磁场强,磁感应线稀疏表示磁场弱。

3. *磁通、磁感应强度*

在磁场中,把通过与磁场方向垂直的某一面积的磁感应线的总数目,叫做通过该面积的磁通,用字母 $\boldsymbol{\Phi}$ 表示。磁通的单位是“韦伯”,简称“韦”,用 Wb 表示。

磁感应强度是用来表示磁场中各点磁场强弱和方向的物理量,用字母 B 表示。

垂直通过单位面积的磁感应线的数目叫做该点的磁感应强度。它既有大小,又有方向。在磁场中某点磁感应强度的方向,就是位于该点磁针北极所指的方向,它的大小在均匀磁场中可表示为:

$$B=\frac{\boldsymbol{\Phi}}{S} \tag{3.7-2}$$

式中,B——磁感应强度,T;

$\boldsymbol{\Phi}$——磁通,Wb;

S——垂直于磁感应线方向通过磁感应线的面积,m^2。

上式说明磁感应强度的大小等于单位面积的磁通。如果通过单位面积的磁通越多,则磁感应线越密,磁场也越强,反之磁场越弱。

磁感应强度的单位是韦/平方米(Wb/m^2),称为“特斯拉”,简称“特”,用字母 T 表示。

4. *磁导率*

为了衡量各种物质导磁的性能,引入磁导率这一物理量,用字母μ表示。磁导率的单位为亨利/米(H/m)。不同物质有不同的磁导率。在其他条件相同的情况下,某些物质的磁导率比真空中的强,另一些物质的磁导率比真空中的弱。

经实验测得真空的磁导率为$\mu_0=4\pi\times10^{-7}$H/m,且是常数。

5. *电流的磁场*

(1) 通电直导线的磁场

磁铁周围有磁场,通电直导线的周围也有磁场。

通电直导线周围磁场方向与导线中的电流方向之间的关系可用安培定则(又称右手螺

旋定则)进行判定。其具体内容是:右手拇指指向电流方向,贴在导线上,其余四指弯曲握住直导线,则弯曲四指的方向就是磁感应线的环绕方向;如图 3.7-5 所示。

(2) 通电螺线管的磁场

若将通电直导线绕成多匝螺线管后,在它的周围还有磁场。通电螺线管磁场方向,与螺线管中通过的电流方向的关系,用右手螺旋定则进行判定,如图 3.7-6 所示。

右手螺旋定则的内容是:用右手握住螺线管,让弯曲的四指所指的方向与螺线管中流过的电流方向一致,那么拇指所指的那一端就是螺线管的 N 极。

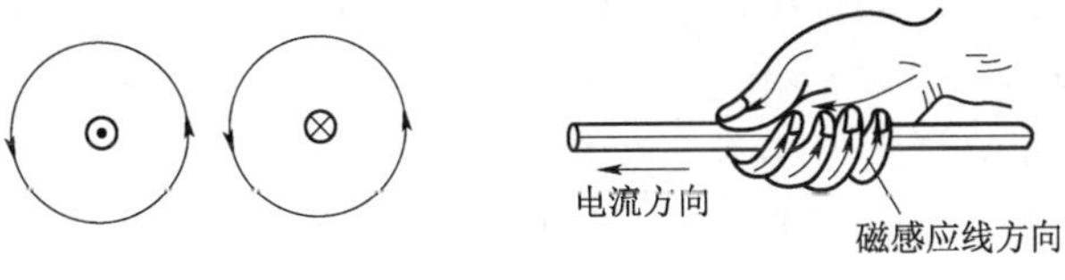

图 3.7-5　直导线周围的磁场方向

(a) 通电直导线周围磁场与关系;(b) 右手螺旋定则

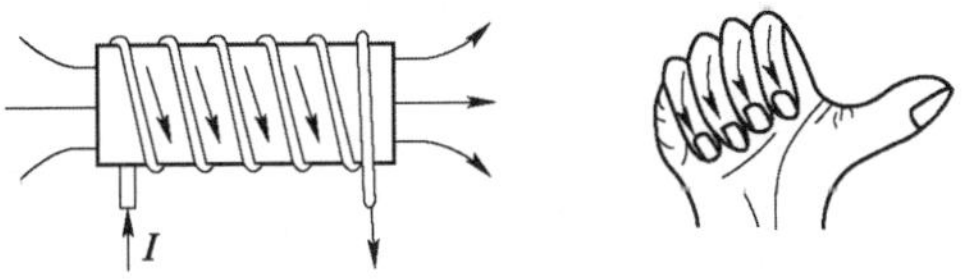

图 3.7-6　右手螺旋定则

(3) 磁场对载流直导线的作用

载流直导线周围存在磁场,若将其放入磁场中,两者之间会产生力。

载流直导线在磁场中所受到的力称为安倍力,用字母 F 表示。电磁力既有大小,也有方向。

安倍力方向(即导线运动方向)、电流方向和磁场方向三者相互垂直。因为安倍力的方向与磁场方向及电流方向有关。所以,用左手定则(又称电动机定则)来判定三者之间的关系。

左手定则的内容是:伸平左手,使大拇指与其余四指垂直,手心对着 N 极,让磁感应线垂直穿过手心,四指的指向代表电流方向,则大拇指所示的方向就是安倍力方向,如图 3.7-7 所示。

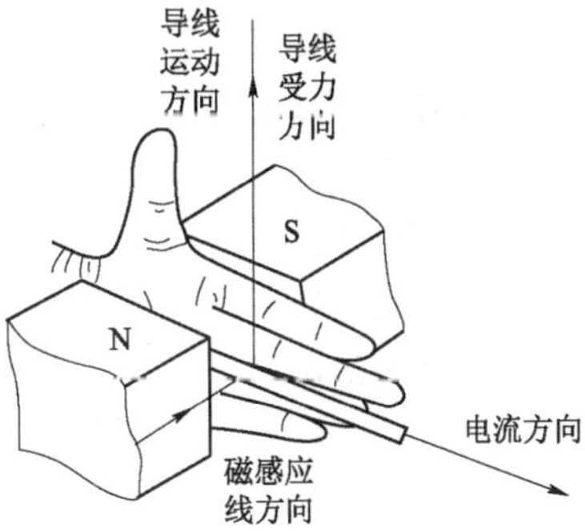

图 3.7-7　左手螺旋定则

实验证明,在匀强磁场中,当载流直导线与磁场方向垂直时,磁场对载流直导线作用力的大小,与导线所处的磁感应强度、通过直导线的电流以及导线在磁场中的长度的乘积成正比。即

$$F = BIL \tag{3.7-3}$$

式中,B——磁感应强度,Wb/m^2;

I——直导线中通过的电流,A;

L——直导线在磁场中的长度,m;

F——直导线受到的电场力,N。

(4) 磁场对通电线圈的作用

由于磁场对通电导线有作用力,因此,磁场对通电线圈也有力的作用。在均匀磁场中放置一个矩形通电线圈abcd,如图 3.7-8 所示。

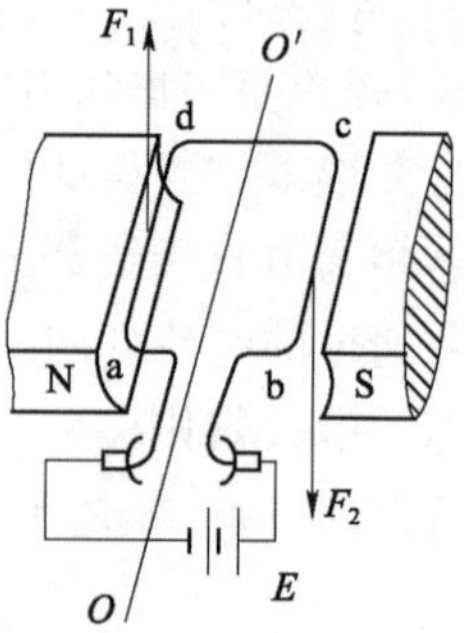

图 3.7-8 磁场对通电螺线圈的作用

当线圈平面与磁感应线平行时,因为 ab 和 dc 边与磁感应线平行,不受磁场作用,没有电磁力,ad 和 bc 边与磁感应线垂直,受磁场作用而有电磁力。根据左手定则,ad 边的受力方向是垂直向上,而 bc 边的受力方向是垂直向下。ad 和 bc 边所受的电磁力大小相等。由于这一对电磁力大小相等,方向相反,所以构成一对力偶。故线圈在力偶的作用下,围绕轴线OO'做顺时针旋转。如图 3-23 所示是一个单匝线圈的直流电动机的工作原理图。

六、交流电路

1. 交流电的特点与产生

(1) 正弦交流电的特点

在生产实际中,除了应用直流电外,还广泛地应用交流电。所谓交流电是指电流及电压的大小和方向随时间的变化而变化。

交流电(如无特别说明都简称交流电)的特点如下。

1) 变化的瞬时性

交流电的大小和方向时时刻刻都在变化。

2) 变化的周期性

交流电每隔一定时间又作重复的变化。

3) 变化的规律性

交流电是随着时间按一定规律变化的。

正弦交流电在工农业生产以及日常生活中应用广泛,是由于它具有便于远距离传输和分配,交流发电机结构简单、运行可靠、维修方便、节省材料、具有更低的电磁干扰等优点。

(2) 交流电的产生

交流电是由交流发电机产生的。交流发电机由定子和转子组成。定子有 N、S 两个固定磁极。转子是一个可以转动的钢质圆柱体,其上紧绕着一匝导线。导线两端分别接到两个相互绝缘的铜环上,铜环与连接外电路的电刷相接触。

当用原动机(如水轮机或汽轮机)拖动电枢转动时,由于运动导线切割磁感应线而在线圈中产生交流电压。

2. 常用电气照明电路

在工农业生产及日常生活中使用广泛的照明灯具,有白炽灯、节能灯、日光灯、碘钨灯、高压汞灯和高压钠灯等。本节只简单介绍白炽灯、节能灯和日光灯等照明电路。

(1) 白炽灯照明电路

白炽灯一般是真空玻璃泡内包含灯丝的结构,因此白炽灯有时也称为灯泡。白炽灯要通过灯口与电路相接。白炽灯灯丝是由高熔点钨丝绕制的。当灯丝流过电流时，根据电流热效应，使其发热到白炽程度而发光。

只要将白炽灯和开关串接后再并接到电源上，就组成了照明电路。

应当指出，白炽灯安装时要注意下列事项：

1）应检查灯泡额定电压与供电电压是否一致。否则，灯泡不能正常工作。

2）安装螺口灯泡时，必须将火线经开关接到螺口灯头底座的中心接线端上，以防触电。

3）白炽灯与开关串接后再并接到电源上，火线应当进入开关，既能控制灯，又能保证安全。

4）白炽灯的安装应远离易燃易爆物质。

在安装白炽灯时，通常使用验电笔来判定电源火线。验电时手要接触笔尾的金属体，笔尖接触电线或与之相连的插座、导体等。当笔中的氖管发光时，笔尖接触的就是火线。

(2) 节能灯照明电路

节能灯是借助电子技术，产生高频高压，进而使特种气体启辉发光。节能灯与白炽灯安装注意事项一样。特殊提示一点，尽管节能灯有快速启辉的特点，但节能灯不适合在频繁开关的场合使用，否则会影响其使用寿命。在有调光要求的场合使用节能灯，会导致调光的不连续。

(3) 日光灯照明电路

日光灯照明电路由日光灯管、镇流器、启辉器和灯脚架组成。日光灯管是一抽成真空后再充入少量氩气的玻璃管，在管子两端各装有一个通电时发射大量电子的灯丝。管内壁涂有荧光粉，管内还放有微量水银。

日光灯不工作时，灯管的灯丝、镇流器、启辉器和开关是串联在一起的。当合上开关后，交流电压全部加在启辉器的动、静触片间而使之产生辉光(红色)放电。放电所产生的热量使双金属片伸展与静触片相接触，则此刻整个电路构成通路：就在电路被接通的瞬间，灯丝因流过电流而发射大量电子。同时，动静触片接触时，辉光消失。双金属片因失去热源恢复原状与静触片脱离。此时，镇流器(铁芯线圈)因突然断电而产生自感电动势，其方向与电源电压方向相同，自感电动势与电源电动势一起加在灯管两端。灯丝附近的电子在高压下加速运动，使管内的氩气电离而导电；进而使管内水银变为蒸气，水银蒸气也因被电离而导电，辐射出紫外线激励管内壁荧光粉发光。

七、安全用电

安全问题无小事。安全用电是用电环境中永恒的话题，永远的任务。掌握必要的安全用电知识，可以使自己避免触电的危险，关键时还可以帮助别人，保护财产。

1. 触电

(1) 触电事故

人体接触或接近带电体，而引起局部受伤或死亡的现象称为触电。

按人体受伤害的程度，触电可分为电伤和电击两种。电伤是指人体外部受伤，如电弧灼伤，与带电体接触后的皮肤红肿，大电流下熔化金属飞溅烧伤皮肤等。

电击则是指人体内部器官受损伤的现象。电击是电流流过人体而引起的，人体常因电击而死亡,所以它是最危险的触电事故。电击伤人的程度,与流过人体电流的频率、大小、途径、持续时间长短以及触电者本身的情况有关

(2) 触电原因及方式

常见的触电原因有三个方面:

一是缺乏电气知识,如用潮湿的手去开关电灯,接触电气,或者发现有人触电时,不去迅速拉断电源,直接去拉触电者而造成触电。

二是违章操作,明知不准带电操作,而冒险进行,结果触电受伤或死亡。

三是输电线或电气设备的绝缘老化或破损,造成漏电,人体触碰时造成触电事故。

触电方式有两种,一是人体直接与正常带电体接触。另一种触电方式是与正常工作的不应带电的金属部分接触而触电。例如,电动机金属外壳。由于定子绕组绝缘损坏,漏电绕组与外壳相碰,人体触及电机金属外壳时,会使人体触电。

2. 安全用电措施

(1) 常用安全用电措施

安全用电的基本原则是不接触低压带电体,不靠近高压带电体。常用的安全用电措施如下。

1) 火线必须进开关

在开关处于分断状态时,用电器就不带电,有利于维修和避免触电。

2) 合理选择照明电压

一般工厂和家庭照明选用 220 V 电压供电。机床照明决不允许选用 220 V 电压供电:而应选 36 V 以下电压供电。

3) 合理选择导线和熔丝

导线通过电流时,不允许过热,所以导线的额定电流应比实际电流大些。而熔丝在电路中起保护作用,要求电路短路时熔丝能迅速熔断,应选比额定电流稍大的熔丝来保护较大电流的电路。

4) 电气设备应有一定的绝缘电阻

电气设备金属外壳与通电线圈之间必须有一定的绝缘电阻,否则当人体触及正在工作的电气设备(如电动机、电风扇)的金属外壳时,就会触电。通常要求固定电气设备的绝缘电阻不应低于 1 MΩ,可移动的电气设备绝缘电阻应大于 1 MΩ。

5) 电气设备的安装要正确

电气设备应根据安装说明书进行安装。带电部分应加防护罩,高压带电体更应注意有效防护,使一般人无法靠近高压带电体。必要时应加联锁装置以防触电。

6) 采用各种保护用具

如绝缘手套、绝缘鞋、绝缘钳、棒、垫等,以保证工作人员安全操作。在家庭中可使用干燥的木质桌凳、玻璃、橡皮等做保护用具,保证人身安全。

7) 正确使用移动电具

使用手电钻等移动电具必须戴绝缘手套,调换钻头时应切断电源。

8) 严禁违章冒险

一般不允许带电操作,紧急情况急需处理带电电气时要用右手,将左手放在口袋中,以

减少电伤害程度。

9）正确使用、遵守安全标志要求

现在企业用电比较规范，重要场合都有明显的标志，要养成正确使用、遵守安全标志要求的习惯。安全标志有如下几个种类：

- 禁止类：禁止合闸，有人工作；禁止攀登，高压危险；禁止合闸，线路有人工作。
- 允许类：在此工作。
- 提示类：由此向下。
- 警告类：止步，高压危险。

（2）电气设备的保护接地和保护接零

在正常情况下电气设备的金属外壳是不带电的。但在绝缘损坏时外壳就会带电。为保证人体触及漏电设备金属外壳不会触电，通常都采用保护接地或保护接零的安全措施。

1）保护接地

把电动机、变压器、铁壳开关等不带电的金属外壳或构架与大地做可靠的连接，称作保护接地。通常采用深埋在地下的角铁、钢管作为接地体。接地电阻不得大于4 Ω。

所有涉及人身安全的设备，都应采取可靠的接地保护。

2）保护接零

将电气设备在正常情况下，不应带电的金属外壳或构架与供电系统中的零线连接，叫做保护接零。

（3）安全用电十不准

1）不准带电移动电气设备。

2）不准赤脚站在地面上带电作业。

3）不准挂钩接线。

4）不准使用三危线路。三危线路是指对地距离不符合要求的“拦腰线、地爬线、碰头线”。

5）所有进行电气操作及值班工作人员不准喝酒。

6）不准带负荷拉刀闸。停电时先拉分开关再拉总开关，送电时则顺序相反。

7）对电气知识一知半解者，要严加管理，不准玩弄电气设备或乱拉乱接线。

8）照明不准一线一地制。

9）不准约时停、送电。

10）不准私设电网。未经公安及主管部门批准，任何单位和个人私设电网都是违法行为。

3. 电气事故及紧急处理

（1）触电急救

1）触电解救

凡遇到触电者，救护人员要采取最快的办法使触电者迅速脱离电源。如果距离电源开关或插座较近，当立即切断电源或者用干燥的竹竿或木棒打掉带电体使触电者脱离电源；救护者也可用绝缘钳或戴绝缘手套、穿绝缘鞋，将触电者拉离电源。千万不能赤手去拉触电者！

2）紧急救护

在触电者脱离电源后,应立即进行现场紧急救护并及时报告医院。当触电者还未失去知觉时,应将他抬到空气流通的地方休息,不能让他乱走乱动。当触电者出现心脏停搏、无呼吸等假死现象时,应在现场采用人工呼吸或胸外挤压法进行抢救。决不能给休克者注射强心针剂。

(2）对电气设备做好监护

电气控制线路或电器在运行过程中。往往会产生一些故障,如电动机不能启动或停车,甚至发生电动机烧毁等事故。事故发生之前通常都有异常现象。如果操作人员能及时觉察并采取措施,就可以避免事故发生,做到安全生产。

做好运行中的监护工作,首先必须熟悉电动机或电气的性能,才能分辨它们在运行中出现的症状是否异常。监护工作是通过操作人员的感官进行的,一般方法是听、闻、看、摸。

1）听

就是注意电动机和电气的声响是否正常。如电动机正常运行时发出均匀轻微声,过载时出现“嗡嗡”声,轴承损坏时出现“喀喀”声;交流接触器正常动作时发出“叭哒”声,出现故障时,听不到声音或出现抖动声。

2）闻

就是注意电动机和电气在运行中是否出现怪味。正常情况下是没有怪味的,如闻到焦臭味,可能是电动机或电气绕组的绝缘材料将要烧损。

3）看

就是观察电动机和电气运行中是否有冒烟或打火现象。若有这种现象可能是绕组正在烧损,或者接头有松断处。此外,还要观察电动机运行中有无振动现象。

4）摸

就是触摸电动机和电气外壳温度是否正常。如果过热,可能是电动机或电气绕组烧损前的征兆,应立即停车检修。

注重运行中的监护工作,可及时发现异常现象,采取适当措施,找有关人员进行检查和修理。这样可以减少事故,特别是可以避免严重事故的发生。

(3）电火警的紧急处理

发生电火警时,最重要的是立即切断电源,然后救火,并及时报警。

没有确切知道电源是否被切断时,决不能用水或普通灭火器灭火,因为万一电源未被切断,就会造成触电。可选用四氯化碳灭火器、砂土等灭火。也可用二氧化碳灭火器灭火,但使用时应注意,不要喷射到人的皮肤或脸上,以防冻伤和使人窒息。

救火时不要随便扯动电线或触及电气设备。抢运物品时,要留心地上的电线。

(4）防雷击的安全措施

通常在高大建筑物或在雷区的每个建筑物的顶部,安装避雷针来预防雷击。对于使用室外电视机或收录机天线的用户,应装避雷器或防雷用转换开关。在正常天气时将天线接人室内,在雷雨前将天线转接到接地体上;以防由天线引人雷击。

在雷雨天气人们尽量少外出走动,更不要在大树下避雨,不应站在高处,而应蹲在低处且两脚并拢。

第八节　钳工基础知识

一、钳工基础知识与技能训练

钳工是使用钳工工具或设备,按技术要求对工件进行加工、修整、装配的工种。

1. 钳工常用设备

(1) 台虎钳

台虎钳是用来夹持工件的通用夹具,其规格用钳口宽度来表示,常用规格有 100 mm、125 mm 和 150 mm 等。

台虎钳有固定式和回转式两种,两者的主要结构和工作原理基本相同,其不同点是回转式台虎钳比固定式台虎钳多了一个底座,工作时钳身可在底座上回转,因此使用方便、应用范围广,可满足不同方位的加工需要。

使用台虎钳的注意事项:

1) 夹紧工具时要松紧适当,只能用手扳紧手柄,不得借助其他工具加力。

2) 强力作业时,应尽量使力朝向固定钳身。

3) 不许在活动钳身和光滑平面上敲击作业。

4) 对丝杠、螺母等活动表面应经常清洗、润滑,以防生锈。

(2) 钳工工作台

钳工工作台也称钳工台或钳桌、钳台,其主要作用是安装台虎钳和存放钳工常用工、夹、量具。钳桌高度约 800～900 mm,装上台虎钳后,钳口高度以恰好齐人的手肘为宜。

(3) 砂轮机

砂轮机是用来刃磨各种刀具、工具的常用设备,由电动机、砂轮机座、托架和防护罩等部分组成。

砂轮较脆、转速又很高,使用时应严格遵守以下安全操作规程:

1) 砂轮机的旋转方向要正确,只能使磨屑向下飞离砂轮。

2) 砂轮机起动后,应在砂轮旋转平稳后再进行磨削,若砂轮跳动明显,应及时停机修整。

3) 砂轮机托架和砂轮之间的距离应保持在 3 mm 以内,以防工件扎人造成事故。

4) 磨削时应站在砂轮机的侧面,且用力不宜过大。

(4) 钻床

用来对工件进行各类圆孔的加工,有台式钻床、立式钻床和摇臂钻床等。

2. 钳工的工作场地

钳工的工作场地是指钳工的固定工作地点。主要有以下几点要求:

(1) 合理布置主要设备

1) 钳工工作台应安放在光线适宜、工作方便的地方,钳工工作台之间的距离应适当,面对面放置的钳工工作台还应在中间装置安全网。

2) 砂轮机、钻床应安装在场地的边缘,尤其是砂轮机一定要安装在安全、可靠的地方。

(2) 毛坯和工件要分放

毛坯和工件要分别摆放整齐,工件尽量放在搁架上,以免磕碰。

(3) 合理摆放工、夹、量具

合理摆放工、夹、量具,常用工、夹、量具应放在工作位置附近,便于随时取用,工具、量具用后应及时保养并放回原处存放。

(4) 工作场地应保持整洁

每个工作日下班后应按要求对设备进行清理、润滑,并把工作场地打扫干净。

3. 安全文明生产常识

遵守劳动纪律,执行安全操作规程,严格按工艺要求操作是保证产品质量的重要前题,安全为了生产,生产必须安全,安全、文明生产的一般常识有:

1) 工作前按要求穿戴好防护用品。

2) 不准擅自使用不熟悉的机床、工具、量具。

3) 毛坯、半成品应按规定摆放整齐,并随时清除油污、异物等。

4) 不得用手直接拉、擦切屑。

5) 工具、夹具、量具应放在指定地点,严禁乱堆乱放。

6) 工作中一定要严格遵守钳工安全操作规程。

二、钳工常用量具及测量

为了保证产品质量,必须对加工过程中及加工完毕的工件进行测量,用来测量工件及产品形状、尺寸的工具就称为量具或量仪。量具的种类很多,根据其用途及特点不同,可分为万能量具、专用量具和标准量具等。

万能量具是指能对多种零件、多种尺寸进行测量的量具,这类量具一般都有刻度,在测量范围内可测量出零件或产品的形状、尺寸的具体数值,如游标卡尺、千分尺、百分表和万能角度尺等。

专用量具是指专为测量零件或产品的某一形状、尺寸而制造的量具。这类量具不能测出具体的实际尺寸,只能测出零件或产品的形状、尺寸是否合格,如卡规、量规等。

标准量具是指只能制成某一固定尺寸,用来校对和调整其他量具的量具,如量规等。

下面主要介绍几种常用的万能量具。

1. 游标量具

凡利用尺身和游标刻线间长度之差原理制成的量具,统称为游标量具,常用的游标量具有游标卡尺、游标高度尺、游标深度尺,万能角度尺和齿厚游标卡尺等。

(1) 游标卡尺

游标卡尺可用来测量长度、厚度、外径、孔深和中心距等。游标卡尺的精度有 0.1 mm、0.05 mm 和 0.02 mm 三种。

1) 游标卡尺的结构

游标卡尺由尺身、游标、内量爪、外量爪、深度尺和坚固螺钉等部分组成。

2) 游标卡尺的刻线原理

游标卡尺的读数部分由尺身与游标组成。其原理是利用尺身刻线间距和游标刻线间距之差来进行小数读数。

我们常用的卡尺为 0.02 mm 的游标卡尺，其刻线原理是：尺身每 1 格长度为 1 mm，游标总长度为 49 mm，等分 50 格，游标每格长度为 49/50=0.98 mm，尺身 1 格和游标 1 格长度之差为 1 mm－0.98 mm=0.02 mm，所以它的精度为 0.02 mm。

3）游标卡尺的读数方法首先读出游标尺零刻线左边尺身上的整毫米数，再看游标尺从零线开始第几条刻线与尺身某一刻线对齐，其游标刻线数与精度的乘积就是不足 1 mm 的小数部分，最后将整毫米数与小数相加就是测得的实际尺寸。

（2）万能角度尺

万能角度尺用来测量工件内、外角度的量具。其测量精度有 2′和 5′两种，测量范围为 0°～320°。

1）万能角度尺的结构

万能角度尺主要由尺身、基尺、游标、直角尺、直尺和卡块等部分组成。

2）2′万能角度尺的刻线原理

尺身刻线每格为 1°，游标共分 30 格等分 29′，游标每格为 29°/30=58′，尺身 1 格和游标 1 格之差为 1°−58′=2′，所以它的测量精度为 2′。

3）万能角度尺的读数方法

先读出游标尺零刻度前面的整度数，再看游标尺第几条刻线和尺身刻线对齐，读出角度“′”的数值，最后两者相加就是测量角度的数值。

2. 千分尺

千分尺是测量中最常用的精密量具之一，千分尺的种类较多，按其用途不同可分为外径千分尺、内径千分尺、深度千分尺、内测千分尺和螺纹千分尺等，千分尺的测量精度为 0.01 mm。

1）外径千分尺的结构

由尺架、砧座、测微螺杆、锁紧手柄、螺纹套、固定套管、微分筒、螺母、接头、测力装置、弹簧、棘轮等组成。

2）外径千分尺的刻线原理

固定套管上每相邻两刻线轴向每格长为 0.5 mm。测微螺杆螺距为 0.5 mm，当微分筒转 1 圈时，测微螺杆就移动 1 个螺距 0.5 mm。微分筒圆锥面上共等分 50 格，微分筒每转 1 格，测微螺杆就移动 0.5/50=0.01 mm，所以千分尺的测量精度为 0.01 mm。

3）外径千分尺的读数方法

先读出固定套管上露出刻线的整毫米及半毫米数，再看微分筒哪一刻线与固定套管的基准线对齐，读出不足半毫米的小数部分，注意估读一位（0.001 mm），最后将两次读数相加，即为工件的测量尺寸。

3. 百分表

百分表是一种指示式量仪，测量精度为 0.01 mm，当测量精度为 0.001 mm 或 0.005 mm 时，称为千分表。

1）百分表的结构

由触头、量杆、小齿轮、大齿轮、中间小齿轮、长指针、短指针、表盘、表圈、拉簧。

2）百分表的刻线原理及读数方法

百分表齿杆的齿距是 0.625 mm，当齿杆上升 16 齿时，上升的距离为 0.625 mm×16=10 mm，此时和齿杆啮合的 16 齿的小齿轮正好转动 1 周，而和该小齿轮同轴的大齿轮

(100个齿)也必然转1周,中间小齿轮(10个齿)在大齿轮带动下将转10周,与中间小齿轮同轴的长针也转10周,由此可知,当齿轮上升1 mm时,长针转1周,表盘上共等分100格,所以长针每转1格,齿杆移动0.01 mm,故百分表的测量精度为0.01 mm。

3) 读数方法

使用百分表进行测量时,首先让长指针对准零位,测量时长针转过的格数即为测量尺寸。

4) 内径百分表

内径百分表是用来测量孔及孔的形状误差的测量工具。

内径百分表由百分表和专用表架组成,专用表架又包括表架、弹簧、杆、定心器、测量头、触头、摆动块。

使用时,用内径百分表测量孔径属于相对测量法,测量前应根据被测孔径的大小,用千分尺或其它量具将其调整好才能使用,固定测量头可根据孔径大小更换,测量前应先将内径表对准零位,测量时,应使测量杆垂直零件被测表面,轴向摆动百分表,测出的最小尺寸才是孔的实际尺寸。

4. 塞尺

塞尺是用来检验两个结合面之间间隙大小的片状量规。

(对照实物)塞尺它有两个平行的测量面,其长度有 50 mm、100 mm、200 mm 等多种,塞尺有若干个不同厚度的片,可叠合起来装在夹板里。

使用塞尺时,应根据间隙的大小选择塞尺的片数,可用一片或数片重叠在一起插入间隙内,厚度小的塞尺片很薄,容易弯曲和折断,插入时不宜用力太大,用后应将塞尺擦拭干净,并及时合到夹板中。

三、螺纹加工

1. 螺纹的种类

螺纹的种类很多,在圆柱或圆锥表面上加工出的螺纹叫外螺纹,在孔壁上加工出的螺纹叫内螺纹。

按着螺纹的旋转方向不同,可以分为顺时针方向旋入的右螺纹和逆时针方向旋入的左螺纹,螺纹的旋向可以用右手来判定,手心对着自己,螺纹的旋向与右手大拇指的指向一致为右螺纹,反之为左螺纹,一般常用右螺纹。

按着螺旋线的数目不同,还可分为单线螺纹和多线螺纹。

螺纹按用途的不同,可分为联接螺纹和传动螺纹两大类,按其截面的形状不同,还可以分为三角形、梯形、锯齿形、矩形以及其他特殊形状的螺纹。

- 螺纹分类
  - 联接螺纹（三角形）
    - 普通螺纹
    - 管螺纹
      - 圆柱管
      - 圆锥管（密封型）
  - 传动螺纹
    - 梯形螺纹
    - 矩形螺纹
    - 锯齿型螺纹

2. 普通螺纹的主要参数

普通螺纹的主要参数有大径、小径、中径、螺距、导程、线数、牙型角和升角等 8 个。对于标准螺纹来说，只要知道大径、线数、螺距和牙型角就可以了，而其他参数，可通过计算或查表得出。

(1) 螺纹大径(D、d)

螺纹大径是指与外螺纹牙顶或内螺纹牙底相切的假想圆柱或圆锥的直径。对内螺纹用 D 表示，外螺纹用 d 表示，国家标准规定，螺纹大径的基本尺寸即为螺纹的公称直径，螺纹大径的公称位置在等边三角形上部削平处。

(2) 螺纹小径($D1$、$d1$)

螺纹小径是指与外螺纹牙底或内螺纹牙顶相切的假想圆柱或圆锥的直径。对内螺纹用 $D1$ 表示，外螺纹用 $d1$ 表示，螺纹小径的公称位置在三角形下部的削平处。

(3) 螺纹中径($D2$、$d2$)

螺纹中径是一个假想圆柱或圆锥的直径。该圆柱或圆锥的母线通过牙型上沟槽和凸起宽度相等的地方，该假想圆柱或圆锥称为中径圆柱或中径圆锥。外螺纹中径用 d2 表示，内螺纹中径用 $D2$ 表示。外螺纹的中径和内螺纹的中径相等。

(4) 螺距(P)

螺距是相邻两牙在中径线上对应两点间的轴向距离。

(5) 线数(n)

线数是指一个螺纹零件的螺旋线数。

(6) 导程(L)

导程是指同一条螺旋线上相邻两牙在中径线上对应两点间的轴向距离。当螺纹为单线螺纹时，导程与螺距相等；当螺纹为多线时，导程等于螺旋线数(n)与螺距(P)的乘积，即 $L=nP$。

(7) 牙型角(α)

它是在螺纹牙型上，两相邻牙侧间的夹角。

3. 螺纹代号与标记

三角形螺纹按其规格和用途不同，分为普通螺纹、英制螺纹和管螺纹。三角形螺纹中，普通螺纹是我国应用最广泛的一种，牙型角为 60°。

同一公称直径可以与几种螺距组合成螺纹，按组合的螺距大小不同，螺纹分为粗牙和细牙两种。下面主要介绍一下普通螺纹的代号与标记：

普通螺纹代号是由螺纹特征代号和尺寸代号组成。粗牙普通螺纹用字母 M 与公称直径表示；细牙普通螺纹用字母 M 与公称直径×螺距表示。当螺纹为左旋时，在代号之后加“左”字。例如：

M24 表示公称直径为 24 mm 的粗牙普通螺纹。

M24×1.5 表示公称直径为 24 mm，螺距为 1.5 mm 的细牙普通螺纹

M24×1.5 左表示公称直径为 24 mm，螺距为 1.5 mm 的左旋细牙普通螺纹。

M6～M24 的是经常使用的粗牙螺纹。

M6 的螺距为 1 mm，M8 为 1.25 mm，M10 为 1.5 mm，M12 为 1.75 mm，M16 为 2 mm，

M20 为 2.5 mm，M24 为 3 mm。

4. 螺纹加工

螺纹加工是金属切削中的重要内容之一，螺纹加工的方法多种多样，一般比较精密的螺纹都需要在车床上加工，而钳工只能加工三角螺纹(米制三角螺纹、英制三角螺纹、管螺纹)，其加工方法是攻螺纹和套螺纹。

(1) 攻螺纹

用丝锥在工件孔中切削出内螺纹的加工方法，称为攻螺纹。

1) 攻螺纹用的工具

① 丝锥

丝锥分手用丝锥和机用丝锥。

丝锥由柄部和工作部分组成，柄部是攻螺纹时被夹持的部分，起传递扭矩的作用，工作部分由切削部分和校准部分组成，切削部分的前角(8°～10°)和后角(6°～8°)，起切削作用，校准部分有完整的牙型，用来修光和校准已切出的螺纹，并引导丝锥沿轴向前进，校准部分的后角为零度。

攻螺纹时，为了减小切削力和延长丝锥寿命，一般将整个切削工作量分配给几支丝锥来承担。

② 铰杠

铰杠是手工攻螺纹时用来夹持丝锥的工具，铰杠分普通铰杠和丁字形铰杠两类，每类铰杠又有固定式和活络式两种。

2) 攻螺纹前底孔直径与孔深的确定

① 攻螺纹前底孔直径的确定

攻螺纹时，丝锥对金属层有较强地挤压作用，使攻出螺纹的小径小于底孔直径，因此攻螺纹之前的底孔直径应稍大于螺纹小径。

a. 攻制钢件或塑性较大材料时，底孔直径的计算公式为

$$D_{孔}=D-P \tag{3.8-1}$$

b. 攻制铸铁件或塑性较小材料时，底孔直径的计算公式为

$$D_{孔}=D-(1.05\sim1.1)P \tag{3.8-2}$$

式中，$D_{孔}$——螺纹底孔直径，mm；

D——螺纹大径，mm；

P——螺距，mm。

② 攻螺纹底孔深度的确定

攻盲孔螺纹时，由于丝锥切削部分有锥角，端部不能攻出完整的螺纹牙形，所以钻孔深度要大于螺纹的有效长度，钻孔深度的计算式为

$$H_{深}=h_{有效}+0.7D \tag{3.8-3}$$

式中，$H_{深}$——底孔深度，mm；

$h_{有效}$——有效长度，mm；

D——螺纹大径，mm。

(2) 套螺纹

用板牙在外圆柱面上(或外圆锥面)切削出外螺纹的方法，称为套螺纹。套螺纹用的工

具有板牙和板牙架。板牙有封闭式和开槽式两种结构。

套螺纹时,金属材料因受板牙的挤压而产生变形,牙顶将被挤的高一些,所以套螺纹前圆杆直径应小于螺纹大径。圆杆直径的计算公式为

$$d_{杆}=d-0.13P \tag{3.8-4}$$

式中,$d_{杆}$——套螺纹前圆杆直径,mm;

d——螺纹大径,mm;

P——螺距,mm。

(3) 攻螺纹、套螺纹的方法

1) 攻螺纹的方法

① 攻螺纹前要对底孔孔口倒角,且倒角处的直径应略大于螺纹大径,通孔螺纹两端都要倒角,这样使丝锥开始起攻时容易切入材料,并能防止孔口处被挤压出凸边。

② 工件的装夹位置应尽量使螺孔中心线置于垂直或水平位置,使攻螺纹时容易判断丝锥轴线是否垂直于工件表面。

③ 起攻时,要把丝锥放正在孔口上,然后对丝锥加压力并转动铰杠,当丝锥切入 1~2 圈后,应及时检查并校正丝锥的位置,检查应在丝锥的前后、左右方向上进行,一般在切入 3~4 圈后,丝锥的位置应正确无误,不能再有明显的偏斜和强行纠正。

④ 当丝锥的切削部分全部切入工件后,只须转动铰杠即可,不能再对丝锥施加压力,否则螺纹牙形将被破坏,攻螺纹时,要经常倒转 1/4~1/2 圈,使切屑断碎后容易排出,避免因切屑阻塞而使丝锥卡死。

⑤ 攻不通孔时,要经常退出丝锥,排出孔内的切屑,否则会因切屑阻塞使丝锥折断或达不到螺纹深度的要求,当工件不便倒向时,可用磁性针棒吸出切屑。

⑥ 攻塑性材料的螺纹时,要加注切削液,以减小切削阻力,减小螺孔的表面粗糙度值,延长丝锥使用寿命.

⑦ 用成组丝锥攻螺纹时,必须以头锥、二锥、三锥的顺序攻削到标准尺寸,在较硬的材料上攻螺纹时,可用各丝锥轮换交替进行,以减小切削刃部的负荷,防止丝锥折断。

2) 套螺纹的方法

① 为了使板牙容易切入材料,圆杆端要倒成锥角,锥体的最小直径应比螺纹小径略小,避免螺纹端部出现锋口和卷边。

② 套螺纹时切削力矩较大,圆杆工件要用 V 形钳口或厚铜板作衬垫,才能牢固地夹持。

③ 起套时,要使板牙的端面与圆杆轴线垂直,要在转动板牙时施加轴向压力,转动要慢,压力要大,当板牙切入材料 2~3 圈时,要及时检查并校正板牙的位置,否则切出的螺纹牙形一面深一面浅,甚至出现乱牙。

④ 起套完成正常套螺纹时,不要加压,让板牙自然引进,以免损坏螺纹和板牙,并要经常倒转断屑。

⑤ 在钢件上套螺纹要加切削液,以减小加工螺纹的表面粗糙度值和延长板牙使用寿命。

四、孔加工

孔加工是钳工的重要操作技能之一,孔加工的方法主要有两种:一类是在实体工件上加

工出孔,即用麻花钻、中心钻等进行钻孔;另一类是对已有孔进行再加工,即用扩孔钻、锪孔钻和铰刀进行扩孔、锪孔和铰孔等。

1. 钻孔

用钻头在实体工件上加工出孔的方法称为钻孔。

在钻床上进行钻孔时,钻头的旋转是主运动,钻头沿轴向移动是进给运动。下面首先介绍几种常用钻头。

(1) 麻花钻

麻花钻由柄部、颈部和工作部分组成。

1) 柄部

麻花钻有锥柄和直柄两种,一般钻头直径小于13 mm的制成直柄,大于13 mm的制成锥柄,柄部是麻花钻的夹持部分,它的作用是定心和传递扭矩。

2) 颈部

颈部在麻削麻花钻时作退刀槽使用,钻头的规格、材料及商标常打在颈部。

3) 工作部分

工作部分由切削部分和导向部分组成,切削部分主要起切削工件的作用,导向部分的作用不仅是保证钻头钻孔时的正确方向、修光孔壁,同时还是切削部分的后备。

(2) 群钻

群钻是在麻花钻的基础上经刃磨改进出来的一种先进钻头,它在钻削过程中具有效率高、寿命长、钻孔质量好等多项优点。它主要分为标准群钻和薄板群钻两种,标准群钻是在标准麻花钻的基础上磨出月牙槽,磨短横刃和磨出单面分屑槽;薄板群钻是将标准麻花钻的两条主切削刃磨成圆弧形切削刃。

2. 扩孔

用扩孔工具将工件上原来的孔径扩大的加工方法,称为扩孔。

常用的扩孔方法有用麻花钻扩孔和用扩孔钻扩孔。扩孔钻有高速扩孔钻和硬质合金扩孔钻两种。用扩孔钻扩孔,生产效率高,加工质量好,常用作孔的半精加工及铰孔前的预加工。

3. 锪孔

用锪钻在孔口表面锪出一定形状的孔或表面的加工方法称为锪孔。

(1) 锪孔钻的种类及用途

1) 柱形锪钻:柱形锪钻主要用于锪圆柱形埋头孔。

2) 锥形锪钻:锥形锪钻有 600 mm、750 mm、900 mm、1 200 mm 等几种。它主要用于锪埋头铆钉孔和埋头螺钉孔。

3) 端面锪钻:端面锪钻主要用来锪平孔口端面,也要用来锪平凸台平面。

(2) 锪孔时注意事项

1) 锪孔时的进给量应为钻孔时的 2～3 倍,切削速度为钻孔时的 1/3～1/2 为宜,应尽量减小振动以获得较小的表面粗糙度值。

2) 若用麻花钻改磨成锪钻时,应尽量选用较短的钻头,并修磨外缘处前刀面,使前角变小,以防振动和扎刀。还应磨出较小的后角,防止锪出多角形表面。

3) 锪钢材料的工件时,因切削热量大,应在导柱和切削表面上加注切削液。

4. 铰孔

用铰刀从工件孔壁上切除微量金属层，以获得孔的较高尺寸精度和较小表面粗糙度值的加工方法，称为铰孔。铰孔用的刀具叫铰刀。铰刀是尺寸精确的多刃工具，它具有刀齿数量较多、切削余量小、切削阻力小和导向性好等优点。

五、平面加工

1. 錾削

(1) 用锤子打击錾子对金属工件进行切削加工的方法，称为錾削。

錾削主要用于不便机械加工的场合，如去除毛坯上的凸缘、毛刺、浇口、冒口，以及分割材料，錾削平面及沟槽等。

(2) 錾削工具

錾削所用的主要工具是锤子和錾子。錾子由头部、錾身和切削部分组成，主要分为扁錾、尖錾和油槽錾等。锤子又称榔头，由锤头、木柄和楔子组成，锤子的规格有 0.25 kg、0.5 kg 和 1 kg 等多种。

2. 锉削

(1) 用锉刀对工件表面进行切削加工的方法称为锉削。

锉削的精度可达到 0.01 mm。锉削应用十分广泛，可锉削平面、曲面、内外表面、沟槽和各种形状复杂的表面。锉削还可以配键、制作样板以及装配时对工件的修整等。

(2) 锉削工具

锉削工具主要是锉刀。锉刀由碳素工具钢经热处理淬硬制成。

(3) 锉刀的种类

锉刀按其用途不同可分为普通钳工锉、异形锉和整形锉三种。

普通钳工锉按其断面形状又可分为平锉(板锉)、方锉、三角锉、半圆锉和圆锉五种等。

异形锉有刀口锉、菱形锉、扁三角锉、椭圆锉、圆肚锉等。异形锉主要用于锉削工件上特殊的表面。

整形锉又称什锦锉，主要用于修整工件细小部分的表面。

(4) 锉刀的规格及选用

锉刀的规格分尺寸规格和齿纹粗细规格两种，方锉刀的尺寸规格以方形尺寸表示；圆锉刀的规格用直径表示；其他锉刀则以锉身长度表示。钳工常用的锉刀，锉身长度有 100 mm、125 mm、150 mm、200 mm、250 mm、300 mm、350 mm、400 mm 等多种。

齿纹粗细规格，以锉刀每 10 mm 轴向长度内主锉纹的条数表示。主锉纹指锉刀上起主要切削作用的齿纹；而另一个方向上起分屑作用的齿纹，称为辅助齿纹。锉刀齿纹规格选用见表 3.8-1。

表 3.8-1 锉刀齿纹粗细规格的选用

锉刀粗细	适用场合		
	锉削余量/mm	尺寸精度/mm	表面粗糙度/μm
1 号(粗齿锉刀)	0.5～1	0.2～0.5	Ra100～25
2 号(中齿锉刀)	0.2～0.5	0.05～0.2	Ra25～6.3

续表

锉刀粗细	适用场合		
	锉削余量/mm	尺寸精度/mm	表面粗糙度/μm
3 号(细齿锉刀)	0.1～0.3	0.02～0.05	Ra12.5～3.2
4 号(双细齿锉刀)	0.1～0.2	0.01～0.02	Ra6.3～1.6
5 号(油光锉)	0.1 以下	0.01	Ra1.6～0.8

(5) 锉削的注意事项

1) 锉刀柄要装牢,不要使用锉刀柄有裂纹的锉刀。

2) 不准用嘴吹铁屑,也不准用手清理铁屑。

3) 锉刀放置不得露出钳台边。

4) 夹持已加工面时应使用保护片,较大工件要加木垫。

3. 锯削

用锯对材料或工件进行切断或锯槽的加工方法称为锯削。

(1) 锯削工具

锯削工具常用手锯。手据由锯弓和锯条组成。锯弓的作用是用来装夹并张紧锯条,且便于双手操作;锯条是用来直接锯削材料或工件的工具,一般由渗碳钢冷轧制成,经热处理淬硬后才能使用,锯条的长度以两端装夹孔的中心距来表示,手锯常用的锯条长度为300 mm。

(2) 锯削的注意事项

工件将要锯断时应减小压力,防止工件断落时砸伤脚。

锯削时要控制好用力,防止锯条突然折断、失控,使人受伤。

4. 刮削

用刮刀刮去工件表面金属薄层的加工方法称为刮削。刮削分平面刮削和曲面刮削两种。

(1) 刮削概述

1) 刮削原理

刮削是在工件或校准工具上涂一层显示剂,经过推研,使工件上较高的部位显示出来,然后用刮刀刮去较高部分的金属层;经过反复推研、刮削,使工件达到要求的尺寸精度、形状精度及表面粗糙度,所以刮削又称刮研。

2) 刮削的特点

刮削具有切削量小、切削力小、切削热少和切削变形小的特点,所以能获得很高的尺寸精度、形状精度、接触精度和很小的表面粗糙度值。刮削时工件受到刮刀的推挤和压光作用,使工件表面组织变得比原来紧密,表面粗糙度值很小。

3) 刮削的作用

刮削一般经过粗刮、细刮、精刮和刮花过程。刮削后的工件表面形成比较均匀的微小凹坑,创造了良好的存油条件,有利于润滑。因此,机床导轨、滑板、滑座、滑动轴承、工具、量具等的接触表面常用刮削的方法进行加工。

(2) 刮削工具

刮削的工具有刮刀、校准工具(平板、直尺、角度尺等)和显示剂。刮刀又有平面刮刀和曲面刮刀两种。

1) 平面刮刀用于平面刮削和平面上刮花。

2) 曲面刮刀主要用来刮削曲面,如滑动轴承的内孔等。

3) 校准工具是用来研点和检验刮削表面准确情况的工具。

4) 显示剂是工件和校准工具对研时所加的涂料,常用的显示剂有红丹粉和蓝油。

(3) 刮削的注意事项

1) 刮削前,工件的锐边应倒角,防止伤手。

2) 刮削中因操作者高度不够需要在脚下垫脚踏板,踏板要安放平稳,以防将人跌倒受伤。

3) 挺刮时,刮刀柄应安装可靠,防止木柄破裂使刮刀柄穿过木柄伤人。

4) 工件要装夹牢固,大型工件要安放平稳,搬动时要注意安全。

5) 刮削至工件边缘时,不可用力过猛,以免失控,发生事故。

6) 刮刀用后,刀头部要用纱布包裹好,妥善放置。

5. 研磨

用研磨工具和研磨剂从工件表面上研去一层极薄金属层的加工方法称为研磨。研磨是对工件进行精加工的一种方法。研磨的主要作用是使工件获得很高的尺寸精度工、形状精度和极小的表面粗糙度值。

常用的研磨工具有研磨平板、研磨棒和研磨套等。

研磨剂是磨料、研磨液和辅助材料的混合剂。

六、弯形与矫正

1. 弯形

将坯料弯成所需要形状的加工方法,称为弯形。

(1) 弯形概述

金属材料变形有两种:一种是弹性变形,另一种是塑性变形。

弯形是使材料产生塑性变形,因此只有塑性好的材料才能进行弯形。弯形虽然是塑性变形,但也有弹性变形,为抵消材料的弹性变形,变形过程中应多弯一些。

(2) 弯形方法

弯形方法有冷弯和热弯两种。在常温下进行的弯形叫冷弯;当弯形厚度大于5 mm及直径较大的棒料和管料工件时,常需要将工件加热后再进行弯形,这种弯形方法称为热弯。

1) 板料在厚度方向上的弯形

小工件可在台虎钳上进行,先在弯形的地方划好线,然后用木锤锤击,也可用木块垫住工件再用锤子敲击。

2) 板料在宽度方向上的弯形

它是利用金属材料具有延展性能,在弯形的外弯部分进行锤击,使材料朝一个方向逐渐延伸;较窄的板料可在V形架或特制的弯形模上用锤击法,使工件弯形;另外还可以利用弯形工具进行弯形。

2. 矫正

消除材料或工件弯曲、翘曲、凸凹不平等缺陷的加工方法,称为矫正。

(1) 矫正概述

矫正可在机床上进行,也可用手工进行。这里主要介绍钳工常用的手工矫正方法。手工矫正是将材料(或工件)放在平板、铁砧或台虎钳上,采用锤击、弯形、延展或伸长等进行的矫正方法。

金属材料主要有弹性变形和塑性变形两种。矫正的实质就是让金属材料产生一种新的塑性变形,来消除原来不应存在的塑性变形。矫正过程中,材料要受到锤击、弯形等外力作用,使矫正后的材料内部组织发生变化,造成硬度提高、性质变脆,这种现象称为冷作硬化。冷作硬化给继续矫正或下道工序加工带来困难,必要时应进行退火处理,恢复材料原来的力学性能。

(2) 手工矫正常用的工具

1) 平板和铁砧

平板、铁砧及台虎钳都可以作为矫正板材或型材的基座。

2) 软、硬手锤

矫正一般材料均可采用钳工常用手锤;矫正已加工表面、薄钢件或有色金属制件时,应采用铜锤、木锤或橡胶锤等软手锤。

3) 抽条和拍板

抽条是采用条状薄板料弯成的简易手工工具。它用于抽打较大面积的板料。拍板是用质地较硬的檀木制成的专用工具。它主要用于敲打板料。

4) 螺旋压力工具(或压板)

适用于矫正较大的轴类工件或棒料。

(3) 矫正方法

1) 扭转法

扭转法是用来矫正条料的扭曲变形。一般是将条料夹持在台虎钳上,用扳手把条料向变形的相反方向扭转到原来的形状。

2) 伸张法

伸张法是用来矫正各种细长线材的。其方法是将线材一头固定,然后在固定端让线材绕圆木一周,紧握圆木向后拉,使线材在拉力作用下绕过圆木得到伸张矫直。

3) 弯形法

弯形法是用来矫正各种弯曲的棒料和在宽度方向上变形的条料。直径较小的棒料和薄料,可用台虎钳在靠近弯曲处夹持,用扳手矫正。直径大的棒料和较厚的条料,则要用压力机械矫正。

4) 延展法

延展法是用手锤敲击材料,使其延展伸长来达到矫正的目的。

七、连接

连接是机器制造和设备修理中经常应用的加工方法之一。

1. 锡焊

锡焊是常用的一种连接方法。锡焊时，工件材料并不熔化，只是将焊锡熔化而把工件连接起来的一种连接方法。锡焊的优点是热量少，被焊工件不产生热变形，焊接设备简单，操作方便。锡焊常用于强度要求不高或密封性要求较高的连接。

(1) 锡焊工具

锡焊常用的工具有烙铁、烘炉和喷灯等。

烙铁有电烙铁和非电加热烙铁两种。

(2) 焊料与焊剂

1) 焊料

锡焊用焊料叫焊锡，焊锡是一种锡铅合金，熔点一般在 180～300 ℃。焊锡的熔点由锡、铅含量之比决定。锡的比例越大，熔点越低，焊接时的流动性就越好。

2) 焊剂

焊剂又称焊药。焊剂的作用是消除焊缝处的金属氧化膜，提高焊锡的流动性，增加焊接强度。

(3) 焊接时的注意事项

1) 严格控制烙铁温度。温度过底，焊锡不能熔化；温度过高，烙铁表面会生成氧化铜，粘不上焊锡。此时应刮掉氧化铜后才能使用。

2) 应根据被焊工件的大小合理选择电烙铁。接通电源后电烙铁应放在烙铁架上，以防烫坏电线，酿成事故。

3) 配制稀盐酸时，只能将盐酸缓慢倒入水中，不得将水倒入盐酸中稀释。否则会溅出伤人。

2. 黏结

利用黏合剂把不同或相同的材料牢固地连接成一体的操作方法，称为黏结。黏结工艺操作方便，连接可靠，适应性广，其应用不受材料种类的限制，黏结部分应力分布均匀，耐疲劳性好，有机黏结还有耐腐蚀和绝缘性能好等优点。黏结的最大缺点是强度较低和耐热性较差。

黏结按使用黏合剂的材料来分，有无机黏结和有机黏结两大类。

(1) 无机黏结

无机黏结使用的黏合剂为无机黏合剂。工业上大都采用磷酸和氧化铜。无机黏合剂有强度较低、脆性大、适应范围小的缺点。适应于套接，不适于平面对接和搭接。黏结面要尽量粗糙。黏结前，还应对黏结面进行除锈、脱脂和清洗。黏结后，需经过干燥、硬化才能使用。

(2) 有机黏结

有机黏结使用的黏合剂为有机黏合剂。有机黏合剂的品种很多，下面主要介绍两种最常用的黏合剂。

1) 环氧黏合剂

它具有黏合力强、硬化收缩小、耐腐蚀、绝缘性好及使用方便等优点，因而得到广泛应用。主要缺点是耐热性差、脆性大。

2）聚丙烯酸脂黏合剂

该粘合剂常用的牌号有 501、502。这类黏合剂的特点是没有溶剂，可以在室温下固化，并呈一定的透明状，但因固化速度较快，所以不适于大面积黏结。

3. 铆接

用铆钉将两个或两个以上工件组成不可拆卸的连接，称为铆接。

(1) 铆接概述

1）铆接过程

将铆钉插入被铆接工件的孔中，并把铆钉头紧贴工件表面，然后将铆钉杆的一端镦粗成为铆合头。目前，在很多工件的连接中，铆接已逐渐被焊接所代替，但因铆接有操作方便、连接可靠等优点，所以在机器、设备、工具制造中，仍有较多的应用。

2）铆接的种类

① 按使用要求不同，铆接可分为活动铆接和固定铆接两种。

a. 活动铆接(铰链铆接)

它的结合部分可以相互转动，如剪刀、钢丝钳、划规等工具的铆接，都是活动铆接。

b. 固定铆接

它的结合部位是固定不动的。固定铆接根据使用要求不同，又可分为坚固铆接、紧密铆接和坚固紧密铆接等。

② 按铆接方法来分，铆接又可分为冷铆、热铆和混合铆。

a. 冷铆

铆钉不需要加热，直接镦出铆合头的铆接方法，称为冷铆。冷铆要求铆钉材料具有较好的塑性，一般直径小于 8 mm 的钢制铆钉均可采用冷铆的方法。

b. 热铆

把整个铆钉加热到一定温度后，再进行铆接的方法，称为热铆。铆钉加热后塑性提高，容易成形，冷却后铆钉收缩，可增加结合强度。热铆应把孔径扩大 0.5～1 mm，使铆钉加热后容易插入。一般直径大于 8 mm 的钢制铆钉，常采用热铆的方法。

c. 混合铆

只把铆钉的铆合头端加热的铆接方法，称为混合铆。混合铆适用于细长的铆钉，其目的是避免铆接时铆钉杆的弯曲变形。

(2) 铆钉及铆接工具

1）铆钉

铆钉按其制造材料不同可分为钢质、铜质、铝质铆钉等。铆钉按其形状分有平头、半圆头、沉头、半圆沉头、管状空心和皮带铆钉等。

铆钉的标记，一般要标出直径、长度和国家标准序号。如铆钉 5×20 GB867—86，表示直径为 5 mm，长度为 20 mm，国家标准序号为 GB867—86。

2）铆接工具

手工铆接工具有手锤、压紧冲头、罩模和顶模。

罩模用于铆接时镦出完整的铆合头；顶模用于铆接时顶住头，这样既有利于铆接，又不损伤铆钉原头。

第九节　管工基础知识

一、管工专业术语

1. 常用专业术语

在管工的教学和实际作业时，经常遇到专业术语的定义问题，如果没有统一的定义，就会出现词义混淆、一词异义或一义异词等现象。

(1) 流体输送管道

系指设计单位在综合考虑了流体性质、操作条件以及其他构成管理设计等基础因素后，在设计文件中所规定的输送各种流体的管道。所输送的流体可分为剧毒流体、有毒流体、可燃流体、非可燃流体和无毒流体。

(2) 配管

按工艺流程、生产操作、施工、维修等要求进行的管道组装。

(3) 公称直径

管子和管路附件的公称直径是为了设计、制造、安装和检修方便而规定的一种标志直径，一般情况下公称的数值即不是管子的内径，也不是管子的外径，而是与管子的外径相接近的一个整数值。公称直径用符号 DN 表示，其后附加公称直径的数值，数值的单位为毫米(mm)。如 DN100、DN200 等。

(4) 公称压力

公称压力是为了设计、制造和使用的方便而规定的一种标准压力(在数值上它正好等于第一级工作温度下的最大工作压力)，用 PN 表示，其后附加压力数值，数值的单位为兆帕(MPa)，如 4 MPa、6.4 MPa、10 MPa。

(5) 工作压力

工作压力是为了保证管路工作时的安全，而根据介质的各级最高工作温度所规定的一种最大压力。最大工作压力是随着介质工作温度的升高而降低的，用 P 表示，单位为兆帕(MPa)。

(6) 设计压力

设计压力是在正常操作过程中，在相应设计温度下，管道可能承受的最高工作压力。

(7) 压力试验

压力试验是以液体或气体为介质，对管道逐步加压，达到规定的压力，以检验管道强度和严密性的试验。

(8) 强度实验压力

管道强度试验的规定压力。

(9) 泄漏性试验

以气体为介质，在设计压力下，采用发泡剂、显色剂、气体分子感测仪或其他专门手段检查管道系统中泄漏点的试验。

(10) 密封试验压力(严密性试验压力)

管道密封试验的规定压力。

(11) 稳压

指在压力试验达到规定压力时,在规定时间内以泵或压缩机维持规定的压力。

(12) 停压

指在压力试验达到规定压力时,切断气源(或液源),以检查管道泄漏状况。

(13) 复位

已安装合格的管道,拆开后重新恢复原有状态的过程。

(14) 工作温度

管道在正常操作条件下的温度。

(15) 设计温度

在正常操作过程中,在相应设计压力下,管道可能承受的最高或最低温度。

(16) 适用介质

在正常操作过程中,适合于管道材料的介质。

2. 管子与管道

(1) 管子

一般为长度远大于直径的圆筒体,是管道的主要组成部分。一般管子习惯表示方法是用管子外径×壁厚和材料种类来表示,如:

ϕ219×8 无缝钢管　20 号钢

ϕ325×10 螺旋焊缝钢管　16Mn

(2) 管道

由管道组成件和管道支承件组成,用以输送、分配、混合、分离、排放、计量、控制或制止流动的管子、管件、法兰、螺栓连接、垫片、阀门和其他组成件或受压部件的装配总成。

(3) 管道组成件

用于连接或装配管道的元件。它包括管子、管件、法兰、垫片、紧固件、阀门以及膨胀接头、挠性接头、耐压软管、疏水器、过滤器和分离器等。

(4) 管道系统

设计条件相同的互相联系的一组管道。

(5) 安装件

将负荷从管子或管道附着件上传递至支承结构或设备上的元件。它包括吊杆、弹簧支吊架、斜拉杆、平衡锤、松紧螺栓、支杆、链条、导轨、锚固件、鞍座、垫板、滚柱、托座和滑动支架等。

(6) 自由管段

在管道预制加工前,按照单线图选择确定的可以先行加工的管段。

(7) 封闭管段

在管道预制加工前,按照单线图选择确定的、经实测安装尺寸后再行加工的管段。

(8) 衬里管

在管道内壁设置保护层或隔热层的管道。

(9) 工艺管道

输送原料、中间物料、成品、催化剂、添加剂等工艺介质的管道。

(10) 公用系统管道

工艺管道以外的辅助性管道,包括水、蒸汽、压缩空气、惰性气体等的管道。

(11) 低压管道

管内介质表压力为 0～1.57 MPa (0～16 kgf/cm^2)的管道。

(12) 中压管道

管内介质表压力为 1.57～9.81 MPa (16～100 kgf/cm^2)的管道。

(13) 高压管道

管内介质表压力大于 9.81 MPa (100 kgf/cm^2)的管道。

(14) 取样管

为取出管道或设备内介质用于分析化验而设置的管道。

(15) 排液管

为管道或设备低点排液而设置的管道。

(16) 放气管

为管道或设备高点放气而设置的管道。

3. 常用管件

管道系统中用于直接连接、转弯、分支、变径以及用作端部等的零部件,包括弯头、三通、四通、异径管接头、管箍、内外螺纹接头、活接头、快速接头、螺纹短节、加强管接头、管堵、管帽、盲板等(不包括阀门、法兰、紧固件)。

(1) 弯头:管道转向处的管件。

(2) 异径弯头:两端直径不同的弯头。

(3) 长半径弯头:弯曲半径等于 1.5 倍管子公称直径的弯头。

(4) 短半径弯头:弯曲半径等于管子公称直径的弯头。

(5) 45°弯头:使管道转向 45°的弯头。

(6) 90°弯头:使管道转向 90°的弯头。

(7) 180°弯头:(回弯头)使管道转向 180°的弯头。

(8) 三通:一种可连接三个不同方向管道的呈 T 形的管件。

(9) 等径三通:直径相同的三通。常用 T(S)表示。如 DN600-L360T(S)、DN1000-L450T(S)。

(10) 异径三通:直径不相同的三通。常用 T(R)表示。如 DN1000×1000×850-L450T(R)、DN600×600×400-L360T(R)

(11) 四通:一种可连接四个不同方向管道的呈十字形的管件。

(12) 等径四通:直径相同的四通。

(13) 异径四通:直径不同的四通。

(14) 异径管接头:(大小头)两端直径不同的直通管件。

(15) 同心异径管接头:(同心大小头)两端直径不同但中心线重合的高接头。

(16) 偏心异径管接头:(偏心大小头)两端直径不同、中心线不重合、一侧平直的管接头。

(17) 管箍:用于连接两根管段的、带有内螺纹或承口的管件。

(18) 双头螺纹管箍:两端均有螺纹的管箍。

(19) 单头螺纹管箍:一端有螺纹的管箍

(20) 双承口管箍:两端均有承口的管箍

(21) 单承口管箍:一端有承口的管箍。

(22) 内外螺纹接头:(内外丝)用于连接直径不同的管段,小端为内螺纹,大端为外螺纹的管接头。

(23) 活接头:由几个元件组成的用于连接管段,便于装拆管道上其他管件的管接头。

(24) 管堵:(丝堵)用于堵塞管子端部的外螺纹管件,有方头管堵、六角管堵等。

(25) 管帽:(封头)于管子端部焊接或螺纹连接的帽状管件。

4. 管法兰、垫片

(1) 法兰:用于连接管子、设备等的带螺栓孔的突缘状元件。

(2) 平焊法兰:需将管子插入法兰内圈焊接的法兰。

(3) 对焊法兰:带颈的、有圆滑过渡的、与管子对焊连接的法兰。

(4) 承插焊法兰:带有承口的、与管子承插焊连接的法兰。

(5) 螺纹法兰:带有螺纹、与管子螺纹连接的法兰。

(6) 松套法兰:活套在管子上的法兰,与翻边短节组合使用。

(7) 特殊法兰:非圆形的法兰,如菱形法兰、方形法兰。

(8) 异径法兰:(大小法兰)同标准法兰连接,但接管公称直径小于该标准法兰接管公称直径的法兰。

(9) 平面法兰:密封面与整个法兰面为同一平面的法兰。

(10) 凸台面法兰:(光滑面法兰)密封面略高出整个法兰面的法兰。

(11) 凹凸面法兰:一对法兰,其密封面,一个呈凹形,一个呈凸形。

(12) 榫槽面法兰:一对法兰,其密封面,一个有榫,一个有与榫相配的槽。

(13) 环连接面法兰:法兰的密封面上有一环槽。

(14) 法兰盖:(盲法兰)与管道端法兰连接,将管道封闭的圆板。

(15) 垫圈:垫在连接件与螺母子间的零件,一般为扁平的金属环。

(16) 垫片:为防止流体泄漏设置在静密封面之间的密封元件。

(17) 非金属垫片:用石棉、橡胶、合成树脂等非金属材料制成的垫片。

(18) 非金属包垫片:在非金属垫外包一层合成树脂的垫片。

(19) 半金属垫片:用金属和非金属材料制成的垫片,如缠绕式垫片、金属包垫片等。

(20) 缠绕式垫片:由 V 形或 W 形断面的金属带夹非金属带螺旋缠绕而成的垫片。

(21) 内环:设置在缠绕式垫片内圈的金属环。

(22) 外环:设置在缠绕式垫片外圈的金属环。

(23) 金属包垫片:在非金属内芯外包一层金属的垫片。

(24) 金属垫片:用钢、铜、铝、镍或蒙乃尔合金等金属制成的垫片。

二、管道工常用计算公式

1. 加热长度计算

加热长度计算也称弧长计算公式：

$$L=\frac{a\pi R}{180^\circ}=0.017\ 45\alpha R \tag{3.9-1}$$

式中，L——加热长度，mm；

α——弯管角度，°；

π——圆周率，取 3.14；

R——弯曲半径，mm。

2. 钢管重量计算

一般用来计算钢管单位长度的重量：

$$W=0.024\ 66(D-t)t \tag{3.9-2}$$

式中，W——钢管单位长度的重量，kg/m；

D——钢管外径，mm；

t——管壁厚度，mm。

3. 主要有色金属管单位长度重量计算

（1）铅管

$$W=0.035\ 64(D-t)t \tag{3.9-3}$$

式中，W——单位长度重量，kg/m；

D——管外径，mm；

t——管壁厚度，m。

（2）铝管

$$W=0.085\ 8(D-t)t \tag{3.9-4}$$

（3）紫铜管

$$W=0.027\ 85(D-t)t \tag{3.9-5}$$

4. 管道壁厚的计算

管道壁厚不仅与介质的工作压力有关，而且还要考虑温度压力、重力载荷等造成的应力作用，同时还要考虑介质对管壁的腐蚀以及制造管子时壁厚的负公差等。管子壁厚的计算公式较多，本书只介绍一种应用比较广泛的公式。

$$S=\frac{pD}{2\sigma\phi}+C \tag{3.9-6}$$

式中，S——管子厚度，mm；

p——工作压力，MPa；

D——管子外径，mm；

σ——管材许用应力，MPa；

ϕ——焊缝系数,无缝管取 1.0,其他取 0.7～0.8;

C——温度附加值,包括钢管制造负偏差、腐蚀裕度及螺纹深度,一般取 1.5～2 mm。

第十节　焊工基础知识

通过本节学习,使焊工掌握焊接的基本理论知识和应用知识,做到文明施工,按图纸、工艺、技术要求生产。学员应达到以下要求:

(1) 能正确的选择使用常用焊条、焊丝、焊剂及保护气体。

(2) 能进行低碳钢的平位置的焊接,包括平板对接及角接。

(3) 能根据焊接工艺卡选择低碳钢、低合金钢的焊接材料和焊接工艺参数。

(4) 能进行焊前坡口准备及焊接性能试验焊件的装对。

(5) 能进行手工焊条电弧焊、气焊、氩弧焊、CO_2气体保护焊等之一。

(6) 能控制和矫正焊接变形,能减少和消除焊接应力。

(7) 能对焊接接头外观检验和进行返修。

一、焊接安全常识

1. 焊接的危险因素

焊工在工作时,要与电、可燃及易爆气体、易燃液体、压力容器等接触。在焊接过程中还会产生一些有害气体、金属蒸汽和烟尘;此外还存在电弧光辐射、焊接热源(电弧、气体火焰)的高温等。如果不严格遵守安全操作规程,就可能引起触电、灼伤、火灾、爆炸、中毒甚至职业病,给个人、企业、国家造成损失和危害。

2. 焊工"六防"

焊工作业时要做到防火、防爆、防毒、防辐射、防触电、防高空坠落。

(1) 防触电

防触电措施:

1) 弧焊设备的外壳必须接地,与电源连接的导线要有可靠的绝缘。

2) 弧焊设备的初级接线、修理和检查应由电工进行操作,二次侧接线焊工可以进行连接。

3) 推拉电源刀开关时,应戴好干燥的皮手套,面部不要对着闸刀,以免电弧火花灼烧脸部。

4) 焊工的工作服、手套、绝缘鞋应保持干燥;在潮湿的场地作业时,必须用干燥的木板或橡胶板等绝缘物作垫板。

5) 焊接结束前,应将焊钳放置在可靠的部位,然后再切断电源。

6) 在容器或船仓内以及其他狭小的工作场所焊接时,须两人轮换操作,其中一人留在外面监护,以免发生意外时迅速切断电源和进行急救。

7) 更换焊条时应戴好焊工手套,并避免身体与焊件接触,尤其夏天因身体出汗而衣服潮湿时。

8) 在光线阴暗的场地、容器内工作时,使用照明灯的电压应不大于 36 V。

9）焊接电缆必须有完整的绝缘，工作时应避免电缆烫坏或砸坏；如绝缘发生损坏，应及时修复和更换。

10）遇到焊工触电时，切勿赤手去拉触电者，应首先切断电源，然后对昏迷者进行人工呼吸，并尽快送医院抢救。

11）焊工要熟悉和掌握有关电的基本知识、预防触电及触电后的急救方法等知识，严格遵守有关部门规定的安全措施，防止触电事故发生。

（2）防火和防爆措施

焊接时，由于电弧及气体火焰的温度较高，并且有大量的金属火花飞溅物，稍有疏忽就会引起火灾甚至爆炸。因此焊工在工作时，必须注意以下问题：

1）在禁火区进行焊接施工前必需先办理动火证，并作好灭火准备工作；焊接前要认真检查工作场地周围 5 m 范围内是否有易燃、易爆物品。

2）在高空作业时，更要注意防止金属火花飞溅而引起的火灾。

3）严禁在有压力的容器和管道上进行焊接。

4）当补焊储存过易燃、易爆物品的器具（如油桶、油箱）时，焊前必须将容器内的介质放干净，并用碱水清洗内壁，再用压缩空气吹干（如清洗不易进行，应将容器装满水），同时应将所有孔盖打开，确认安全可靠后方可焊接。

5）在容器内工作时，焊炬、割炬应随焊工同时进出，严禁将焊炬、割炬放在容器内而焊工离开，以防混合气体燃烧和爆炸。

6）焊条头及焊后的焊件不能随便乱扔。

每天下班前应检查工作场地，消除可能引起火灾的隐患。

（3）预防有害气体

焊接时，焊工周围的空气中常被一些有害气体及粉尘所污染，如氧化锰、氧化锌、氟化氢、一氧化碳和金属蒸气等。长期呼吸，可能引起电焊工尘肺的职业病。

预防措施：

1）焊接场地应有良好的通风。

2）在容器或狭小场地施工时，应注意用压缩空气或抽风机通风。

3）合理组织工作布局，避免多名焊工挤在一起施工。

4）尽量用埋弧焊代替手弧焊。

5）戴好防护用具。

（4）防辐射

电弧辐射主要产生强光、红外线和紫外线，可以刺伤眼睛、灼伤皮肤。

应采取以下措施：

1）焊接施工时要使用电焊面罩。

2）要穿戴电焊工劳动防护用品。

3）工作时要互相关照。

4）多名焊工一起工作，要使用挡光屏。

（5）防高空坠落

1）患有高血压、心脏病、恐高症及醉酒者不能登高作业。

2）必须使用标准的安全带。

3) 登高工具应安全可靠。

4) 焊接电缆不能背在背上,用不能燃烧的东西捆扎在固定地方。

5) 焊割设备应留在地面上。

3. 焊工个人防护物品

(1) 焊接护目镜(黄绿、蓝绿、墨绿和橙色等)。

(2) 焊接防护面罩。

(3) 防护工作服。

(4) 电焊手套。

(5) 工作鞋。

(6) 防尘口罩。

二、焊条电弧焊

1. 焊接基础知识

(1) 焊接的概念及分类

焊接就是通过加热或加压,或者两者并用,并且用或不用填充材料使焊件达到结合的一种加工方法。

按照焊接过程中金属所处的状态不同,可以把焊接方法分为熔焊、压焊、钎焊三大类。

1) 熔焊,熔焊是在焊接过程中将焊接接头加热至熔化状态,不加压力完成的焊接方法。

2) 压焊,压焊是在焊接过程中必须对焊件施加压力(加热或不加热),以完成焊接的方法。

3) 钎焊,钎焊是采用比母材熔点低的金属材料作钎料,将焊件和钎料加热到高于钎料的熔点,低于母材的熔点的温度,利用液态钎料润湿母材填充接头间隙并与母材相互扩散实现连接焊件的方法。

2. 焊条电弧焊的原理和特点

(1) 焊条电弧焊的原理

焊条电弧焊是利用焊条进行焊接的电弧焊方法。电弧焊时,焊条和焊件分别作为两个电极,利用焊条与焊件之间产生的电弧热量来熔化焊件金属,冷却后形成焊缝。

(2) 焊条电弧焊的焊接过程

焊条电弧焊的焊接过程如图 3.10-1 所示。

(3) 焊条电弧焊的基本操作

焊条电弧焊的基本操作包括引弧、运条及收尾等基本操作。

1) 引弧

引弧是焊接过程中反复进行的动作,引弧技术的好坏直接影响到焊接的质量。

① 焊条与工件表面接触要轻微,运动的速度要适中。

② 焊条提起的高度应控制在 3～4 mm。

③ 引弧应在离焊缝起点 10 mm 处的待焊部位上,电弧引燃后移至焊缝起点处,再沿焊接方向继续进行焊接。

2）运条

运条是焊接过程中最重要的环节，它直接影响焊缝的外表成形和内在质量。电弧引燃后，一般情况下焊条有三个基本运动，即1—沿焊条中心线向熔池送进；2—沿焊条方向移动；3—横向摆动，如图3.10-2所示。

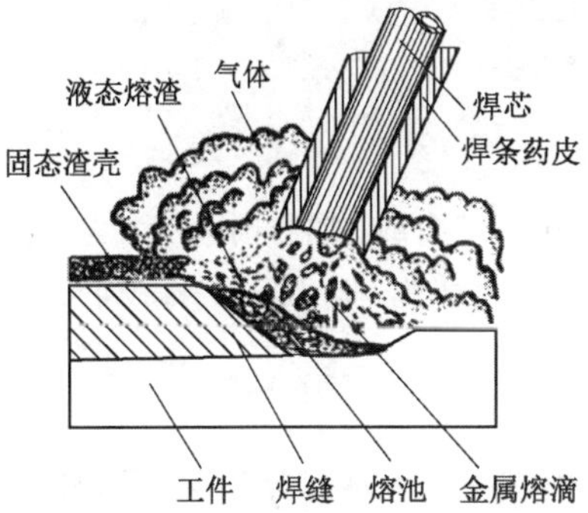

图3.10-1 焊条电弧焊的焊接过程

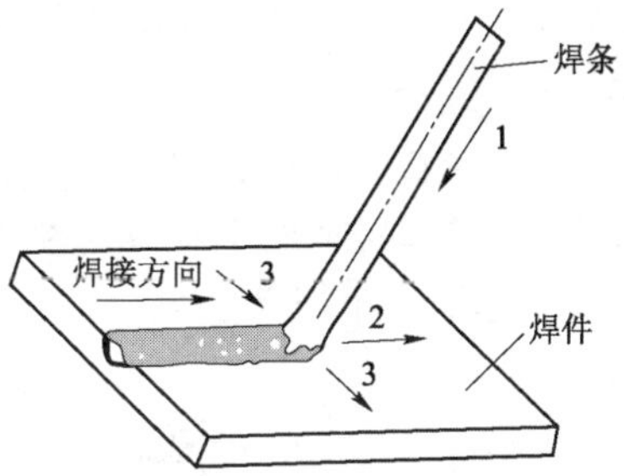

图3.10-2 运条的三个基本运动

3）收尾

常用的收尾方法有以下三种：

① 划圈收尾法；

② 反复断弧收尾法；

③ 回焊收尾法。

(4) 焊条电弧焊的特点

1）对焊接接头的装配要求较低。

2）易于通过改变工艺操作来控制焊接变形和改善接头应力状况。

3）焊接1 mm以下的薄板不宜用焊条电弧焊。

4）能焊多种材料的金属。

5）与气体保护焊、埋弧焊等焊接方法比较，生产成本较低。

6）生产效率较低，焊工劳动强度较大。

7）对焊工的操作技术水平要求较高。

3. 焊接接头类型及焊缝型式

(1) 焊接接头类型

焊接接头即用焊接方法联结的接头。在焊条电弧焊中，由于产品结构形状、材料厚度和工件质量要求的不同，需要采用不同型式的接头进行焊接。焊接接头主要有四种类型，即对接接头、搭接接头、T型接头和角接接头，如图3.10-3所示。

1）对接接头

两焊件端面相对平行的接头称为对接接头。这种接头能承受较大的载荷，是焊接结构中最常用的一种接头型式。

2）角接接头

两焊件端面间构成30°～135°夹角的接头称为角接接头。角接接头焊缝的承载能力不高，一般多用于箱形构件等不重要的焊接结构中。

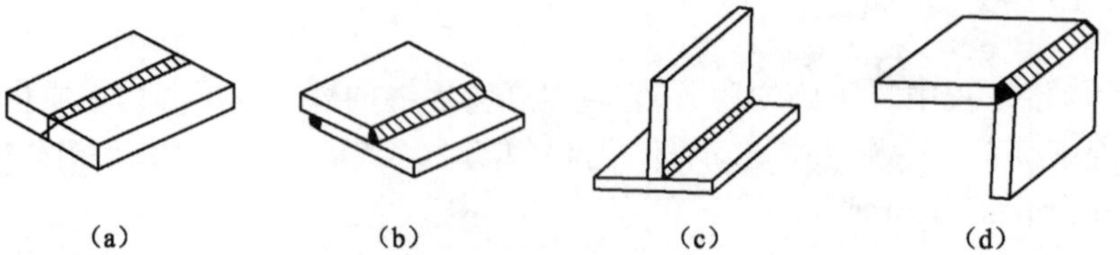

图 3.10-3 焊接接头的基本类型

(a) 对接接头；(b) 搭接接头；(c) T 型接头；(d) 角接接头

3) 搭接接头

两焊件重叠放置或两工件表面之间的夹角不大于 30°构成的端部接头称为搭接接头。搭接接头便于组装,常用于对焊前准备和装配要求简单的结构,但承载能力较低,在结构设计中应尽量避免采用搭接接头。

4) T 型接头

一焊件端面与另一焊件表面构成直角或近似直角的接头称为 T 型接头。这种接头承受动载荷的能力较强,在船体结构中约有 70%的焊缝都采用 T 型接头。

(2) 焊接坡口的形式

1) 焊接坡口常用的形式有 I 型、V 型、X 型、Y 型、双 Y 型、带钝边 U 型、双 U 型、J 型坡口。

2) 焊条电弧焊常用的坡口形式有 I 型破口、Y 型坡口、双 Y 型坡口和 U 型坡口等。

(3) 焊接位置

1) 焊接位置

熔焊时,工件焊逢所处的空间位置,叫做焊接位置。按照焊逢在空间的位置不同,焊接方法可分为平焊、立焊、横焊和仰焊,如图 3.10-4 所示。

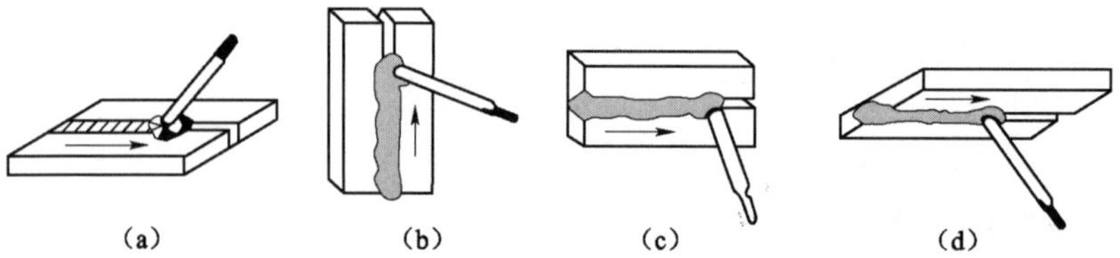

图 3.10-4 焊接位置

(a) 平焊；(b) 立焊；(c) 横焊；(d) 仰焊

2) 各种焊接位置的操作技术

① 平焊典型的操作方法,如图 3.10-5 所示。

② 立焊时的焊接角度,如图 3.10-6 所示。

③ 不开坡口对接横焊的焊条角度,如图 3.10-7 所示。

(4) 焊接缺陷

1) 咬边

由于焊接工艺参数选择不正确和操作不当,在沿着母材部位烧熔形成的沟槽或凹陷,称为咬边。

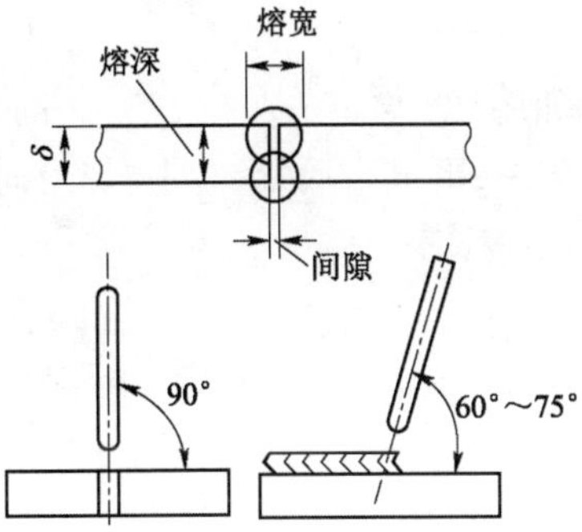

图 3.10-5 平焊典型的操作方法

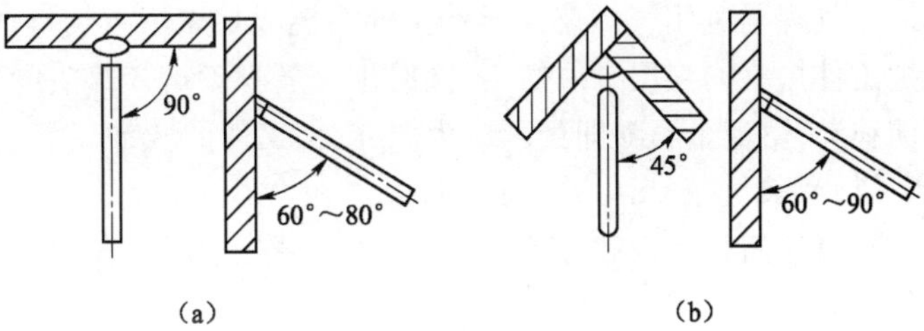

图 3.10-6 立焊时的焊接角度

(a) 对接接头立焊；(b) T 型接头角缝立焊

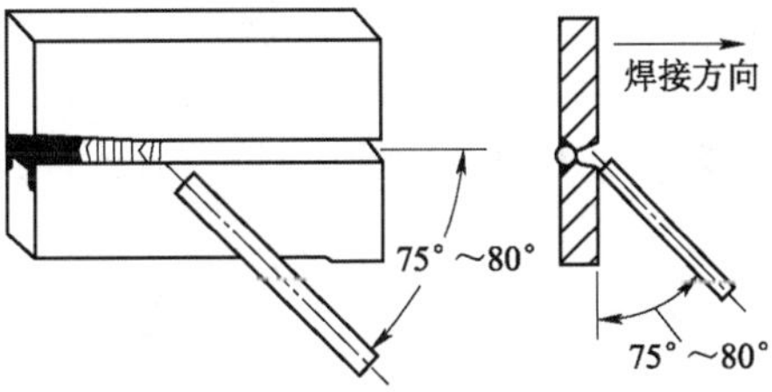

图 3.10-7 不开坡口对接横焊的焊条角度

2) 气孔

焊接时,熔池中的气体在凝固时未能逸出而残留在焊缝中所形成的空穴,称为气孔。

3) 未焊透

焊接时,焊接接头根部未完全熔透的现象,称为未焊透。

4) 未熔合

熔焊时,焊道与焊道之间或焊道与母材之间,未完全熔化结合的部分,称为未熔合。

5) 烧穿

焊接过程中,熔化金属从坡口背面流出,形成穿孔的缺陷,称为烧穿。

6) 焊瘤

焊接过程中,熔化金属流淌到焊缝之外未熔化的母材上所形成的金属瘤,称为焊瘤。

(5) 运条方法

常用的运条方法有直线形运条法、直线往复形运条法、锯齿形运条法、月牙形运条法、三角形运条法、圆圈形运条法、八字形运条法。

三、气焊与气割

1. 气焊

(1) 气焊的基本原理

气焊是利用气体火焰为热源的一种焊接方法。气焊所用的可燃气体很多,有乙炔、氢气、液化石油气、煤气等,而最常用的是乙炔气。乙炔气的发热量大,燃烧温度高,制造方便,使用安全,焊接时火焰对金属的影响最小,火焰温度高达 3 100～3 300 ℃。氧气作为助燃气,其纯度越高,耗气越少。因此,气焊也称为氧—乙炔焊。

(2) 气焊的设备

气焊是利用气体燃烧所产生的高温火焰来进行焊接的,如图 3.10-8 所示。火焰一方面把工件接头的表层金属熔化,同时把金属焊丝熔入接头的空隙中,形成金属熔池。当焊炬向前移动,熔池金属随即凝固成为焊缝,使工件的两部分牢固地连接成为一体。

1) 氧气瓶

氧气瓶是运送和存储高压氧气的容器,常用的容积为 40 L,工作压力为 15 MPa,其结构如图 3.10-9(a)所示。

2) 溶解乙炔瓶

溶解乙炔瓶是储存溶解乙炔的钢瓶。图 3.10-9(b)所示,在瓶的顶部装有瓶阀供开闭气瓶和装减压器用,并套有瓶帽保护;在瓶内装有浸满丙酮的多孔性填充物(硅酸钙、活性炭,木屑、硅藻土等),丙酮对乙炔有良好的溶解能力,可使乙炔安全地储存于瓶内,当使用时,溶在丙酮内的乙炔分离出来,通过瓶阀输出,而丙酮仍留在瓶内,以便溶解再次灌入瓶中的乙炔;在瓶阀下面的填充物中心部位的长孔内放有石棉绳,其作用是促使乙炔与填充物分离。

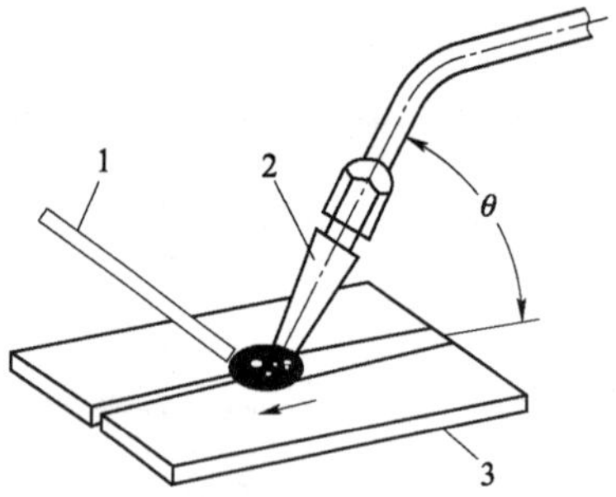

图 3.10-8 气焊

1—焊丝; 2—焊嘴; 3—工件

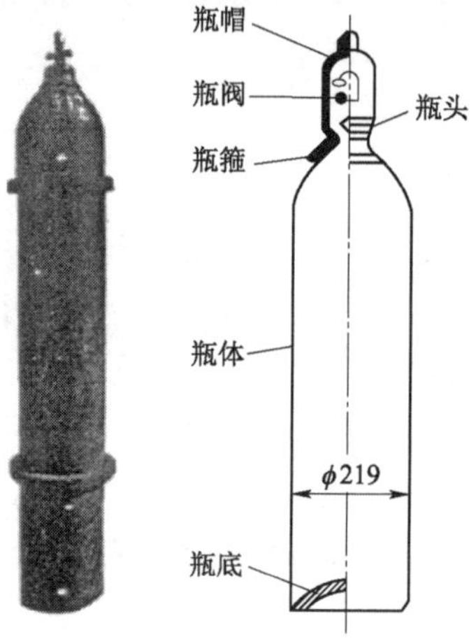

(a) (b)

图 3.10-9 氧气瓶与溶解乙炔瓶

(a) 氧气瓶; (b) 溶解乙炔瓶

3) 减压器

减压器是将高压气体降为低压气体的调节装置。因此,其作用是减压、调压、量压和稳压。气焊时所需的气体工作压力一般都比较低,如氧气压力通常为 0.2~0.4 MPa,乙炔压力最高不超过 0.15 MPa。

4) 回火安全器

回火安全器又称回火防止器或回火保险器,它是装在乙炔减压器和焊炬之间,用来防止火焰沿乙炔管回烧的安全装置

5) 焊炬

焊炬俗称焊枪。焊炬是气焊中的主要设备,焊炬是气焊时用于控制气体混合比、流量及火焰并进行焊接的手持工具。焊炬有射吸式和等压式两种,常用的是射吸式焊炬,如图 3.10-10 所示。

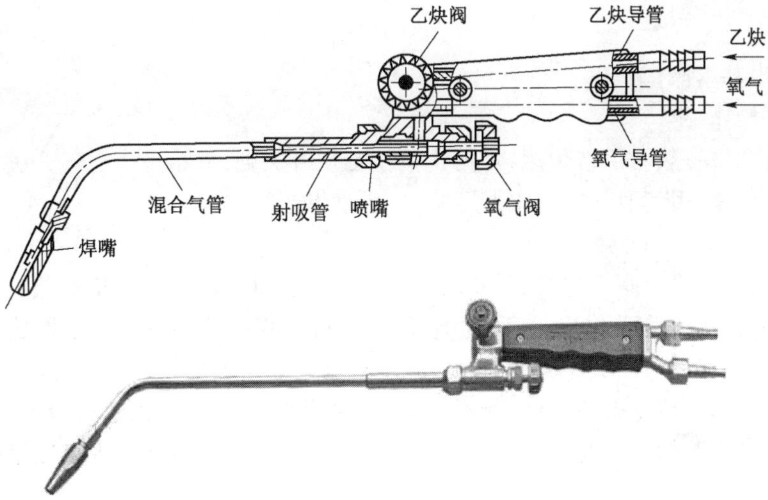

图 3.10-10 氧-乙炔射吸式焊炬

(3) 气体火焰

生产中所采用的可燃气体多数是采用乙炔气体，助燃气体采用氧气，乙炔与氧气混合燃烧产生的火焰称为氧-乙炔焰。根据氧与乙炔混合比的不同，氧乙炔焰可分为中性焰、碳化焰(也称还原焰)和氧化焰三种，其构造和形状如图 3.10-11 所示。

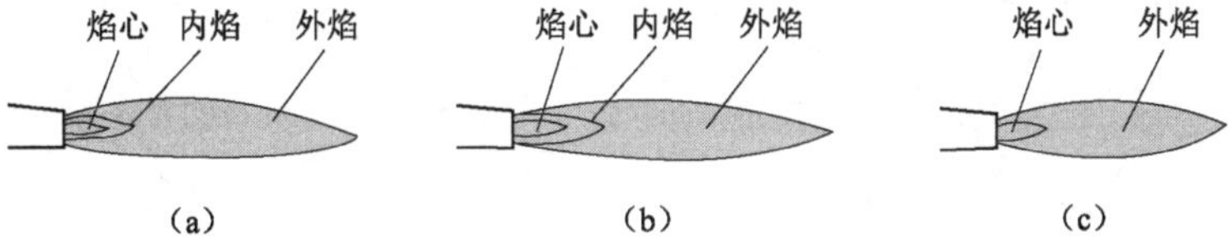

图 3.10-11 气体火焰

(a) 中性焰；(b) 碳化焰；(c) 氧化焰

1) 中性焰

氧气和乙炔的混合比为 1.1～1.2 时燃烧所形成的火焰称为中性焰，又称正常焰。它由焰芯、内焰和外焰三部分组成。中性焰最高温度在焰心前 2～4 mm 处，约为 3 050～3 150 ℃。它广泛用于低碳钢、低合金钢、中碳钢、不锈钢、紫铜、灰铸铁、锡青铜、铝及合金、铅锡、镁合金等的气焊。

2) 碳化焰(还原焰)

氧气和乙炔的混合比小于 1.1 时燃烧形成的火焰称为碳化焰。碳化焰的整个火焰比中性焰长而软，它也由焰芯、内焰和外焰组成，而且这三部分均很明显。焰心呈灰白色，内焰呈淡白色，外焰呈橙黄色。

碳化焰只使用于高速钢、高碳钢、铸铁焊补、硬质合金堆焊、铬钢等。

3) 氧化焰

氧化焰是氧与乙炔的混合比大于 1.2 时的火焰。氧化焰的整个火焰和焰心的长度都明显缩短，只能看到焰心和外焰两部分。

不论采用何种火焰气焊时，喷射出来的火焰(焰芯)形状应该整齐垂直，不允许有歪斜、分叉或发生吱吱的声音。只有这样才能使焊缝两边的金属均匀加热，并正确形成熔池，从而保证焊缝质量。

(4) 气焊基本操作

1) 基本操作

气焊操作时,一般右手持焊炬,将拇指位于乙炔开关处,食指位于氧气开关处,以便于随时调节气体流量。用其他三指握住焊炬柄,左手拿焊丝气焊。

① 点火、调节火焰与熄火

点火时先微开氧气阀门,然后打开乙炔阀门,用明火(可用的电子枪或低压电火花等)点燃火焰。这时的火焰为碳化焰,然后逐渐开大氧气阀,将碳化焰调整为中性焰,如继续增加氧气(或减少乙炔)就可得到氧化焰。点火时,可能连续出现“放炮”声,原因是乙炔不纯,应放出不纯的乙炔,重新点火;有时出现不易点火,原因是氧气量过大,这时应重新微关氧气阀门。点火时,拿火源的手不要正对焊嘴,也不要指向他人,以防烧伤。焊接完毕需熄火时,应先关乙炔阀门,再关氧气阀门,以免发生回火和减少烟尘。

② 左焊法与右焊法,如图 3.10-12 所示。

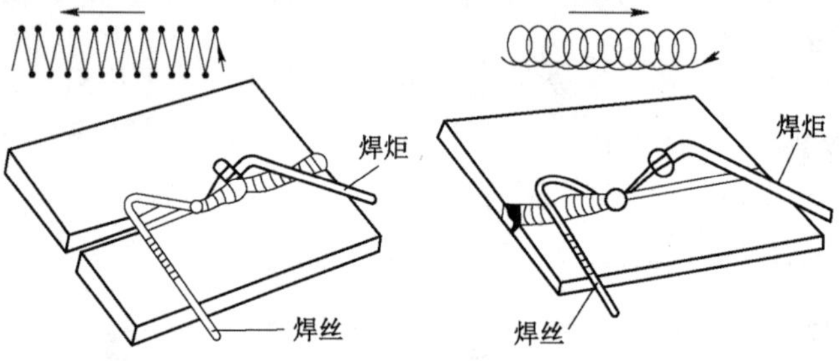

(a)　　(b)

图 3.10-12　左焊法与右焊法

(a) 左焊法; (b) 右焊法

2) 平焊、立焊、横焊、仰焊操作。

① 平焊。平焊操作图如图 3.10-13 所示。

② 立焊。立焊操作如图 3.10-14 所示。

③ 横焊。横焊操作如图 3.10-15 所示。

④ 仰焊。仰焊操作如图 3.10-16 所示。

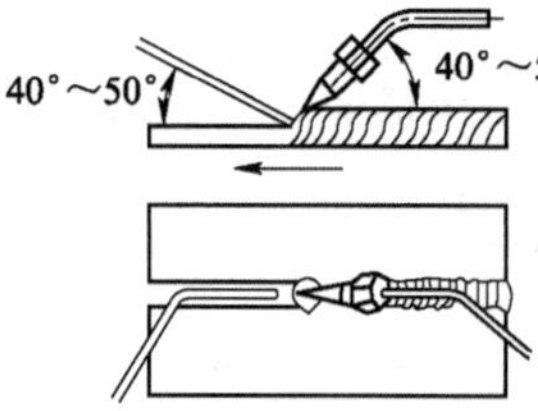

图 3.10-13　平焊

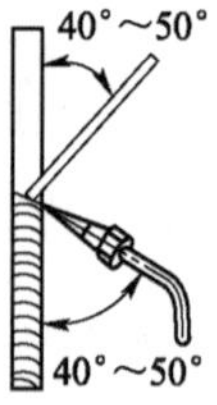

图 3.10-14　立焊

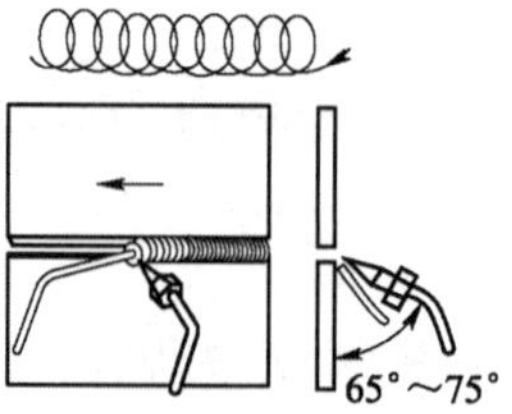

图 3.10-15　横焊

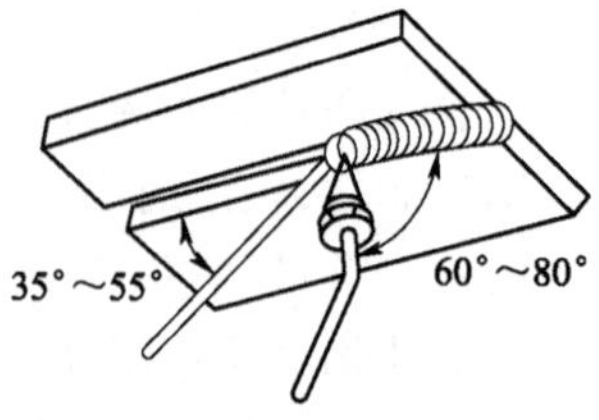

图 3.10-16　仰焊

2. 气割

(1) 气割的原理

气割即氧气切割。它是利用割炬喷出乙炔与氧气混合燃烧的预热火焰,将金属的待切割处预热到它的燃烧点(红热程度),并从割炬的另一喷孔高速喷出纯氧气流,使切割处的金属发生剧烈的氧化,成为熔融的金属氧化物,同时被高压氧气流吹走,从而形成一条狭小整齐的割缝使金属割开。如图 3.10-17 所示。

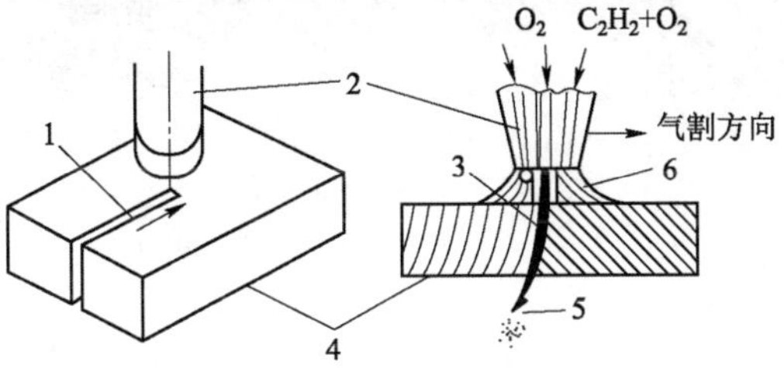

图 3.10-17　气割过程

1—割缝；2—割嘴；3—氧气流；4—工件；5—氧气物；6—预热火焰

(2) 气割条件

1) 金属熔点应高于燃点(即先燃烧后熔化)。

2) 氧化物的熔点应低于金属本身的熔点。

3) 金属氧化物应易熔化和流动性好,否则不易被氧气流吹走,难于切割。

4) 金属的导热性不能太高,

(3) 气割工艺

1) 手工气割割炬,如图 3.10-18 所示。

2) 机械气割工具如图 3.10-19 所示。

3. 气割工艺参数

① 气割割嘴到工件表面的距离(3～5 mm)。

② 预热时间。

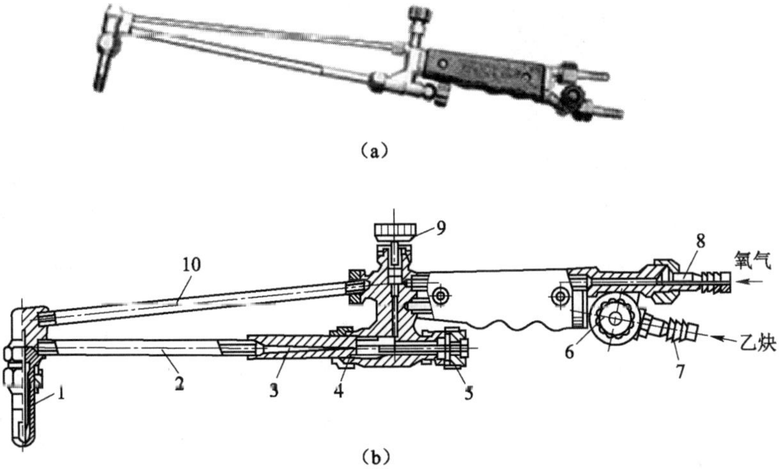

图 3.10-18　手工气割割炬

(a) 外形；(b) 结构

图 3.10-19　数控龙门式火焰切割机

③ 气割时氧气的压力。

④ 气割速度。

⑤ 割嘴与被割件的倾角。

四、氩弧焊

氩弧焊是利用氩气作为保护介质的一种电弧焊方法。如图 3.10-20 所示为氩弧焊示意图。

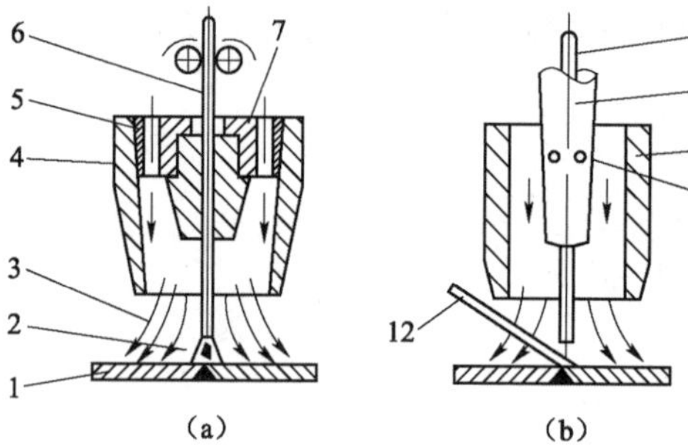

图 3.10—20　氩弧焊示意图

1—焊件；2—熔滴；3—氩气；4、10—喷嘴；5、11—氩气喷管；6—熔化极焊丝；7、9—导电嘴；8—非熔化极钨丝；12—焊丝

1. 非熔化极氩弧焊(TIG 焊)

(1) 非熔化极氩弧焊原理及特点

非熔化极氩弧焊常采用熔点较高的钍钨棒或铈钨棒作为电极,所以又叫钨极氩弧焊。焊接过程如图 3.10-21 所示。

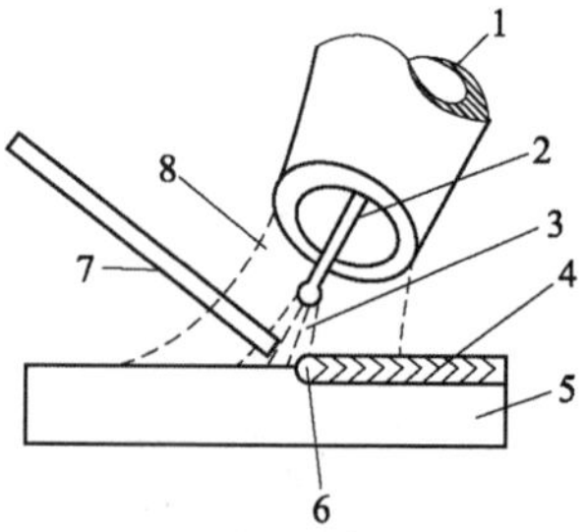

图 3.10-21　非熔化极氩弧焊

1—喷嘴；2—钨极；3—电弧；4—焊缝 5—焊件；6—熔池；7—填充焊丝；8—惰性气体

(2) TIG 焊分类

根据焊接电流的不同,TIG 焊接又可分为直流 TIG 焊接与交流 TIG 焊接。

1) 直流 TIG 焊接

以直流电弧焊接电源作为焊接电源,以电极为负极、母材为正极的焊接方法,广泛应用于不锈钢、钛、铜以及铜合金等的焊接。

2）交流 TIG 焊接

以交流电弧焊接电源为焊接电源，电极、母材正负极性相互变化。直流反接方式时，具有阴极破碎作用，可清除工件表面的氧化膜。铝及铝合金表面有一层致密得氧化膜（Al_2O_3，熔点 2 050 ℃，铝的熔点只有 660 ℃）覆盖在熔池表面，容易造成夹渣及未熔合等缺陷，可利用反极性的阴极破碎作用加以清除。但直流反接时，钨极烧损严重，一般采用交流电弧焊接。交流电弧焊接一般应用于铝、镁等的焊接。

（3）钨极和保护气体

1）钨极

钨极作为氩弧焊的电极，对它的基本要求是：发射电子能力要强；耐高温而不易熔化烧损；有较大的许用电流。常用的电极材料有纯钨极、钍钨极、铈钨极、镧钨极、锆钨极、钇钨极等。

2）保护气体

用于 TIG 焊的保护气体大致有三种。使用最广泛的是氩气，其次是氦（He）气，由于氦气比较稀缺，提炼困难，价格昂贵，国内用得极少。最后一种是混合气体，由两种不同成分的气体按一定的配比混合后使用。

（4）TIG 焊的工艺特点

1）接头及坡口的形式

接头形式：对接、搭接、角接、T 形接和端接五种基本形式。

2）钨极氩弧焊有三种引弧方法

① 接触短路引弧法。

② 高频高压引弧法。

③ 高压脉冲引弧法。

3）钨极氩弧焊的工艺参数

① 焊接电流种类及大小。

② 钨极直径及端部形状。

③ 气体流量和喷嘴直径。

④ 焊接速度。

⑤ 喷嘴与工件的距离。

2. 熔化极氩弧焊（MIG 焊）

钨极氩弧焊由于钨极的载流能力受到限制，电弧发热量少，生产率难以进一步提高，一般只适用于焊接厚度 6 mm 以下的薄板。

（1）MIG 焊原理

熔化极氩弧焊是在氩气保护下以焊丝为电极，利用电弧热熔化焊丝和焊件，冷凝形成焊缝。焊接过程可采用自动或半自动方式，如图 3.10-22 所示。

（2）焊接设备

熔化极氩弧焊主要设备有主电路系统、供气系统、水路系统、控制系统、送丝系统、焊枪或焊接小车（主要在自动焊中用）等。

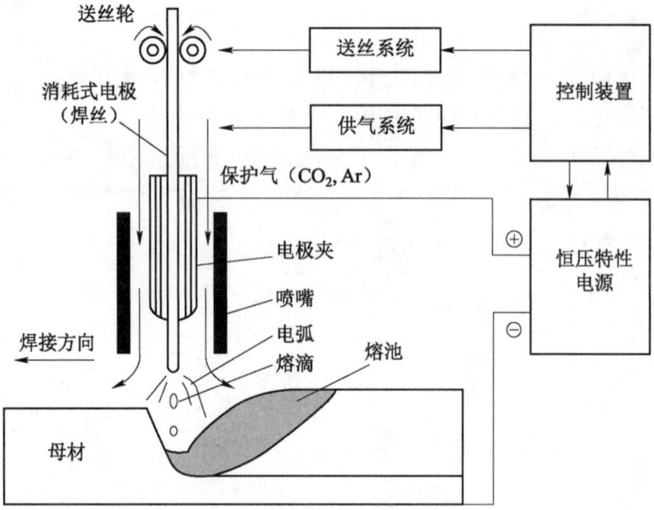

图 3.10-22 熔化极氩弧焊示意(自动焊)

(3) 熔化极氩弧(MIG)焊的焊接工艺参数

熔化极氩弧(MIG)焊的焊接工艺参数包括焊丝直径、焊接电流和电弧电压、送丝速度、保护气体的流量等。半自动熔化极氩弧焊工艺参数见表 3.10-1。

表 3.10-1 半自动熔化极氩弧焊工艺参数

厚度/mm	焊丝直径/mm	喷嘴直径/mm	焊接电流/A	电弧电压/V	氩气流量/(L/min)
8～12	1.6～2.5	20	180～310	20～30	50～55
14～22	2.5～3.0	20	300～470	30～42	60～70

五、焊缝基本符号

焊缝基本符号见表 3.10-2。

表 3.10-2 焊缝基本符号

焊缝名称	焊缝横截面形状	符号
I 形焊缝		
V 形焊缝		
带钝边 V 形焊缝		
单边 V 形焊缝	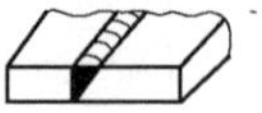	
钝边单边 V 形焊缝		

续表

焊缝名称	焊缝横截面形状	符号
带钝边 U 形焊缝		
封底焊缝	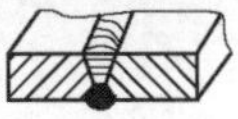	
角焊缝	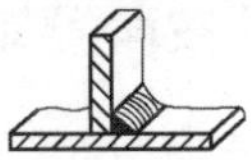	◺
塞焊缝或槽焊缝	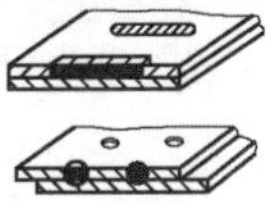	⊓
喇叭形焊缝	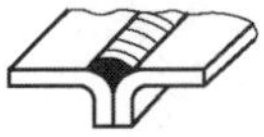	
点焊缝		○
缝焊焊缝	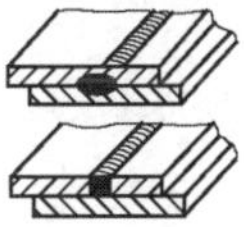	⊖

第十一节　起重工安全技术操作知识

一、基本知识

1. 起重量：被起升重物的质量(G)。
2. 幅度：空载吊具垂直中心线至回转中心线之间的水平距离(L)。
3. 起重力矩：幅度 L 和相应起吊物品重力 Q 的乘积(M)，即 $M=L\cdot Q$。

二、吊钩的报废标准

1. 表面有裂纹。
2. 危险断面磨损量不大于原高度的 5%。
3. 开口度比原尺寸增加 15%。
4. 扭转变形超过 10°。
5. 危险断面或吊钩颈部产生塑性变形。

三、钢丝绳报废标准

1. 断丝的性质和数量(一捻距断丝超过 10%，捻距=直径×8)。
2. 断丝的局部聚集。

3. 绳股断裂。

4. 绳芯损坏而引起绳径减小。

5. 弹性减小。

6. 外部及内部磨损、腐蚀。

7. 变形。

四、物体吊点的选择方法及绑扎安全要求

1. 吊点的选择

为避免物体的倾斜、翻倒、变形损坏,应根据物体的形状特点、重心位置,正确选择吊点,使物体在吊运过程稳定安全。

(1) 试吊法选择吊点,低位试吊。

(2) 有起吊耳环物件:检查耳环是否完好。

(3) 长形物体吊点选择:竖吊时点在物体长度 1/3 处;二个吊点时,吊点距物体两端距离为 $0.2L$ 处;三个吊点时,两端吊点距离端部 $0.13L$,中间吊点在物体中心。

(4) 方形物体吊点选择:吊装方形物体一般采用四个吊点,四个吊点位置应选择在四边对称的位置上。

(5) 机械设备安装平衡辅助吊点:为保证安全顺利地装配,可采用辅助吊点调节所需位置。

(6) 物体翻转吊点选择:翻转常见方法有兜翻,将吊点选择在物体重心之下或重心一侧。

2. 绑扎安全要求

(1) 用于绑扎的钢丝绳吊索不得用插接、打结或绳卡阀等连接方法缩短或加长。绑扎时锐角处应加防护衬垫,以防钢丝绳损坏。

(2) 吊索绕过吊重的曲径半径应不小于该绳径的 2 倍。

(3) 绑扎吊运大型或薄壁物件时,应采取加固措施。

(4) 注意风载荷对物体引起受力变化。

五、起重人员安全职责及作业中安全要点

1. 司索人员职责

(1) 必须熟悉各起重工具、设备和机械的安全操作注意事项。

(2) 应掌握吊钩、绳索及其起重工具性能和报废标准。

(3) 应具有绑扎、吊挂知识和熟悉起重指挥信号。

(4) 作业前严禁饮酒,必须穿戴好劳保用品,各自明确任务,并检查施工现场是否人合乎要求。

(5) 交接班时应对吊索具及起重设备进行检查,发现不正常时及时排除。

(6) 正确选用吊运工具、吊运方法、选择绑扎点,绑扎要牢固,垫好锐角处。

(7) 工作前事先清理吊运地点及运行通道上障碍物,无关人员撤离避让,并为自己选择安全位置。

(8) 吊运重物时尽可能不离地面太高。严禁吊运重物从有人的上空越过,所有人员不准在重物下停留或行走,不准将重物长时间悬吊在空中。

(9) 禁止用人身重量来平衡吊运物件或以人力支撑物体起吊,绝对不允许站在物件上同时吊运。

2. 指挥人员职责

(1) 根据信号要求与起重机司机联系。

(2) 发出的指挥信号必须清晰准确。

(3) 站在司机能看清指挥信号的安全位置上,当随负载运行指挥时,应随时指挥负载避开人员和障碍物。

(4) 不能同时看清司机和负载时,增设中间指挥人员以便逐级传递信号,当发现错传信号时,应立即发出停止信号。

(5) 负载降落前,指挥人员必须确认降落区域安全时方可发出降落信号。

(6) 当多人绑扎同一负载时,起吊前应先做好呼唤应答,确认绑挂无误后,方可由一人负责指挥。

(7) 两台起重机抬吊时,指挥人员应双手分别指挥各台起重机以确保同步吊运。

(8) 开始起吊负载时,先用微动信号指挥,待物离地 100～200 mm 稳妥后,再用正常速度指挥,必要时,在负载降落前也使用微动信号。

(9) 指挥人员应佩戴鲜明的标志,如标有“指挥”字样的臂章、特殊颜色的安全帽、工作服等。

3. 起重指挥在作业中安全要点

(1) 认真贯彻执行起重吊运方案及技术、安全要求和措施。

(2) 正确运用手势、音响、旗语等指挥信号,组织司索人员绑扎吊位,指挥起重机吊升、就位、校正和最后固定。

(3) 严禁超负荷使用起重机与工具、吊索。

(4) 严格执行吊装作业区内不准闲人进入的规定,任何人不准随同吊物上升攀高,任何人不得在吊物下方停留。

(5) 遇有 6 级以上大风、重雾、雨雪等不良天气,应停止作业,晚间作业应有足够的照明,且经有关部门批准。

(6) 因故停止作业,须采取安全可靠的措施,保护吊物与设备,严禁吊物悬空长期停留。

(7) 起重吊运大型吊件通过桥涵时,须先调查测量核算桥涵宽度、承载能力,以确保顺利通过。

(8) 确保吊件安全和不受损伤。

4. 起重司索在作业中安全要点

(1) 认真执行吊运方案及技术、安全要求和措施,正确使用绑扎物件的方法,熟悉指挥信号。

(2) 不斜拉斜吊,不起吊不明重量、半掩埋、冻结于地面、连挂于其他物件的吊物。

(3) 做好作业过程中的监护工作,非作业人员不得进入作业区,任何人不得在吊物下停留。

(4) 吊升应平稳避免振动和摆动,当吊物离地 100～200 mm 时,应停机复检绑扎的牢固程度,查询起重机稳定程度,以用吊具、吊索有无异常。吊件未完成就位动作,严禁解除吊索和放松溜绳。

(5) 在作业全过程中,如发现异常和不明事务,应及时报告指挥。

六、怎样确定起重方案

起重工作是一项技术性强、危险性大、多工种人员互相配合、互相协调、统一指挥的特殊工种作业。所以必须对现场的环境、重物吊运路线及吊运指定位置和起重物重量、重心、重物状况、重物降落点、起重物吊点是否平衡、配备起重设备是否满足需要,进行分析计算,正确制订起重方案,达到安全起吊和就位的目的。

第四章　辐射防护与核安全知识

学习目标：通过培训，使退役核设施去污拆除操作工了解辐射防护、核安全等理念，掌握辐射产生的机理、类型及危害等相关知识。

第一节　辐射及其危害

一、原子、原子核及放射性

1. 原子、原子核

所有的物质都是由一种或几种不同的元素组成。构成某一元素的最基本的单位叫做该元素的原子。原子由原子核及核外电子组成，原子核由质子(Z)和中子(N)构成。原子核内的质子(Z)+中子(N)=A(A 即原子质量数)。原子核所带正电荷数量恰好等于绕核运行的电子所带的负电荷数量，因此原子呈中性。

原子核周围的电子都有一定的轨道，某一轨道上的电子具有一定的能量，越靠外层轨道上的电子能量越高。电子可以吸收外来的能量而从能量较低的轨道跃迁到能量较高的轨道，这种现象叫激发。如果外来的能量较大，使得轨道上的电子脱离原子核的吸引力而自由运动，则叫电离。反之，当电子从能量较高的外层轨道跃迁到能量较低的内层轨道时，电子多余的能量以 X 射线或光子(γ)的形式发射出来。

原子核与原子一样，也具有很多能级，处于最低能级叫基态，正常情况下，核都处于基态。只有在核反应或核衰变过程中，原子核才处于激发态。处于激发态的核一般不久留，会迅速跃迁到基态，将多余的能量以 X 射线或光子(γ)的形式发射出来。

2. 放射性核素及特性

所谓放射性是指某些不稳定的核素在发生核衰变或发生轨道电子跃迁、发生裂变等情况时放出射线的性质。不稳定的核素称之为放射性核素。

放射性核素的三个主要特性：

(1) 放射性核素能自发地放出射线，并同时变成另一种核素；

(2) 放射性核素具有一定的半衰期($T_{1/2}$)；

(3) 放射性核素的原子核数目的衰减服从指数衰减规律：$N=N_0e^{-\lambda t}$。

3. 常见几种射线

(1) α射线：原子核由于自发地放出α粒子而转变成另一种原子核的过程叫α衰变。α粒子实际就是带两个单位正电荷的氦原子核，由两个质子和两个中子组成，在磁场中向负电极偏转。α粒子有很强的电离能力，在单位路径上形成密集的离子对，在很短的距离内将能量消耗掉，如 ^{241}Am 发射能量为 5.5 MeV 的α粒子，在空气中射程不足 5 cm，在铝中射程仅

2.4×10^{-2}mm,因此α粒子的穿透本领极弱。在生物组织中射程 0.04 mm。

(2) β射线:原子核由于自发地放出β粒子而转变成另一种原子核的过程叫β衰变。β粒子是原子核里发射出的高速电子,在磁场中向正电极偏转。β粒子质量比α粒子质量小得多,在介质中速度快,在单位路径上形成的离子对较α粒子稀疏,如 ^{33}P 发射能量为 1.71 MeV 的β粒子,在空气中射程为 610 cm,在铝中射程为 2.92 mm。在生物组织中射程为 5 mm。

(3) γ 射线:是光子流,不带电,在磁场中不偏转。γ 射线通常是在进行α或β衰变中伴随发射出来,如 ^{60}Co 衰变时放出一个β粒子,并依次释放出两个 γ 射线。γ 射线静止质量为 0,波长短、射程远。在生物组织中射透人体。

(4) X 射线:当核外壳层电子出现空位,这时较高能级壳层的电子就会进行填补,填补时多余能量就以 X 射线的形式发射出来。X 射线同 γ 射线统称光子(电磁)辐射。在生物组织中射透人体。

(5) 中子射线:不带电。快中子可射透人体。热中子在生物组织中射程 0.15 m。

二、射线与物质的作用

1. 带电粒子与物质的相互作用——电离和激发

带电粒子(如α、β)通过物质时,其能量转移(损失)的主要方式是电离和激发。电离就是当带电粒子在物质中从原子核外电子旁边经过时,通过带电粒子与核外电子的静电相互作用,把能量转移给核外电子,当电子获得足够大的能量时,它将脱离原子核对它的束缚成为自由电子,被电离的原子成为带正电荷的离子。所以,每个电离的过程都产生一个自由电子和一个正离子组成的离子对。

这是带电粒子与物质相互作用的主要方式。绝大多数探测器都是利用这种电离和激发效应来探测入射粒子的。

如果带电粒子转移给核外电子的能量不足以使电子摆脱原子核的束缚,则电子可以从原来的运行轨道上跃迁到能量较高的轨道上,是整个原子处于能量较高的状态,即激发态。处于激发态的原子是不稳定的。它会自发地回到自己原来的状态上,而将多余的能量以 X 射线的形式释放出来。当带电粒子很快减速时,它便以 X 射线的形式发射能量,即轫致辐射。它只是在β辐射时才具有实际意义。

带电粒子在物质运动时不断损失能量,待能量耗尽,就停留在物质中。它穿行的最大距离称为入射粒子在该物质中的射程。

重带电粒子主要有质子、α粒子,它们的质量比较大。重带电粒子与物质的相互作用形式主要是电离和激发。入射初始时,重带电粒子能量大、速度快,比电离较小;在中间过程,重带电粒子的能量和速度适宜,比电离较大;峰值过后,重带电粒子能量过小,比电离也急剧减小;重带电粒子能量耗尽后就被物质吸收。在入射和作用过程中,重带电粒子几乎不改变方向,径迹长度与射程近似相等。

轻带电粒子通常指电子(β^+、β^-),它们的质量比较小。它们与物质的相互作用主要有电离、激发;轫致辐射;核散射(电子几乎不损失能量)。低能电子一般导致电离损失;高能电子一般导致轫致辐射。

2. γ 射线与物质的相互作用

γ射线入射到物质后，在物质中没有直接的电离和激发效应，不能直接被探测到。γ 射线与物质相互作用主要通过：光电效应、康普顿散射、电子对效应。从而产生次级电子，致使物质原子电离或激发。

(1) 光电效应

光子(γ 射线)通过物质时击中原子核外轨道上一个电子，光子将全部能量转交给电子，光子被物质吸收而消失，电子脱离原子核束缚自由运动放射出一个光电子。这种现象称为光电效应。光电效应只是在 γ 射线能量很低、介质原子序数较高时才有较大概率。

(2) 康普顿散射

康普顿散射发生时，γ 光子击中原子核外轨道上一个电子，光子只将部分能量转移给电子，电子脱离原子核束缚，按和入射光子方向成ϕ 角的方向反冲出去；而光子的能量变小，并按和光子入射方向成θ角的方向散射出去。γ 射线能量在 0.5～5 MeV 时康普顿效应是主要过程。

(3) 电子对效应

当入射光子的能量大于两个电子的静质量能量——1.02 MeV 时，光子经过原子核附近时，与原子核发生电磁相互作用，光子消失而转变成电荷相反的一对正负电子，这就是电子对产生效应。

三种效应与光子能量和吸收物质的原子序数的变化关系：

对于高能光子和高原子序数的吸收物质来说，电子对效应占优势；

对于中能光子和低原子序数的吸收物质来说，康普顿效应占优势；

对于低能光子和高原子序数的吸收物质来说，光电效应占优势。

3. 中子与物质的作用

中子通过物质时与核外电子作用几乎主要取决于中子的能量。通常按能量范围分为：热、慢、快和高能中子。中子与原子核发生的反应主要是：弹性散射、非弹性散射、中子俘获。

4. α、β、γ 、中子的相对危害性

α射线穿透能力很弱、射程短，不存在外照危害，但有很强的电离能力，内照危害极大。

β射线比α射线具有较大的穿透能力，比电离较α射线小，内照射危害较α射线轻，高能β射线在重元素材料中可产生轫致辐射(X 射线)。β射线内、外照射危害共存。

γ 射线穿透能力较α、β射线大，外照危害极大。

中子射线是不带电的离子，其穿透能力很强，中子将能量转移给肌体组织的过程比较复杂，一般认为中子引起人体损伤的有效性是 γ 射线的 5～20 倍，所以要高度重视外照危害。

三、辐射防护中常用量

随着辐射防护的发展及国际单位制(SI)的推行，过去暂时使用的一些专用单位，如伦琴(R)、居里(Ci)、拉德(rad)、雷姆(rem)等，在 1985 年后国际上已不再使用。

1. 放射性活度(A)

(1) 定义：放射性核素在单位时间内发生核衰变的数目(即衰变率)。

活度 A 定义为:

$$A=\frac{dN}{dt}$$

放射性活度大小取决于放射性核素衰变的性质(即衰变常数λ)和放射性原子核的数目 $N=N_0e^{-\lambda t}$

(2) 放射性活度的单位:活度的 SI 单位是贝可勒尔,简称“贝可”,符号为“Bq”。过去常用单位是“居里”(Ci)。

$$1\ Ci=3.7\times10^{10}\ Bq$$

$$1\ Bq=2.703\times10^{-11}\ Ci$$

(3) 放射性比活度:是指单位质量或单位体积(面积)中的放射性活度。辐射防护中常用的放射性比活度有:$Bq\cdot m^{-3}$、$Bq\cdot L^{-1}$(气体、液体);$Bq\cdot kg^{-1}$(固体废物);$Bq\cdot cm^{-2}$(表面沾污)

2. 照射量(X)

(1) 定义:

$$X=\frac{dQ}{dm}$$

式中,X——光子(X 或 γ 射线)的照射量;

dQ——光子在质量为 dm 的空气中释放的全部电子(包括正、负电子)完全被空气阻止时,在空气中所产生的一种符号离子总电荷的绝对值。

(2) 单位:照射量的 SI 单位用每千克空气中的电荷量库仑表示,符号为“$C\cdot kg^{-1}$”,没有名称。过去常用单位是“伦琴”,符号“R”。

$$1\ R=2.58\times10^{-4}\ C\cdot kg^{-1}$$

$$1\ C\cdot kg^{-1}=3.887\times10^{3}\ R$$

(3) 照射量率:

$$\dot{X}=\frac{dX}{dt}$$

$\dot{X}$ 的 SI 单位是 $C\cdot kg^{-1}\cdot s^{-1}$(或 min、h 等)。过去常用 $R\cdot s^{-1}$、$R\cdot h^{-1}$、$mR\cdot h^{-1}$、$\mu R\cdot s^{-1}$ 等,我们最常用为$\mu R\cdot s^{-1}$。

3. 吸收剂量(D)

剂量:某一对象所接受或“吸收”的辐射的一种量度。

(1) 定义:

$$D=\frac{d\varepsilon}{dm}$$

式中,dε——电离辐射授予某一体积之中的物质的平均能量;

dm——在这个体积之中的物质的质量。

(2) 单位:吸收剂量的 SI 单位是焦耳每千克($J\cdot kg^{-1}$),称为戈(瑞),记为 Gy。过去使用的专用单位是拉德(rad)。

$$1\ rad=10^{-2}\ Gy$$

$$1\ Gy=100\ rad$$

（3）吸收剂量率：

$$\dot{D}=\frac{dD}{dt}$$

$\dot{D}$ 的 SI 单位是戈瑞或其十进倍数或分数单位除以适当时间单位的商。如 $Gy\cdot s^{-1}$、$Gy\cdot h^{-1}$、$mGy\cdot min^{-1}$、$\mu Gy\cdot h^{-1}$ 等。

（4）X 或 γ 射线的 X 和 D 的换算关系

因为空气中的吸收剂量 D 与同一点上照射量 X 有如下关系：

$$D=8.73\times10^{-3}\cdot X\ (Gy)$$

式中，X——照射量，单位为伦琴(R)。

即

$$1\ R=8.73\times10^{-3}\ Gy$$

$$1\ \mu R=8.73\times10^{-9}\ Gy$$

所以 $1\ \mu R\cdot s^{-1}=8.73\times10^{-3}\ \mu Gy\cdot s^{-1}=31.428\ \mu Gy\cdot h^{-1}=30\ \mu Gy\cdot h^{-1}$

4. 剂量当量(H)

吸收剂量是指能量在吸收介质中沉积了多少，但是没有说明对组织造成的危害有多大，也不能说明潜在的危害水平。因此，又提出剂量当量的概念。剂量当量是用来表征特定类型的照射对器官或组织产生的生物效应。剂量当量的计算式通过组织或器官的吸收剂量(Gy)乘以一个无量纲因子，称为辐射权重因子(w_R)算出来的。

$$H_{TR}=D_{TR}\times W_R$$

式中，D_{TR}——辐射 R 在器管或组织 T 内产生的平均吸收剂量；

W_R——辐射 R 的辐射权重因子。

5. 辐射权重因子

W_R：为辐射防护的目的，对吸收剂量乘以的因素。用以考虑不同类型辐射的相对危害效应（包括对健康的危害效应）。常见辐射的 W_R 值如下：

光子（所有能量）：1；

中子：5～20；

电子：1；

α粒子：20。

6. 有效剂量

同一个生物体，有的组织或器官比其他组织或器官对辐射更加敏感，因此，当受到相同剂量当量的照射时，对敏感的器官而言，产生的危险可能大于不敏感的器官。国际放射防护委员会(ICRP)对人体各器官推荐了组织权重系数，以下简称组织权重因子。用这些无量纲因子来考虑不同器官或组织对辐射的不同敏感性。器官或组织的有效剂量(E)等于剂量当量乘以相应的组织权重因子。

$$E_T=H_T\times W_T$$

式中，E_T——器官或组织 T 的有效剂量；

H_T——组织或器管 T 所受的当量剂量；

W_T——组织或器管 T 的组织权重因素。

计算所有受照器官的总有效剂量，是对这些器官和组织的剂量当量分别乘以相应组织权重因子，再求和。

$$E=\sum_T(H_T\times W_T)$$

7. 组织权重因素

W_T：为辐射防护的目的，器管或组织的当量剂量所乘以的因素。乘以该因素是为了考虑不同器管或组织对发生辐射随机性效应的不同敏感性。常用 W_T 值如下：

性腺：0.20；

骨髓、结肠、肺、胃：0.12；

皮肤、骨表面：0.01；

膀胱、乳腺、肝、食道、甲状腺：0.05；

其他：0.05；

$\sum W_T=1.00$。

对于我们常说的 γ 照射个人剂量而言，由于 $W_R=1$，$W_T=1$，所以，个人剂量值也就是有效剂量，数值上和吸收剂量相同。

8. 集体剂量

是群体所受的总辐射剂量的一种表示。定义为受某一辐射源照射的群体成员数与他们所受的平均辐射剂量的乘积。单位是人・希沃特(人・Sv)。定义每千克人体组织吸收1焦耳为1希沃特。希沃特(Sv)是个非常大的单位，因此通常使用毫希沃特(mSv)，1 Sv=1000 mSv。

第二节　辐射的生物效应

自"放射性"被发现的百年来，大量实践证明核既能造福人类，也能危害人类健康。当射线通过物质时，与物质发生相互作用，逐步损失能量，最终被物质吸收；而物质发生一系列的物理、化学和生物变化。

研究电离辐射的生物效应，其目的是保护人类及其他物种免受电离辐射的有害影响，同时在应用中最大限度地获取利益。本节只简要描述一下与辐射防护有关的生物效应。

一、生物结构与辐射损伤

生命有机体的基本单元是细胞。细胞包括 DNA(核)(提供细胞增殖和蛋白质合成的遗传信息)和细胞器(生产部门)等。

对于人体来说，细胞构成组织，组织再构成器官，器官构成系统，系统再组成一个有机的身体。

当人体接受电离辐射后，从微观来说主要是 DNA 和大分子的要害部位受到损伤，致使发生各种变化。DNA 损伤的结果是染色体畸变；通过一定的手段可以测量出吸收剂量的大小。DNA 受损伤后，能进行自身修复，DNA 的无差错修复导致细胞的正常增殖；错误修复导致稳定的遗传变化。组织、器官也各有自己的修复系统。

虽然人体接受电离辐射后，对于单个细胞来说，辐射损伤是随机的，但是细胞被杀死的比例和剂量成线性关系。当组织或器官中足够多的细胞被杀死时，就会导致器官功能受损。

当受损体细胞错误修复导致变异，形成癌前细胞（潜在无限增殖）后，可能被各种内源性因素和外源性因素刺激、转化，变成恶性细胞，最终成为肿瘤。癌变通常有潜伏期，它和癌的种类及受照年龄、个体差别相关。

当受损生殖细胞错误修复导致变异，就有可能构成遗传损害，通过遗传导致后裔的遗传疾患。

人体所受辐射效应按剂量效应关系可分为随机性效应（无阈值）和确定性效应（有阈值）。

二、随机性效应和确定性效应

1. 随机性效应

发生概率与剂量成正比而严重程度与剂量无关的辐射效应。

一般认为，在辐射防护感兴趣的低剂量范围内这种效应的发生不存在阈值。电离辐射的能量沉积是一个随机过程，因此即使在剂量很小的情况下，导致细胞变异甚至死亡均是可能的，从而引起遗传变化（遗传效应）和导致恶性肿瘤的转化（躯体效应）。这两种效应称为随机性效应。一般说来，随机性效应不存在剂量阈值，小剂量存有发生概率，剂量越大，发生概率增加，但产生变化的严重程度不一定增加。

一般说来，迁延和分次照射的诱发概率小于单次的诱发概率；小剂量率照射的诱发概率小于大剂量率照射的诱发概率；身体局部照射的诱发概率小于全身照射的诱发概率。

2. 确定性效应

通常情况下存在剂量阈值的一种辐射效应，超过阈值时，剂量愈高则效应的严重程度愈大。在较大剂量情况下，全部组织或局部组织相当数量细胞被杀死，而活细胞的增殖补偿不足，直接导致组织器官功能损伤，间接导致另外（其他）组织、器官功能损伤，产生可检查到的组织变化和功能性损伤，这种效应称为确定性效应。总的说来，个别细胞的被杀死是随机的，但综合效应是确定的；确定性效应有阈值；剂量越低，杀死细胞的作用越弱。

组织对电离辐射的响应各不相同。卵巢、睾丸、红骨髓、眼晶体最敏感；效应频率、严重程度随剂量的增加而增加；分次或多次照射时，阈值会升高；组织构成不同，辐射损伤的产生方式也不同。确定性效应的主要阈值见表 4.2-1。

表 4.2-1 确定性效应的主要阈值

器官或组织	确定性效应	单次照射的剂量阈值	多次照射的剂量阈值
生殖器	永久性不育	3 Sv	
眼晶体	晶体混浊	0.5～2.0 Sv	大于 15 Sv
红骨髓	造血机能损伤	0.5 Sv	大于 20 Sv
皮　肤	难以接受的变化		大于 20 Sv

以皮肤为例:发生红斑、干性脱屑的阈剂量为 3～5 Gy,3 周后出现;发生湿性脱屑、疱疹的阈剂量约为 20 Gy,4 周后出现;发生表皮及真皮层细胞死亡的阈剂量约为 50 Gy,3 周后出现。

人类受到急性的低 LET*辐射全身均匀照射后所诱发的综合症以及死亡的特定剂量范围,见表 4.2-2。

表 4.2-2 诱发的综合症以及死亡的特定剂量范围

全身吸收剂量/Gy	造成死亡的主要效应	受照后死亡发生的时间/d
3～5	骨髓损伤($LD_{50/60}$)	30～60
5～15	胃肠道及肺损伤	10～20
大于 5	中枢神经和心血管损伤	1～5

LET*:传能线密度。把每微米长的径迹内产生的稀疏电离的辐射称为低 LET 辐射(如β或 γ 射线);而将沿径迹方向产生密集电离的辐射称为高 LET 辐射(如α、中子产生的质子,重离子)。高 LET 辐射每单位吸收剂量产生的生物效应远高于低 LET 辐射。

第三节 辐射防护

一、辐射防护史

1. 放射性的发现及对人的危害

1895 年伦琴发现了 X 射线,从而人类可以产生强的电离辐射源,并很快应用于医学事业。

1896 年,贝可勒尔发现天然放射性。1898 年居里夫妇发现镭,人类开始可以提炼出强的天然放射源。

1896 年,格鲁伯在第一篇报道早期实验研究者手部和手指皮肤遭受辐射损伤的文章中描述了 X 射线造成的红斑。居里夫人手持含镭的容器使其手指烧伤。

1896 年就发现操作放射性的操作人员手部皮肤损伤共 96 例,且引起溃疡,并导致皮癌。到了 1920 年在 X 射线应用工作者和镭疗医务人员中发生了皮肤癌、贫血以及当时还不能明确诊断的白血病。镭用于发光涂料后,在工业上,可能是第一次世界大战的促进,已有了相当规模的“永久”性发光涂料与表盘描绘工业,曾经出现了最著名的事例:利用 ^{226}Ra 涂绘夜光表盘工人发生的骨恶性肿瘤。^{226}Ra 为α辐射体,$T_{1/2}$=1 622 a,其释放的α射线作用于闪烁体硫化锌可以发光。早年使用 ^{226}Ra 时常掺入一定量 ^{232}Th 衰变产物 ^{228}Ra,^{228}Ra 为β辐射体,$T_{1/2}$=5.75 a,涂绘表盘的女工除了从作业场所接受镭的环境污染,还因常用嘴唇吮吸笔尖,以致摄入更多的镭。1924 年口腔科医生报告表盘女工的顽固的下颌骨骨髓炎称为镭颌。继而发现较多的女工患骨质疏松、骨坏死、骨肉瘤、头部上皮癌等。在 67 名骨剂量＞10 Gy 的“非挑选”的受照人员中发生骨肉瘤 12 例,头部上皮癌 7 例,合计占 28%。

由于缺少对镭的防护,在 20 世纪 20 年代已发现相当数量的由镭进入体内的伤害。同时也出现了对新奇的X射线及特别贵重的镭的误用与滥用而对消费者造成的损害。其中有放射性物质的药品被赋予神奇的功能，甚至出现了实际不含放射性的“假药”等。1932年，一位美国著名企业家 Ebyer，因喝了镭药水而死亡，引起了社会和科学界的注意。这就引起了一些有远见的科学家对这些事例的重视和锲而不舍的深入研究。

2. 辐射防护发展的简要历史

放射性的发现，在当初有限的使用范围内，给人类带来益处，随之放射性的利用日益广泛，在给人们带来利益的同时，也给人们带来伤害，如何实现趋利避害，就成了放射性使用者和科学研究工作者的关心课题。“使用”伴随“防护”，“使用”需要“防护”，“防护”才能保护“使用”的有利进行。

随着核技术的不断发展，放射性防护技术也逐步发展成为一门科学，从初期的亡羊补牢式的被动防护发展成为当今有理论讲科学的主动防护，100余年走过艰辛的道路，在总结中得到提高和发展。

(1) 初期的防护

当初，人们对放射性陌生，没有想到它会对人可以造成伤害。但事实提醒了人们放射性的利害相交，与放射性打交道需要防护，随之出现了初期的防护。1896年12月12日美国《西部电学家》杂志发表了世界上第一份防护意见：尽可能缩短照射时间；不要站在距X射线管30 cm以内的地方；在受照皮肤上涂凡士林。

1913年德国伦琴学会公布了放射性防护建议。20世纪20年代，有人提出了“红斑剂量”的若干分之一为准的安全限值。有些国家和学术团体也设立了关心防护的组织，并制定了指导性文件。1925年国际放射学会在第一次国际放射学大会(ICR)上成立了国际X射线单位委员会(后来的 ICRU)。因为没有一致的测量方法及单位来描述受照者所受到的X射线的量，就无从定量地使用与防护，也无从交流经验。在第二次国际放射学大会上成立了在第一次大会上已经考虑的X射线及镭防护委员会(ICXRP)，即为后来国际放射防护委员会(ICRP)。1934年ICRP制定了X、γ射线的单位“伦琴”，并建议健康人能耐受0.2 R/d的X射线照射(即1 R/周、48 R/a)。1941年首次制定了镭内照射限值，是根据以镭为发光涂料描绘表盘工人的健康资料制定的。

初期的放射防护是以耐受概念为依据，是被动的防护，但在当时也是起到了积极作用。

(2) 中期的防护(20世纪50年代初—20世纪70年代末)

1942年12月2日，核反应堆诞生，从此可以成吨产生放射性物质。不久各种类型的反应堆、加速器、核辐照装置陆续投入运营，有关人员除接受X、γ射线照射外，α、β、中子等各种射线的内外照的危害也有可能涉及，特别是1945年8月原子弹在广岛、长崎爆炸，造成空前的核灾难，核辐射引起的癌症病例陆续出现。为制造原子弹而采铀的美国、德国等国的矿工因受井下氡子体的伤害死于肺癌，原子能企业的职工放射病暴露明显。以苏联第一套核工厂为例，1948—1954年间，职工受照大得惊人，在堆和后处理厂40年代末，人均剂量高达>1 Sv/a，在40年代末50年代初，大部分人员平均>1 Sv，1%～2%的人年剂量>4 Sv，患“慢性放射病”者高达22.5%，而在50年代后期把剂量控制在15 R/a以下，即不再发生“慢性放射病”。

那些有远见的科学家，汇总了放射学家与镭工业的经验，使人们认识到需要主动的防护，并提供了对待当前形势的经验。二战期间ICRP和ICRU暂停活动，战后1950年ICXRP

(X射线及镭防护委员会)恢复活动,重建并改名为ICRP,把防护的范围扩大到放射学以外。

1950年ICRP推荐最大允许剂量为0.3 R/周、15 R/a,1952年在ICRP、ICRU和联合国教科文组织的联合会议上讨论了遗传效应。在辐射效应方面,应用了“关键器官”的概念,全身照射以最敏感的器官受照不超过 0.3 R/周为限。强调某些辐射效应是不可逆的与可累积的,并强烈推荐应尽力降低剂量到可能的最低水平。

1958年ICRP—第1号出版物,将人体器官组织分成三类。分别建议相应的最大容许年剂量当量。

造血器官、性腺、眼晶体为5 rem/a(50 mSv);

皮肤、甲状腺、骨为30 rem/a;

四肢和其他器官、组织分别为75 rem/a和15 rem/a。

1959年ICRP—第2号出版物提出了“内照射容许剂量”,制定了年摄入量限值(ALI),计算了300多种核素的全身和各器官的最大容许体负荷(μC),水和空气的最大容许浓度($\mu C/cm^3$)。

这一时期辐射防护标准的特点是以观察到的关键器官的辐射效应为基础,确定最大容许体负荷,再推导出空气、水的最大容许浓度。当时人们乐于接受以最大容许浓度为法规,而不是用剂量做法规,因前者易于计量和实施。这一思想体系延用了20年。

我国早期的辐射防护标准,第一代《放射性工作卫生防护暂行规定》(1960)和第二代标准GBJB—74《放射防护规定》就是参考ICRP这一时期思想体系制定的。

(3) 近期(1977年以后)的防护

到70年代,许多辐射流行病学调查材料已能给出辐射致癌的粗略危险度,积累了大量辐射遗传学动物实验资料,完善了人类遗传疾患的正常发生率资料。ICRP综合上述新成果于1977年发表26号出版物《国防放射防护委员会建议书》,对辐射防护的基本原则作了重大修改。

1) 将辐射效应分为随机效应和非随机效应两大类。随机性效应:发生概率与剂量成正比而严重程度与剂量无关的辐射效应。一般认为,在辐射防护感兴趣的低剂量范围内(联合国原子辐射效应科学委员会确认低剂量系指200 mSv总剂量或低于0.1 mSV/min的剂量率)。这种效应的发生不存在剂量阈值,例如致癌效应和遗传效应。非随机性效应(即后来的确定性效应):通常情况下存在剂量阈值的一种辐射效应,超过阈值时,剂量愈高则效应的严重程度愈大,例如白内障、白细胞减少、生育力减退等,放弃了只着眼于关键器官效应的做法。

2) 辐射防护的目标是防止非随机效应的发生率,使之达到可以接受的水平,就是控制辐射造成的死亡率使之不超过其他安全工业中的危害死亡率。

3) 辐射防护三原则:正当性、最优化、剂量限值。

正当性是指在进行任何放射性工作时,都应当进行代价和利益分析。人们认为只要达到某项目标所获得的效益明显地大于所付出的全部代价,就是正当的。若某种实践不能带来超过代价的净利益,则不应采取此种实践。GB 18871—2002《电离辐射防护与辐射源安全基本标准》中指出,不仅对引入新的实践要进行正当性判断,对业已存在的实践,当其效能与后果有了新的资料时,也应再审查其正当性,如果此时不是利大于弊,则应考虑撤销该项实践。在核医学和影像医学照射的正当性中,除了作为一项实践是正当的外,还要考虑对每一次操作的正当性。

最优化是指在考虑到经济和社会因素之后，使任何辐射照射保持在可以合理做到的尽可能低的水平。最优化旨在促进社会公众集体安全的卫生保健，而与个体防护无关。在实际工作中，最优化主要用于防护措施的选择、设备的设计和确定各种特准限值，最优化不是唯一的因素，但它是确定这些措施、设计和限值的重要因素，由于它能采用定量的方法，因而具有更大的说服力。

在实施上述两项原则时，要同时保证个人所受剂量当量不应超过规定的相应限值，即指放射职业人员和广大居民个人所受的剂量当量，不得超过国家标准限值。个人剂量限制是个人在一年内受到的外照射所产生的有效剂量与这一年内摄入的放射性元素所产生的待积有效剂量两者之间和的值。

对于任何工作人员的职业照射而言，必须控制其值，使其不超过下列限值：

- 连续 5 年平均有效剂量 20 mSv；
- 任何单独一年内有效剂量 50 mSv；
- 一年内眼晶体的当量剂量 150 mSv；
- 一年内四肢（手和足）或皮肤的当量剂量 500 mSv。

二、外照射的防护

放射源在人体外对人体形成的照射，叫做外照射。外照射主要是由 γ 或 X 射线、中子和β射线引起的。外照射的防护就是采用一定的方法减小工作人员的外照射剂量。

1. 外照射防护的一般方法——操作量、时间、距离、屏蔽

（1）控制操作量。因为累积剂量和受照剂量率与受照时间有关，相同的受照时间内，受照剂量率愈大，所受累积剂量愈大，而在相同条件下，放射性物质的操作量愈大，则所产生的受照剂量率也愈大，因此，在不影响工作任务/质量情况下，放射性物质的操作量要尽可能小，即合理地尽可能地降低源强（如取/制样、标定）。

（2）控制受照射时间。在受照剂量率相同时，受照时间愈长，所受累积剂量愈大，在某些情况下，可通过控制受照射时间来限制个人所受剂量。所以，在放化环境操作中，必须熟练、迅速、准确，必要时要事先进行演练。

（3）控制源与人之间的距离在操作放射性量一定的情况下，增大人与辐射源间的距离可降低受照剂量率。如对点源，工作处的照射量率与距离的平方成反比，即

$$\frac{I_1}{I_2}=\frac{D_2^2}{D_1^2}$$

式中，I——工作人员所受的照射量率；

D——工作人员与辐射源间距离。

所以，增大源与人之间的操作距离可有效降低受照剂量，必要时，可结合实际情况制作使用一些远距离操作工具，如长杆钳子、机械手等。

但要注意，受照剂量率与距离平方成反比的关系仅适用于点源情况，它与辐射源的大小、几何形状及离源的相对距离有关，但在辐射源与人体的距离增大到足够远时，可近似按点源对待。如对一个长 10 cm，直径 1 cm 的均匀柱状 γ 源，当距离在 20～40 cm 时，受

照剂量率与距离并不成反比关系,但当距离增大到 1.5～2 m 时,则受照剂量与距离近似成反比关系。

(4) 设置屏蔽。屏蔽防护就是根据辐射通过物质时其放射性可被减弱的特性,在人与放射源之间设置足够厚度并适宜的屏蔽物,把外照射剂量减弱到容许水平以下。常用屏蔽材料:对 γ 射线的屏蔽材料主要有铅、铁、混凝土、水等;对 β 射线的屏蔽材料主要有烯基塑料、有机玻璃和铝等。

1) 屏蔽的方式

根据防护的要求,屏蔽物可以是固定的,也可以是移动的,属于固定式的屏蔽物指防护墙、地板、天花板、防护门等;移动式的屏蔽物如包装容器、各种手套箱、防护屏和铅砖等。

2) 屏蔽设计的内容

屏蔽防护应用极广,在一切核工程及强源操作中,都要涉及屏蔽问题。进行屏蔽防护时,要根据辐射源的种类、活度、用途进行具体设计。屏蔽设计的内容包括:选择合适的屏蔽材料,确定屏蔽的结构形式,计算屏蔽层的厚度,妥善处理散射和孔道泄漏等问题。

2. 不同射线的外照射防护方法

(1) α射线的外照危害特征及其防护

α粒子与物质的相互作用以电离和激发为主,其主要特征为电离比度大,射程短,很薄的空气层就可将吸收掉,所以在生物组织中的射程亦很短,对α粒子的外照防护,只要带上一层手套就可。但一旦α粒子进入体内,可造成严重的内照危害。

(2) β射线的防护

β射线比α粒子的穿透能力大,在空气中的射程可达几米。对外照射而言,β射线的一个重要特征就是容易被生物组织表面层吸收,特别是活度比较高β放射源,由于其穿透能力差,能量将集中沉淀在组织表皮,引起组织表层的辐射损伤,即β烧伤。例如,在β粒子的注量率在 100 β粒子 · cm^2 · s^{-1} 时,能对表皮造成约为 0.1 mSv/h 之大的剂量率。

对β射线的防护,除了要考虑对β射线本身的屏蔽外,还要考虑其与物质相互作用产生的韧致辐射(韧致辐射的最大能量等于初级β粒子的能量),一般考虑两层屏蔽,第一层用低原子序数的材料屏蔽β射线,常用屏蔽材料为烯基塑料、有机玻璃、铝等。第二层用高原子序数的材料屏蔽韧致辐射,用屏蔽材料为铅、铁等,但当β粒子的能量小于 0.1 Mev 时,则不必考虑它们的韧致辐射防护问题。

(3) γ 射线的防护

γ 射线的防护要用原子序数较大的物质,如铅、铁、水泥、铅玻璃等。

(4) 中子的防护

中子与物质的作用较复杂,但对它的防护可归纳为快中子的慢化和热中子的吸收。对快中子的慢化要用原子序数较小的物质,最好是含氢较多的物质,如水、石蜡、塑料、石墨等。而对热中子的吸收应选用中子吸收截面(概率)较大的物质,通常选择含有锂和硼的物质。

三、内照射的防护

存在于人体内的放射性核素对人体的照射叫做内照射。极微量的放射性物质,从外照射角度来看它可能所造成的剂量是微不足道,但如果进入人体的话,就有可能造成相当大的内照射剂量；而且一旦进入人体，除非被排泄出体外或自行衰变尽，人体组织将一直受到它的照射。

1. 放射性物质进入人体的主要途径

(1) 经呼吸道进入，主要是空气中的放射性气溶胶(直径 10^{-3} μm～1 μm 的固液体粒子)和放射性气体；

(2) 随同食物和水被食入；

(3) 经皮肤伤口进入；

(4) 经皮肤渗入。

2. 放射性物质进入人体后的去向和分布

(1) 排出：进入人体的放射性核素，有一部分将通过呼出、汗、尿及粪便几种途径排出体外。

(2) 移位和沉积：进入人体的放射性核素通过人体的新陈代谢作用而转移。转移的速度既取决于核素本身的性质，也和人体的各器官功能相关。体液是可转移性化合物由身体一个部位转移到另一部位的主要媒介物。体液中的放射性核素一部分除通过肾、肝、肠、皮肤或肺的作用而排出体外，其余的将沉积在它所亲和的那个器官中(例如，碘主要沉积在甲状腺中，钚主要沉积在骨和肝、肺中)。沉积有放射性核素的器官叫做源器官。源器官中放射性核素产生的辐射将对它本身及邻近的其他器官形成照射，受到照射的器官叫做靶器官。源器官本身也是靶器官，而且是最重要的靶器官。

3. 内照射防护的基本方法

内照射防护的原则，是尽可能减少摄入人体的放射性物质。为了作到这一点，下面分两方面来采取措施。

(1) 采用先进工艺

操作和生产流程尽可能采取先进、科学、安全的设备和方法，主要遵循两个原则：

1) 包容和集中，即把放射性操作限制在一定范围以内，尽量减少放射性物质散失和向外扩散的可能性。

2) 稀释、分散和去污，即采取各种措施，控制工作场所内空气中的放射性物质的浓度，控制各种表面上的放射性污染水平，保证低于导出限值标准。

具体的措施主要有：把放射性核素按毒性进行分类，把放射性工作场所进行分级管理；采用通风柜和手套箱进行操作；确保排风量和排风的流向；尽量使放射性工作场所的表面光滑易于去污；去污工艺尽量采用湿法清除；通风系统应装有过滤器；放射性物料的工艺过程尽量在密闭容器中进行等。

(2) 加强个人防护

个人防护是减少工作人员摄入放射性物质的重要方面，也是辐射防护工作人员要经常完成的防护监护工作，对于作好辐射防护工作具有更直接和现实的意义。作好个人防护工作和需采取的主要措施有：

1) 严格执行进入放射性工作场所的各种规章制度：穿戴个人防护用品、进出卫生闸门管理规定、放射性工作场所不得饮食和吸烟、伤口未愈人员不得参加开放型放射性工作、不得把污染物品带出厂房、发生放射性污染应立即清洗去污，工作人员离开时应进行清洗和表面污染监测等。

2）对进入高污染区工作的人员除了严格执行一般的安全规定外，还应采取如下的防护措施：

① 加强呼吸系统的防护：带双层口罩并在口罩周边贴上胶布，以减少口罩的侧漏效应；有条件时穿气衣或戴自给予氧式防毒面具(一般过滤式面具无效)。

② 加强裸露皮肤的防护：涂擦凡士林或面膜，这既可减少皮肤渗入也便于去污。

③ 准备必要的备用劳保用品，以便破损时尽快更换。

④ 有条件时预先吸入一些促排药物，如雾状吸入 EDTA，可加快摄入体内放射性核素的排出。

⑤ 工作人员干完活后到指定地点由辐射防护人员进行清洗去污和表面沾污测量。

第四节　辐射监测

为了评估和控制辐射或放射性物质的照射而进行的辐射测量或放射性测量及对测量结果的分析和解释，称之为辐射监测。为了评价伴有辐射的实践或产生辐射的设施对人的形响，必须估算人受到的有效剂量和当最剂量等量度辐射危害的量。而这些量往往不能直接测量，必须根据监测其他可直接或间接测定的量，按一定模式来估算。辐射监测的结果是估算工作人员和公众受照的剂量，确认工作场所和环境的安全程序，进行辐射安全评价和辐射防护最优化分析不可缺少的资料，也是采取辐射防护和安全管理措施的依据。这些资料还可以用来确认操作上存在的问题或设备缺陷，发现事故征兆，以便及时采取防范措施，防止重大事故的发生。按照辐射监测的性质和目的，辐射监测可分为常规监测、与工作任务相关的监测和特殊监测；根据监测对象则可分为场所监测、环境监测、流出物监测以及个人监测。一切伴有辐射的实践和设施，都应视具体情况制定出常规和应急的两种监测计划。通常的常规监测计划应包括下列内容：

(1) 监测类型、目的和要求；

(2) 需要直接或间接测量的辐射量、待估算量及其估算模式；

(3) 相应的辐射管理标准和执行限值；

(4) 测量方案，包括测量方法、采用的测量仪表和设备；

(5) 测量频度；

(6) 对测量记录的要求，记录的保存和销毁；

(7) 对监测计划的审查和修改程序；

(8) 监测的质量保证措施。

1. 支持运行和装置控制的监测

运行监测的目的：

(1) 确认在指定区内辐射防护状况是否符合预评价和运行经验的预期值；

(2) 探测异常情况以便能够及时采取适当的修正行动；

(3) 提供用于评议防护最优化的数据。

2. 工作场所监测

工作场所监测包括定期地重复或连续的监测，以表明连续运行的工作环境是满意的。

通常它包含常规性的测量，但也包含固定点监测，以及时发现异常的或应急情况，如放射性气溶胶释放或临界事故等。当可能存在高辐射场，特别是如果有强烈的空间相依性或时间相依性时，应考虑采用能直接读数的电子声响警报剂量/剂量率计。任务相关的监测是指为特殊操作任务制定的监测纲要，其目的是提供运行的检查和在必要时能给出需要立即采取某种行动决定的基础资料。当进行非常运行时，必须考虑这样的监测，它应当密切地与操作的地点和时间联系起来。特殊的监测是指没有充分资料表明可以进行适当控制的工作环境情况下的监测。特殊监测是调查性的，其目的是为鉴明某些问题和制定将来程序提供详细信息。因此，任何特殊监测纲要应明确规定有限的期限和目的，一旦其目的已经达到，就应立即转变为常规或任务相关监测。特殊监测通常是在新设施投产阶段和设施或运行程序进行主要修改之后进行。特殊监测的目的之一是验证解释正常监测数据所用模式或在模式中所用假设的可靠程序的可用性。

3. 运行控制的个人剂量监测

个人剂量数据可以对运行和装置的控制做出贡献，这些数据可以由为了验证是否符合个人剂量限值目的的常规剂量计和生物样品提供。为了保证适当的运行控制，特别是防护最优化原则的应用，必须要有这方面的信息。为此应进行附加的测量，例如用直读式个人剂量计或专门发放的被动式个人剂量计(如 TLD)。对于常规运行，通常其辐射场不可能明显地随时间而变化，但为了及时发现可能的变化，定期进行专门的调查可能是必要的。对非常规运行，根据预评价和经验，采用附加个人剂量计是必要的。

监测个人剂量的主要目的是：

(1) 证实符合剂量限值和审管的要求；

(2) 发现非预期的事件，特别是这些事件可能产生相对高剂量时，以便能够提供相应纠正措施或医学响应。

个人监测是指用佩带在工作人员身上的器件进行测量或测量体内或排泄物中放射性物质量以及对测量结果的解释。原则上是测量个人有效剂量和器官或组织的当量剂量。

对于任何在控制区工作的人员，或有时进入控制区工作并可能受到显著职业照射的工作人员，或其职业照射剂最可能大于 5 mSv/a 的工作人员，均应进行个人剂量监测。在进行个人监测不现实或有困难的情况下，经审管部门认可后可根据工作场所监测的结果和受照地点和时间的资料对工作人员的职业照射作出评价。对在监督区或只偶尔进入控制区工作的人员，如果预计其职业照射剂量在 1～5 mSv/a 范围内，则应尽可能进行个人监测。应对这类人员的职业受照进行评价，这种评价应以个人监测或工作场所监测的结果为基础。

如有可能，所有受到职业照射的人员均应进行个人监测。但对于受照剂量可能始终低于 1 mSv/a 的工作人员，则可不进行个人监测。

第五节 辐射安全与核安全的概念

辐射安全与核安全是指在核技术的研究、开发和应用的各个阶段，在核设施设计、建造、运行和退役的各个阶段，为使核技术应用过程中或核设施运行和退役过程中产生的辐射对从业人员、公众和环境的不利影响降低到可接受的水平，从而取得公众的信赖，所采取的全部理论、原则和全部技术措施及管理措施的总称。

上述定义包含了三个内涵:

(1) 范围:核与辐射安全要贯穿"在核技术的研究、开发和应用的各个阶段",贯穿"核设施设计、建造、运行和退役的各个阶段"。

(2) 目的:核与辐射安全的目的是"使核技术应用过程中或核设施运行和退役过程中产生的辐射对从业人员、公众和环境的不利影响降低到可接受的水平,从而取得公众的信赖"。

(3) 内容:核与辐射安全的内容要涵盖为此目的所采取的全部理论(如确定论和概率论)、原则(如纵深防御、安全文化)、全部技术措施(如设备分级与鉴定、运行限值和条件)和管理措施(如报告制度、许可证申请和监督)。

辐射安全与核安全的区别是,核安全的着重点在维持设施的正常运行,预防事故发生和事故下缓解其后果,从而保护从业人员、公众和环境不致受到辐射带来的伤害。辐射安全的着重点在通过辐射水平的监测、辐射效应的评价、辐射防护措施和事故应急与干预,实现辐射防护最优化并使辐射剂量不超过规定限值。

国际原子能机构将核安全、辐射安全、放射性废物安全和放射性物质运输安全统称为核安全,这就是广义的核安全的概念。本教材中用到核安全概念时多数指的是广义的安全概念。

核安全作为一个综合性学科涉及十多个专业或学科,如核物理、发射化学、核材料、核设备、核仪表、辐射防护、核医学、地质、地震、气象、水文、法律、社会学、心理学等。

当前,核电已成为核技术应用的主产业,因此,本教材中在阐述核安全概念时常常采用了核电安全的许多概念,但其要点同样适用于其他核产业。

第六节　核安全文化概述

国际原子能机构(IAEA)国际安全咨询组(International Nuclear Safety Advisory Group, INSAG)于 1986 年的《切尔诺贝利事故后评审会议总结报告》中首次引出"安全文化"一词;之后,1988 年,国际安全咨询组(INSAG)在《核电安全的基本原则》中把安全文化的概念作为一种基本管理原则,表述为:实现安全的目标必须渗透到为核电厂所进行的一切活动中去。1991 年,国际安全咨询组(INSAG)出版了《安全文化》(INSAG-4)一书,对核安全文化作出了如下定义:核安全文化(Nuclear Safety Culture)是存在于单位和个人中的种种特性和态度的总和,它建立一种超出一切之上的观念,即核电厂安全问题由于它的重要性要保证得到应有的重视。

一、产生背景

核电站的安全特征是高危险性、低风险率,公众舆论对其安全性期望值高。以往对核电站的安全性主要通过法规和硬件设施来实现,如政府对核电站立项实行严格的审批制度,安全装置采用多重纵深防御系统。但同所有工业企业一样,无论多么先进的系统,由于种种原因引起某些设备失效而产生事故是可能的。在研究中发现,核电站事故中绝大部分(约为 80%,各国情况不尽相同)不是因设备故障,而是人员失误直接或间接导致的。世界核电史上两次最大事故(1979 年美国三里岛核电站事故和 1986 年苏联切尔诺贝利核电站事故)均如此。

这两次事故对世界震动很大，也促使人们进一步研究、探索核安全的立足点、层次和完善途径，以及实行、落实“安全第一”的最有效办法。在此背景下，国际原子能机构(IAEA)的国际核安全咨询组(INSAG)于1986年在《切尔诺贝利事故后审评会议总结报告》中首次引出“安全文化”一词。核安全文化一出现就引起了广泛的重视与兴趣。因为长期以来，对核电站的安全措施耗费了巨大的资金和精力，也使用了许多新方法，应该说核电站系统的可靠性、安全性得到了很大的提高。然而，事故仍时有发生，尤其是还产生了三里岛和切尔诺贝利这样的严重事故。广义的人因问题成了长期困扰核电站安全的一大难题。而安全文化的提出，似乎为解决这个难题提供了一条途径。

1988年，INSAG进一步在《核电安全的基本原则》中把安全文化的概念作为一种基本管理原则，表述为：实现安全的目标必须渗透到为核电站发电所进行的一切活动中去。上述两份报告发表后，安全文化一词在与核安全有关的文件中越来越多地被使用，但是该术语的含义有待于进一步明确，对于如何评价安全文化也缺乏指导，这引起了国际上、包括非核工业界的热烈讨论。为总结这些讨论及回答这些讨论所提出的问题，1991年INSAG出版了《安全文化》(INASG-4)一书，深入论述了安全文化这一概念：其定义和特征，对不同层次的要求，如何衡量所达到的安全文化的程度等。至此，可以说核安全文化正式诞生了。

安全文化的产生对核安全的改善起到了极大的推动作用，以至于有不少专家认为：核能界目前的工作在很大程度上都是在安全文化推动下进行的，建立安全文化已成为任何国家利用核电的先决条件。

二、含义

核安全文化是存在于单位和个人中的种种特性和态度的总和，它建立一种超出一切之上的观念，即核电厂安全问题由于它的重要性要保证得到应有的重视。

在措辞严谨的“安全文化”的表述中，有3方面的含义：

(1) 强调安全文化既是态度问题，又是体制问题，既和单位有关，又和个人有关，同时还牵涉到在处理所有核安全问题时所应该具有的正确理解能力和应该采取的正确行动。也就是说，它把安全文化和每个人的工作态度和思维习惯以及单位的工作作风联系在一起。

(2) 工作态度和思维习惯以及单位的工作作风往往是抽象的，但这些品质却可以引出种种具体表现，作为一项基本任务，就是要寻求各种方法，利用具体表现来检验那些内在隐含的东西。

(3) 安全文化要求必须在正确履行所有安全重要职责，具有高度的警惕性、实时的见解、丰富的知识、准确无误的判断能力和高度的责任感。

安全文化有两大组成部分：第一，是单位内部的必要体制和管理部门的逐级责任制；第二，是各级人员响应上述体制并从中得益所持的态度。核安全文化是所有从事与核安全相关工作的人员参与的结果，它包括核电厂员工、核电厂管理人员及政府决策层。

三、组成

核安全文化对决策层、运行管理部门和个人提出了严格的要求。

(1) 对决策层的要求

政府的职责是审管核电厂及其他潜在的有害设施和活动的安全法规,以保护职工、公众和环境;管理部门拥有足够的人力、资金和权力履行其义务,使工作不受任何不必要的干扰,以便在全国范围内形成一种氛围,即安全是每天都要关心的事项。

对管理决策层而言,他们必须通过自己的具体行动为每个工作人员创造有益于核安全的工作环境,培养他们重视核安全的工作态度和责任心。领导层对核安全的参与必须是公开的,而且有明确的态度。

(2) 运行管理部门

核安全应与营运机构为重点,因为营运机构人员的行为和核电厂安全之间的联系最为紧密。核电厂发生的任何问题在某种程度上都来源于人为的错误。核电厂营运机构以及所有其他与安全相关的单位都必须提高安全文化,以防止人为错误的发生,并从人类活动的积极方面获得好处。

(3) 个体的行为

安全文化水平的高低,也直接取决于核电厂的每一个员工,安全文化指的是"从事任何与核电厂核安全相关活动的全体工作人员的献身精神和责任心"。人的才智在查出和消除潜在的问题方面是十分有效的,这一点对安全有着积极的影响。

四、推行安全文化过程中应注意的几个问题

在核安全文化推行过程中,一般应注意的问题包括以下几个。

(1) 安全文化不是通俗意义上的"文化",而是存在于单位和个人中的种种特性和态度的总和,它建立一种超出一切之上的观念,即安全问题要保证得到应有的重视。

(2) 安全文化既是态度问题,又是体制问题;既和单位有关,又和个人有关,同时还涉及在处理所有安全问题时所应该具有的正确理解能力和应该采取的正确行动。

(3) 组织与个人的关系:组织必须创造正确的机制去鼓励正确的态度,而个人必须有正确的态度去支持能创造良好安全文化的组织机制。

(4) 安全文化实质上是一种手段,它能使所有单位和个人都对安全密切关注。它强调人因在保证安全上的主导作用,并以此促进外界条件改善,从而提高整体安全文化水准。

(5) 培育良好的安全文化,特别需要企业高层领导重视,制定安全政策,各级干部起表率作用,严格要求,全体员工积极响应,通力合作,持之以恒,再加上外部影响与帮助,才能逐渐形成。

(6) 目标是要建立良好的安全文化,但到达它的路径和程序须由各单位结合自己的特点去创造。

(7) 建设安全文化符合成本效益原则。安全文化有利于早期发现事故隐患,并消除之,从而减少事故,降低运行和维护成本。

(8) 安全文化建设决不能只停留在形式上,而要融会、贯穿在企业的一切活动之中,这是最重要的一点。

第七节 核事故应急

一、我国核事故应急管理体制

我国核事故应急实行三级管理:国家级、地方政府级及核设施营运单位级,分层次对相应核事故应急管理工作负责。

1. 国家核事故应急组织管理

国家核事故应急管理工作由国务院指定的部门负责,目前负责全国核事故应急管理工作的是国家核事故应急协调委员会,其主要职责:

(1) 拟定国家核事故应急工作政策;

(2) 统一协调国务院有关部门、军队和地方人民政府的核事故应急工作;

(3) 组织制定和实施国家核事故应急计划,审查批准场外事故应急计划;

(4) 适时批准进入和终止场外应急状态;

(5) 提出实施核事故应急响应行动的建议;

(6) 审查批准核事故公报、国际通报、提出请求国际援助的方案。

2. 地方政府核事故应急管理

核设施所在地的省、自治区、直辖市人民政府指定的部门负责本行政区城内的核事故应急管理工作,其主要职责:

(1) 执行国家核事故应急工作的法规和政策;

(2) 组织制定场外核事故应急计划,做好核事故应急准备工作;

(3) 统一指挥核事故应急响应行动;

(4) 组织支援核事故应急行动;

(5) 及时向相邻省、自治区、直辖市人民政府通报核事故情况。

3. 核设施营运单位的核事故应急管理

核设施营运单位在核事故应急方面的主要职责:

(1) 执行国家核应急工作的法规政策;

(2) 制定场内核事故应急计划,做好核事故应急准备工作;

(3) 确定核事故应急状态等级,统一指挥本单位的核事故应急响应行动;

(4) 向营运单位主管部门、国家核安全部门和省级人民政府指定的部门报告事故情况,提出进入场外应急状态和采取应急防护措施的建议;

(5) 协助和配合省级人民政府指定的部门做好核事故应急管理工作。

二、核事故应急状态

核事故应急状态分为 4 个等级:应急待命、厂房应急、场区应急和场外应急。四级为最高等级。核设施营运单位处于第一线,最了解核事故现状,对核设施的安全负有全面责任,应及时向上级应急组织提出行动建议。

三、核事故应急计划与准备

由于各核设施发生事故的严重程度和概率的大小差异可能很大,其应急响应计划的规模也应因地、因时而异。如有的既需要场内应急也需要场外应急,有的则仅需要场内应急。总之,应急计划不应不分大小及性质,而应实事求是地制定。

应急计划应明确各级事故应急组织的职责,安排用于事故响应的必要物质、设备、人员及其他必要的准备,确定用于事故中保护公众的措施和事故响应的步骤与程序。必须在事故发生前做好应付事故发生的各种应急准备。最主要的应急准备包括:制定应急总计划、建立应急管理组织、安排用于事故应急的各类人员与设备(例如监测设备与通讯联络设备),以及组织应急工作人员的训练与演习。对应急准备的要求因核设施潜在危险的大小和性质而异,而且应该遵循积极兼容的原则,充分利用现有条件,建立和保持必要的应急技术支持中心或后援单位,如应急决策支持、辐射监测、医疗救治、气象服务等。

四、退役期间的应急计划

在整个退役期间,也有必要制定、实施和保持处理异常事件的规程。应该用一些意外事故规程来培训现场人员。特别是在燃料还没有完全从设施中移走的情况下,为了处理涉及燃料的事故和事件,如燃料在燃料池中可能失去冷却剂,应该把这类意外事故列入应急计划中。

场址和设施应急计划是针对事故或故障情景的应急措施。在运行期结束时的应急计划可作为退役期间应急计划的基础。在应急计划中列出应急计划与响应的组织机构和职责,描述处理和报告异常事件、事故和紧急情况的安排,包括场内和场外行动。要对需要这些安排的危险和事件进行识别,所需的响应和联络方式要叙述清楚,对可能需要外部支持的行动进行识别并确保有恰当安排。在整个退役期间要保持对紧急情形进行响应的适合程序。要确定对操作人员培训、定期测试和设备维护以及周期性演习的要求。要对应急响应可用到的设备进行识别。要制定和保持对异常事件进行记录(包括向监管机构报告)的程序。

第五章　核设施退役知识

学习目标：通过培训，使核设施去污拆除操作工了解核设施的分类、特点及主要设施的基本情况，并掌握核设施退役的策略、方法与退役工程方面的相关知识，为核设施去污拆除工作顺利高效地开展打下坚实基础。

第一节　核设施的定义、分类及特点

一、定义

核设施的含义是规模生产、加工、使用、贮存、处理处置放射性物质，需要做安全考虑的设施，包括其设备、建筑物和附属场地。

二、分类

1. 核燃料循环前段设施

(1) 铀矿采冶设施

铀矿一般采用地下开采或露天开采。由于铀是分散性元素，与很多金属元素共生，铀矿品味(一吨矿石中有用矿物所占的百分比)通常很低(万分之五的品味就有开采价值)，所以铀矿采冶产生很多废石和尾矿。

铀水冶厂是开放性化工作业，泵、阀、管道、槽罐设施很多。除存在普通化冶工业的危害因素外，还有铀及其子体辐射危害。对人体健康危害主要来自铀重金属毒性。铀水冶厂内、外环境被铀及其子体与化学物质所造成的污染是退役最需要重视的问题。这类工厂往往很大，有许多厂房和车间。但退役任务相对简单。

(2) 铀纯化和转化设施

铀纯化设施是把水冶厂的铀粗产品出去杂质达到和纯化级要求，生产出 UO_3 或 UO_2。铀转化是把 UO_3 或 UO_2 转化成 UF_4 和 UF_6，供下一步浓缩富集铀-235 所用；或者转化成二氧化铀或金属铀直接燃料元件供重水反应堆或镁诺克斯堆使用。

这类核设施类似于许多化工厂，工艺生产过程在密闭系统内进行，涉及湿固体、溶液、溶剂和排气，设备部件受污染一般在内表面，也可能由于泄漏和溅洒等原因造成外部污染。污染核素通常是铀同位素及其子体，辐射危害通常较小，健康危害主要来自铀重金属毒性和氟、氟化氢、酸。这类核设施类似于普通化工厂，退役比较简单。如果加工处理后处理产生的再循环铀，必须重视污染核素的危害作用。

(3) 铀富集设施

天然铀中，铀-235 的丰度仅为 0.7%，压水堆核电站的燃料需要丰度为 3%～5%的铀-235。铀富集是提高铀-235 的丰度。铀富集的方法很多，如扩散法、离心法、激光法等，现在扩散法处于淘汰阶段,很多扩散厂已在退役。铀扩散厂有许多单元,占地面积很大,退役工程有大量的拆卸活动。退役工程特别要重视:① 核临界安全问题(铀-235 丰度>1%就需要重视核临界安全);② 保安问题(若存在核材料,必须高度重视保安);③ 许多设备单元需要去污;④ 大量金属材料的再循环再利用(如金属部件的熔融处理);⑤ 贫化六氟化铀稳定化处理和利用,是一个需要研究开发的大任务。

对于利用后处理回收得到的铀进行富集铀的工厂,还存在其他污染核素,还应重视强γ辐照和超铀元素的α辐照。

(4) 燃料元件制造设施

燃料元件是反应堆的核心部件、各类反应堆的元件及其制造工艺都不同,但大体上都包括芯块制造、密封包装、组件装配和质量检验等步骤。燃料元件生产大多是开放作业,铀化学毒害和吸入内照射毒害是安全关注的重点。

燃料元件制造设施的退役需要重视对α辐射的防护,重视UO_2和金属铀粉末以及硝酸铀酰溶液的化学毒害作用。处理金属铀和铀粉末,由于存在自燃风险,消防是需要重视的问题。燃料元件制造设施退役特别需要关注:① 通风措施,防止操作人员吸入α放射性物质造成内照射;② 临界安全核实体保护;③ 氢燃爆和铀屑自燃;④ 铀和氟的化学毒害。

2. *核燃料循环后段设施*

核燃料在反应堆中"燃烧",不仅没有耗尽原有的易裂变核素铀-235(留下的铀-235 达 0.8%～0.9%,比天然铀中的铀-235 丰度还高),而且还产生了新易裂变物质钚-239(约占 1%)和次锕系元素。对乏燃料作处理(称后处理)不仅可以回收残留的铀和新生钚,充分利用宝贵的核燃料资源,还可把乏燃料转变成易处置的形式,减少需要地质处置的高放废物的体积,后处理及其放射性废物处理所涉及的高放废液放射性强、毒性高,所含的核素半衰期长,必须高度重视辐射防护。此外后处理厂还应重视核临界安全问题。

后处理厂有很多厂房和设备,工艺设备多数置于屏蔽室内,如燃料接受设施、燃料贮存水池、燃料脱壳或剪切设备等。后处理厂有许多溶解、调料和萃取用的槽、罐、柱、塔和管道系统,许多蒸发、冷凝和液体贮槽,尾气处理设施,还有铀、钚净化和产品生产车间,放化分析实验室,通风系统,废物处理和处理厂房等。后处理厂设备表面往往有严重的污染,存在裂变产物和锕系元素的α、β、γ辐射污染体以及存在核临界安全隐患。

后处理厂主要为裂变产物和锕系放射性核素所污染,几十年衰变贮存不能明显降低退役工作人员的受照剂量,反之,可能由于衰变产物而增强γ射线的照射(如有 ^{241}Pu 衰变形成 ^{241}Am)。此外后处理厂存在强腐蚀性的化学物质,久置腐蚀损坏和老化程度日趋严重,所以后处理厂宜早进行退役。

3. *反应堆设施*

反应堆有多种多样的用途:动力堆用于发电,推动船舰和航天器;生产堆用于制造核武器装料;研究堆用于培训、同位素生产、活化分析、材料辐照、物理研究等。反应堆类型很多,有多种分类方法,如压水堆、沸水堆、重水堆、高温气冷堆、快中子增殖堆;脉冲堆、高通量堆、试验堆、原型堆等。反应堆的功率差别很大,从几千瓦到上千兆瓦。

反应堆运行产生大量的活化产物和大量的裂变产物以及少量锕系核素,裂变产物和锕系核素主要包容在元件包壳中,活化产物核素多数半衰期较短,因此反应堆关闭后辐射水平随时间降低较快。

反应堆放射性主要来自活化产物，其中 ^{60}Co 是主要核素，衰变贮存 17 年、34 年、51 年可分别降低辐射水平月 10 倍、100 倍、1 000 倍。反应堆退役时，堆本体可能要封闭几十年时间，但堆外设备和辅助建筑物宜尽快拆除，以降低监视和维护的费用。反应堆退役产生大量混凝土废物。此外还有许多废钢铁，石墨气冷堆和石墨水冷堆还产生许多废石墨。

4. 核技术利用辐射设施

核技术利用辐照设施主要是指辐照装置和加速器。核技术在工农业、医疗、教育和研究方面有许多应用世界上建立了许多生产、使用和操作放射性物质同位素的生产线(包括热室、手套箱等设备)、辐照装置、粒子加速器和放射化学实验室。这些设施的规模和复杂程度相差很大。核技术利用使用短寿命核素和密封放射源较多，但不乏用非密封放射源和开放型操作。

核医学应用的放射性核素，大部分是短寿命核素，除了 ^{14}C 和 ^{3}H 外，很快就可以衰变到可以衰变到可接受的水平。核医疗设施设有核诊断和核治疗设备。除了治疗机用的密封源外，放射医疗设施退役产生的废物体积和活度都是很小的，要重视的是事故或意外事件造成的放射性污染。

世界上操作放射性物质的放射化学实验室很多，操作的放射性物质量差别很大、毒性大的放射性核素常在热室(β/γ放射性物质)和手套箱(α放射性物质)中进行。早期使用液体放射源和粉末放射源与做开放型实验的时候，曾造成过一些放射性污染。由于通风设备和放射性下水管道的老化和腐蚀泄漏，可能造成局部污染。放射化学实验室退役时要重视通风系统、下水管、手套箱的拆除活动。早年用得多的放射性核素 ^{226}Ra 造成的污染，可能给退役带来较大的麻烦，需要特别重视。现在核医学中镭源的应用多被 ^{60}Co、^{137}Cs、^{192}Ir 所代辐照装置 ^{60}Co 源和 ^{137}Cs 源，活度从 10^{12} Bq 到 10^{16} Bq 量级不等。辐照装置的安全问题主要是外照射防护。设计时常设置足够厚度的屏蔽墙，设安全可靠的联锁和警告、报警装置以迷宫式通道，防止人员的误进入，辐照装置的放射源贮存在水井中，使用时提升上来。倒源、装源和换源，均在水下操作。水井有足够深度，为了减少对源的腐蚀，井水采用无离子水。如果放射源有泄漏，则有可能污染贮源井水，污染井水的泄漏和蒸发，有可能污染环境。

辐照设施退役难点在辐照源的取出和运走。如果没有泄漏，辐照设施的退役时简单的；如果出现了泄漏，污染了设施和环境，退役就变得复杂，应按制定的操作程序进行退役。对于高活度β/γ放射源的搬运、运输和处置，必须有适当工具和设备，并由经过适当培训的人员来操作。

加速器具有获得的辐射粒子种类多、能量范围宽、能量、强度和方向可调，以及可以精确控制，能随时启动和关机，工作安全，维修方便，放射性污染小等优点。加速器有电子加速器、轻粒子加速器、重粒子加速器、微粒子团加速器等多种类型。加速器按能量可分为：低能加速器、中能加速器、高能加速器、超高能加速器；按电场和粒子轨道形态可分为直流高压型。电磁感应型。直线共振型和回旋共振型四类。小型加速器只有一个房间那么大，大型加速器占地达几平方千米。

加速器的感生放射性是由中子活化作用造成的。感生放射性的辐射水平取决于加速粒子的能量、种类、流强和加速器运行时间。感生放射性主要存在于加速器的结构材料、冷却水,以及加速器厅,速流传输隧道的空气中。加速器的感生放射性核素一般半衰期都比较短,如^{15}O、^{13}N、^{11}C、^{41}Ar等。对于中、高能加速器,可能使混凝土和金属部件活化,真空室、靶件、泵、磁体、束流元件、电缆、机油、屏蔽体可能成为放射性废物,含有低比活度的 β/γ放射体,经适当时间的衰变贮存,有的可以解控,有的要作放射性废物处理。一般加速器运行产生的活化废物量小,放射性比活度低。通常加速器退役产生的废物量很少,拆下的部件常可作其他使用,而不必都作废物处理。大型老设施或管理不善的设施可能产生较多的废物。一般来说,加速器的退役没有工程技术和废物处置难题。

三、特点

以核设施为标志的核工业是专业门类繁多、技术复杂的综合性高新技术产业。世界核工业几十年的发展,在军民领域创造的成果已经极大的影响和改变了世界军事和经济格局。"核威慑"力量左右了世界军事战略格局,核能的研发和利用又成为人类不可或缺的新的安全清洁能源。

在新的历史时期,为了适应我国核工业"大力发展核电和民用核燃料产业"的需要,同时研发核军工新型技术和解决核工业遗留问题,我们必须对这些核活动中产生的放射性废物进行有效管理,确保人类生存环境的安全和可持续发展。

核科学核技术在科学、医疗、工业和电力生产上已经并将继续得到越来越广泛的运用,但核活动产生的放射性废物对人类健康和环境都具有巨大的潜在危害。如何对放射性废物进行有效处理,把危害降至最小,早已超越国家界限,成为全世界共同关注的问题。

核设施与其他一般工业设施最大区别在于:① 具有放射性:去污前总源项可达数百万居里。② 坚固性:从辐射损伤和辐射考虑,比常规设施要坚固的多。③ 复杂性:一般核设施结构紧凑,系统大而多,设备管道、罐、槽各种材料结构应有尽有。因此,它的拆除需要高、精、尖的技术、艰苦的劳动和高昂的代价。核工厂的烟囱是用来稀释弥散来自放射性厂房系统获得批准排放的气体;水泵、风机、管网、池罐等设施是用来输送、贮存放射性流体物质的。为满足设施功能和考虑放射性因素的影响,这些核设施在设计、建造、运行、退役和管理上都有更高的特殊要求。

放射性废物的治理和核设施的退役是一个长周期的缓慢过程。受多种因素制约,如国家法律及政策、公众意识、经济环境和技术水平等,技术水平尤为重要。

大型核设施系统繁多,结构复杂。如某些生产堆具有上百个工艺系统和几十个工程子项。实施退役的难度大,技术性强,投资大、风险高,而又是一项非做不可的开拓性系统工程。

核设施运行及退役期间产生的放射性废物数量巨大。一座 1 000 MW 核电站运行期间每年要产生 200~600 m^3放射性固体废物,一个 1 500 t 生产能力的商业核燃料后处理厂每运行一年将产生 5 000 m^3 左右放射性固体废物。

第二节　重要核设施情况介绍

本节内容仅针对性地选用反应堆和核燃料后处理设施进行叙述,对工业、农业、医疗、研究中心等其他核设施不再一一介绍。

一、反应堆

1. 反应堆的概念、类型及基本原理

(1) 反应堆的概念

18世纪以来,随着社会不断发展,科学技术日新月异,人类逐渐步入了机械工业时代。蒸汽机、内燃机、汽轮机、电动机等能量转换动力装置应运而生,大大推进了近代工业的发展壮大。20世纪40年代,核反应堆的发明开创了人类和平利用原子能的新纪元。现在,全世界共有440余座核反应堆在运行发电,占世界总发电量的17%。

核反应堆是一种能以可控方式产生自持链式裂变反应或聚变反应的装置。按照核反应方式不同,分为裂变堆和聚变堆。本书中提到的反应堆是均指裂变反应堆。

核反应堆由堆芯、冷却剂系统、慢化剂系统、控制与保护系统、屏蔽系统、辐射监测系统等组成。堆芯是核燃料存放的区域,是核动力厂的心脏,核裂变链式反应就在其中进行。核裂变释放出的能量,在堆芯内转化成热能,由冷却剂将堆芯内的热量带出,再通过热力系统转化为所需的动力。

(2) 反应堆的基本类型

目前世界上大大小小的反应堆有上千座,根据用途、中子能量分布、冷却剂种类以及设计需要等,可以分成不同的类型。对于不同类型的反应堆,由其组成的核动力厂系统和设备也有较大的差别。为了更好地了解核动力厂及核反应堆,人们可以从不同角度对反应堆进行分类。

1) 按照功能分类

按照用途不同,反应堆可分为研究试验堆、生产堆、动力堆等。

① 研究试验堆:主要用来研究中子特性,进而对物理学、生物学、辐射防护学以及材料学等方面进行研究。

② 生产堆:主要用于生产易裂变材料 ^{233}U、^{239}Pu 和不同用途的同位素。

③ 动力堆:主要目的是将核裂变能转化成机械能为各种机械设备提供动力。包括军用动力堆和民用动力堆。核动力航母、核潜艇、核动力巡洋舰所采用的反应堆都属于军用动力堆。核电站、民用核动力船、航天核动力推进装置、核动力水下潜器和水下工作站等所使用的反应堆都属于民用反应堆。此外,还包括为建筑群供暖、石油开采等供热的反应堆及供热堆,利用核能进行海水淡化的海水淡化堆等等。

2) 按照中子能量分类

按照中子能量不同,可将反应堆分为热中子堆、中能中子堆和快中子堆。

① 热中子堆

这种反应堆内中子能量较低,平均为0.07 eV,因此堆内必须有足够的慢化剂。天然铀、浓缩铀、^{233}U、^{239}Pu 都可以作为热中子堆的核燃料。目前世界上已建成的反应堆绝大多数是热中子反应堆。

② 中能中子堆

裂变主要是由中能中子引起的,堆中存有一定数量的慢化剂。

③ 快中子堆

在快中子堆内,核燃料的裂变基本由快中子引起,堆内不含慢化剂。其优点是尺寸小,装载量大;生产的核燃料比消耗的核燃料多,即增殖比大于1,因此这种堆也称为增殖堆。它既能充分利用核燃料资源,又能经济发电,是有发展前途的堆型。其缺点是不易控制,建造复杂,同时为了能使堆达到临界,必须使用浓缩度很高的铀或钚作为核燃料。

3) 按照慢化剂分类

反应堆按照慢化剂不同,可分为轻水堆、重水堆、石墨堆等。

世界上使用较早的反应堆都是采用石墨作慢化剂。时至今天,石墨仍然为较为先进的高温气冷堆作慢化材料。

重水具有很小的中子吸收截面,同时其慢化能力也很好,因此被广泛采用作为慢化剂,而且使用重水作慢化剂的反应堆可以使用天然铀作核燃料。但重水不易获得,因而其价格非常昂贵。

现在大量建造的压水堆、沸水堆,都是用轻水(H_2O)作为慢化剂。轻水中所含氢原子核是慢化能力最强的原子核。轻水作慢化剂的反应堆,其单位体积可产生的发热功率(功率密度)很高,特别适用于核动力舰船。但是轻水作为慢化剂的反应堆也有一些局限:

① 为了提高反应堆的热效率,要求冷却剂同时也是慢化剂的轻水(H_2O),运行在高温条件下。因为在一定压力下轻水达到饱和温度以后就要开始沸腾,所以要提高冷却剂温度就必须提高堆芯的压力。

② 轻水慢化剂本身具有较强的热中子吸收能力。此外为克服高温水的腐蚀性常选不锈钢这类强吸收热中子的结构材料,导致轻水堆必须采用浓缩铀。

③ 轻水在中子照射下会产生放射性,增加了堆屏蔽防护的要求。

4) 按照冷却剂分类

反应堆冷却剂是将堆芯内产生的核裂变能带载到堆外热力学系统的工作介质。反应堆的热工水力学性质主要取决于所选用的冷却剂,所以从反应堆热工水力学角度常常按照冷却剂来划分反应堆的类型。

反应堆按照冷却剂不同,可分为气冷堆、水冷堆、液态金属冷堆等类型。气冷反应堆包括CO_2冷却和He冷却;水冷反应堆包括压水堆、沸水堆以及重水堆;液态金属冷却的主要有钠冷、铋冷、锂冷、铅铋合金冷却反应堆等。

5) 按照核燃料分类

通常按照核燃料中 ^{235}U 等易裂变核素的加浓程度即富集度,把反应堆分成天然铀燃料堆、稍加浓铀燃料堆、加浓铀燃料堆几种堆型。

核反应堆上述的分类都不是固定的,而是为了某种需要而从一个特定角度加以区分。如还可以按照核反应堆的运行参数,划分出高压堆、中压堆、低压堆,分出高温堆、低温堆;也可以按照核反应堆的结构形式划分出压力壳式堆、压力管式堆,划分出立式或卧式等;还可以按照核燃料的形态划分出固体燃料堆、流态燃料堆和半流态燃料堆等。无论从怎样的角度划分,都是为了有助于从不同侧面了解各种类型的反应堆而已。

(3) 反应堆的基本原理

反应堆内的主要核物理过程是中子轰击核燃料的原子核(靶核),使靶核发生核裂变反应,同时放出新的中子和大量能量的过程。下面简单介绍一下反应堆的基本工作原理。

1) 中子与原子核的作用

一座运行中的反应堆堆芯内有大量中子在不停地飞行,并与各种材料的原子核发生作用。作用的结果，中子或是被散射、改变了运动方向或能量；或是被原子核吸收。如果中子是被燃料的原子核吸收，就有可能引起裂变。也就是说，中子与原子核的作用主要有两种形式：散射和吸收。

① 散射

散射是指中子与原子核作用后改变了运动方向和速度。散射分为两种形式：弹性散射和非弹性散射。如果散射后中子与靶核系统总的动量和动能守恒，则称为弹性散射；如果在散射过程中，入射中子的一部分动能转变成靶核的内能，使靶核处于激发态，然后靶核通过发射γ射线又返回基态，则称为非弹性散射。

非弹性散射前后中子与靶核系统的动量守恒，动能不守恒。

只有入射中子能量高于靶核第一激发态的能量时才会发生非弹性散射，也就是说，非弹性散射具有阈能的特点。

核裂变产生的中子一般能量比较高，在与原子核多次发生散射反应后能量会逐渐减少，这种过程称为中子的慢化。在热中子反应堆里，中子慢化的主要形式为弹性散射。

② 吸收

吸收是指中子与原子核作用后留在核内，成为该原子核的组成部分的过程。吸收中子后的原子核处于激发态，会发生各种形式的衰变，如放出 γ 射线、α 粒子、质子以及裂变等。核裂变是反应堆内最重要的核反应。某些核素（一般为比较中的核素），在与中子发生反应后分裂成两个较轻的原子核，同时释放 2～3 个中子的过程，称为裂变。

2）中子截面

中子截面是描述中子与原子核发生反应的概率的物理量，它分为微观截面和宏观截面两种。

微观截面表示一个入射中子与一个靶原子核相互作用概率大小的一种度量。它的量纲是面积。通常采用靶恩(b)来作为微观截面的单位，$1\ b=10^{-24}\ cm^2=10^{-28}\ m^2$。

宏观截面是单位体积内所有靶核的微观截面的总和，其物理意义是：一个中子与单位体积内所有原子核发生核反应的平均概率大小的一种度量，它也是单个中子在介质内穿行单位距离与靶核发生相互作用的概率大小的一种度量。宏观截面的单位是 m^{-1} 或 cm^{-1}。

3）核反应率密度与中子通量密度

单位体积内的中子数叫做中子密度，用 n 表示。在反应堆内，中子密度一般在 10^{14} 到 10^{17} 中子/m^3 的范围内；而单位体积的靶原子核数在 10^{23}～10^{28} 核/m^3 内。因此，反应堆内中子与介质原子核的相互作用过程是大量中子群体与原子核相互作用。核反应率就是用来描述大量中子群体与原子核相互作用过程的统计行为的物理量。

4）中子截面随中子能量的变化

核素的中子截面的值取决于中子的能量和该核素本身的性质。

对于大多数核素来说，其微观反应截面随入射中子能量 E 变化的特性，大体上存在三个区域。

① 低能区($E<1$ eV)，在该能区内中子吸收截面σ_a随中子能量的增大而逐渐减小，大致与中子的速度成反比，即 $E \propto \frac{1}{v}$，故此区域亦称为 $1/v$ 区；

② 中能区($1\ eV<E<10^4\ eV$)，在此能区内许多重元素核的截面出现了许多峰值，这些

峰一般称为共振峰,故该区域称为共振区;

③ 快中子区($E>10^4$ eV),反应截面一般都很小,通常小于 10 靶,而且截面随能量的变化也趋于平滑。

常见的易裂变核素 ^{235}U、^{239}Pu、^{233}U 的微观裂变截面σ_f 随中子能量的变化呈相同的规律。在低能区,裂变截面随中子能量的减小而增加,且σ_f 值很大。可裂变核素 ^{238}U、^{240}Pu、^{232}Th 等核素的裂变具有阈能的特点。只有中子能量大于某个阈值才有可能发生裂变。

5)中子的慢化

从上面介绍的核燃料微观裂变截面σ_f 随中子能量的变化规律可知,低能中子(热中子)引发核裂变的能力大大高于高能中子,也就是说,建造一个由热中子引发核裂变的反应堆,要比建造用中能中子或快中子引发核裂变的反应堆容易的多。然而,核燃料原子核裂变时放出的都是较高能量的中子,平均能量为 2 MeV 左右,最高可达 10 MeV。要建造热中子反应堆,就必须设法让中子的能量降低到引起下一次裂变的平均能量。因此反应堆中必须置有慢化剂。

中子的慢化过程是通过中子与慢化剂原子核发生弹性散射反应来实现的。

中子与氢核碰撞时,有可能碰一次就损失全部能量,而中子与 ^{238}U 发生一次碰撞,可损失的最大能量约为碰撞前能量的 2%。可见应采用较轻的元素作慢化剂。反应堆中常用的慢化剂有水(氢)、重水(氘)和石墨(碳)等。反应堆物理中常用"慢化能力"和"慢化比"这两个量来衡量慢化剂的优劣。

6)链式裂变反应

当中子与易裂变核素作用时,易裂变核素分裂为两个中等质量的原子核,称为裂变碎片。同时,还将产生 2~3 个新的裂变中子,并释放出原子核内部的能量。在一定的条件下,这些裂变中子又会引起周围其他裂变同位素的裂变,如此不断地继续下去,则这种反应过程称为链式裂变反应。

如果每次裂变反应产生的中子大于引起核裂变反应所消耗的中子数,那么一旦在少数的原子核中引起反应之后,就有可能不再依靠外界作用而使裂变反应不断地进行下去。这样的裂变反应称作自续链式裂变反应。它能够以一定的速率将原子核内部的能量释放出来。

实现自续链式裂变反应的条件是:当一个裂变原子核吸收一个中子发生裂变后,新产生的中子中平均至少有一个中子再去引发另一个原子核裂变。

因为当每个燃料原子核在吸收一个中子后发生裂变,平均可放出 2.5 个中子,即第二代中子数要比第一代多,表面看来链式反应自持下去是不难实现的,但实际情况并非如此。例如热堆的堆芯是由核燃料、慢化剂、冷却剂及各种结构材料组成的,因此堆芯中不可避免要有一部分中子被非裂变材料吸收。此外还有一部分中子要从堆芯中泄漏出去。即使是被裂变材料吸收的中子也只有一部分引发裂变,其余的发生中子俘获反应,不产生中子。所以新生一代中子数不一定比直属上一代多。

反应堆内进行自续链式裂变反应的条件可以用有效增殖系数 k 来表示。它的定义是:

$$k=\frac{\text{新生一代中子数}}{\text{直属一代中子数}} \tag{5.2-1}$$

由于在实际问题中很难确定中子每一代的起始和终止时间，所以在实际中，从中子平衡关系上来定义系统的有效增殖系数。即

$$k = \frac{\text{系统数中子的产生率}}{\text{系统内中子的总消失(吸收 + 泄露)率}} \tag{5.2-2}$$

若堆芯内中子的有效增殖系数 k 恰好等于 1，则系统内中子的产生率恰好等于中子的消失率。这样在堆芯内进行的链式裂变反应将以恒定的速率不断进行下去，也就是说链式反应过程处于稳定状态，这时称为反应堆处于临界状态。若有效增殖系数 $k<1$ 则堆芯内中子数目将随时间而不断减少，链式反应不能靠自身延续下去，此时称为反应堆处于次临界状态。若有效增殖系数 $k>1$ 则堆芯内中子数目将随时间而不断地增加，这时称反应堆处于超临界状态。

由于反应堆处于临界状态时的条件是 $k=1$，称为临界条件。当反应堆处于临界状态时，堆芯部的大小称为临界尺寸(或临界体积)，在临界情况下反应堆所装载的核燃料数量叫做临界质量。显然有效增殖系数与堆芯系统的材料成分和结构(例如易裂变核素的富集燃料与慢化剂的比例等)有关，同时也与反应堆的几何形状有关。

7) 热中子反应堆内的中子循环

下面以浓缩铀为核燃料的热中子反应堆为例，说明堆内中子循环过程。

反应堆内的中子数目的增减与平衡，主要取决于下列几个过程：

① ^{238}U 核吸收快中子后裂变使快中子数目倍增；

② 燃料吸收热中子引起的裂变；

③ 慢化剂以及结构材料等物质的辐射俘获；

④ 慢化过程中的共振吸收；

⑤ 中子的泄漏，包括快中子慢化和热中子扩散过程中的泄漏。

其中前两个过程使反应堆内的中子数目增加，后三个过程使中子数目减少。为了深入研究，定义 5 个参量：

• 快中子倍增系数ε，指由一个初始裂变中子产生的、慢化到 ^{238}U 裂变阈能以下的平均中子数。

• 有效裂变中子数η，指燃料每吸收一个热中子所产生的平均裂变中子数。设每次裂变平均产生的中子数为ν，则有：

$$\eta = \frac{\Sigma_f}{\Sigma_\alpha} v \tag{5.2-3}$$

• 热中子利用系数 f，指被燃料吸收的热中子数占被堆芯内部所有物质吸收的热中子数总的份额。

$$f = \frac{\text{燃料吸收的热中子数}}{\text{被吸收的热中子总数}} \tag{5.2-4}$$

在均匀堆内，各种材料内的热中子通量密度相等，所以有：

$$f = \frac{\Sigma_{a,f}}{\Sigma_{a,f} + \Sigma_{a,\mathrm{M}} + \Sigma_{a,c} + \Sigma_{a,s}} \tag{5.2-5}$$

式中，$\Sigma_{a,f}$ ——为燃料；

$\Sigma_{a,M}$——为慢化剂;

$\Sigma_{a,c}$——为冷却剂;

$\Sigma_{a,s}$——为结构材料的热中子宏观吸收截面。

● 逃脱共振吸收概率 p。裂变产生的快中子在慢化为热中子的过程中需经过共振区,会有一部分中子在共振区被吸收掉。在慢化过程中逃脱共振吸收的中子占总的裂变产生的快中子份额叫做逃脱共振吸收概率。

● 不泄漏概率 P_L,它是快中子在慢化过程和热中子在扩散过程中的乘积:

$$P_L = P_s P_d \tag{5.2-6}$$

式中,P_s——为慢化过程中的不泄漏概率;

P_d——为热中子在扩散过程中的不泄漏概率。

定义了以上量之后,下面举例说明反应堆堆内的中子循环过程。

假设某时刻反应堆内核燃料发生裂变产生了 n 个中子,在这 n 个中子慢化以前,由于 ^{238}U 核的快中子倍增效果,数目将变为 $n\varepsilon$ 个。这些中子在慢化过程中由于共振吸收将损失一部分中子,剩余 $n\varepsilon p$ 个中子被慢化为热中子。若考虑泄漏损失,则被吸收的中子数只有 $n\varepsilon p\ P_s\ P_d$ 个。而在这些被吸收掉的中子中,被核燃料吸收的中子数只有 $n\varepsilon pf\ P_s\ P_d$ 个,其余则被其他材料吸收。考虑到燃料每吸收一个中子将产生 η 个裂变中子,因而新生一代的中子数目为 $n\varepsilon pf\eta P_s P_d$ 个。

根据有效增殖系数的定义,有:

$$k = \frac{n\varepsilon pf\eta P_s P_{ds}}{n} = k_\infty P_L \tag{5.2-7}$$

其中,k_∞——为无限介质增殖系数,即中子泄漏率为零时的有效增殖系数。则有:

$$k_\infty = \varepsilon pf\eta$$

上式称为四因子公式。在早期反应堆物理分析和计算中被广泛应用。

2. 反应堆系统组成及特点

目前,在以发电为目的的核能利用领域,世界上应用比较普遍或具有良好发展前景的主要有压水堆(PWR)、沸水堆(BWR)、重水堆(PHWR)、高温气冷堆(HTGR)和快中子堆(LMFBR)等五种堆型。表 5.2-1 给出了五种反应堆的基本特征。

表 5.2-1 五种核反应堆的基本特征

堆型	中子谱	慢化剂	冷却剂	燃料形态	燃料富集度
压水堆	热中子	H_2O	H_2O	UO_2	3%左右
沸水堆	热中子	H_2O	H_2O	UO_2	3%左右
重水堆	热中子	D_2O	D_2O	UO_2	天然铀或稍加浓铀
高温气冷堆	热中子	石墨	氦气	$(Th,U)O_2$ 或 UC	7%~20%或 90%
钠冷快堆	快中子	无	液态钠	$(U,Pu)O_2$	15%~20%

(1) 压水堆

压水堆(PWR)最初是美国为核潜艇设计的一种堆型。经过四十多年的发展,已经成为技术上最成熟的一种堆型。

压水堆核电站采用稍加浓铀作核燃料,燃料芯块中 ^{235}U 的富集度约 3%。核燃料是高温烧结的圆柱形 UO_2 陶瓷燃料芯块。

柱状燃料芯块被封装在细长的锆合金包壳管中构成燃料元件,这些燃料元件以矩形点阵排列为燃料组件,组件横断面边长约 20 cm,长约 3 m。几百个组件拼装成压水堆的堆芯。堆芯宏观上为圆柱形。

压水堆使用轻水作冷却剂,兼作慢化剂。轻水价格便宜,热传输性能优良。但根据热力学要求,反应堆应有较高的堆芯出口温度参数;而轻水的沸点太低,因此必须增加压力使其处于液相状态。所以在压水堆中,作为冷却剂的水处于高压状态,故名压水堆。

压水堆冷却剂入口水温一般在 290 ℃左右,出口水温一般在 330 ℃左右,堆内压力 15.5 MPa。

高温水从压力容器上部离开反应堆堆芯后,进入蒸汽发生器。压水堆堆芯和蒸汽发生器总体上像一台大锅炉,堆芯相当于加热炉,而蒸汽发生器则相当于生产蒸汽的锅,通过冷却剂回路将锅与炉联接在一起。

冷却剂从蒸汽发生器的管内流过后,经过冷却剂回路循环泵又回到堆芯。包括压力容器、蒸汽发生器、主泵、稳压器以及联接这些设备的管道、阀门等在内的整个系统,是冷却剂回路的压力边界。它们都被安置在安全壳内,称为核岛。

冷却剂回路又称一回路。一回路通过蒸汽发生器将热量传递给二回路,从而使二回路的水变成 280 ℃左右、6～7 MPa 的高温蒸汽。在蒸汽发生器内,一、二回路的水在互不混合的情况下,通过传热管的管壁发生热交换。蒸汽发生器是分隔一回路和二回路的关键设备。

从蒸汽发生器产生的高温蒸汽,推动汽轮机做功,带动发电机组发电。余下的大部分不能利用的能量交给冷凝器,通过三回路排放到江、河、湖、海或大气。

压水堆核电站最显著的特点是:体积小,结构紧凑,堆芯的功率密度大。这是由于水的慢化能力和载热能力都很优良的缘故。压水堆核电站的另一个优点是经济上基建费用低、建设周期短。因为轻水价格便宜,相同热功率的反应堆的体积比其他堆型较小。

压水堆核电站的主要缺点有两个:

1) 必须采用高压压力容器;这是因为水的沸点低,而要保证热效率就必须提高堆芯出水温度,为此就必须提高压力,采用压力容器。压力容器的制造难度和费用都比较高。

2) 必须采用有一定富集度的核燃料。因为作为慢化剂的水的热中子吸收概率比重水和石墨大得多,所以无法直接采用天然铀来作核燃料。为了将天然铀浓缩,提高铀的富集度,要付出较高的费用。

压水堆是目前技术上最为成熟的一种堆型。在所有核电站中占统治地位,以目前核工业的发展形势来看,这种状况还要维持几十年。

(2) 沸水堆

沸水堆与压水堆一样,采用轻水作慢化剂和冷却剂,低富集铀作核燃料,燃料形态为二氧化铀陶瓷芯块,外包锆合金包壳。

典型的沸水堆包括堆芯和压力容器的内部结构及其燃料元件棒、燃料组件和控制棒等。

堆芯内共有约800个燃料组件,每个组件为8×8正方排列、其中含有62根燃料元件和2根空的中央棒(水棒)。沸水堆燃料棒束外有组件盒以隔离流道,每一个燃料组件装在一个元件盒内。具有十字形横断面的控制棒安排在每一组四个组件盒的中间。

冷却剂自上而下流经堆芯后大约有14%(重量)被变成蒸汽。为了得到干燥的蒸汽,堆芯上方设置了汽-水分离器和干燥器。由于堆芯上方被它们占据,沸水堆的控制棒只好从堆芯下方插入。

沸水堆的冷却剂循环的特点是堆芯内具有一个冷却剂再循环系统。流经堆芯的水仅有一部分不成水蒸气,其余的必须再循环。从圆筒形的下端抽出一部分水由再循环泵将其唧送入喷射泵。大多数沸水堆都设置两台再循环泵,每台泵通过一个联箱10～12台喷射泵提供“驱动流”,带动其余的水进行再循环。冷却剂的再循环量取决于向喷射泵注水率,后者可由再循环泵的转速来控制。

因为沸水堆与压水堆一样,采用相同的燃料、慢化剂和冷却剂等,注定了沸水堆也具有热效率低、转化比低等缺点。但与压水堆核电站相比,沸水堆核电站还有以下几个特点:

1) 直接循环。核反应堆产生的蒸汽被直接引入蒸汽轮机,推动汽轮发电机组发电。这与压水堆核电站相比,省去了一个回路,也不需要使用价格昂贵、易出事故的蒸汽发生器和稳压器。

2) 工作压力较低。压水堆的工作压力为15 MPa,而沸水堆的工作压力只有7 MPa左右。这使系统得到极大地简化,减少了投资。

3) 堆芯内含有空泡。沸水堆堆芯内部含有汽泡,处于两相流动状态。汽泡的存在使得沸水堆在任何工况下慢化剂反应性系数均为负值,它可以使反应堆运行稳定,自动展平径向功率分布,具有较好的控制调节性能。

与压水堆相比,沸水堆的主要缺点是:

1) 辐射防护和废物处理比较复杂。由于沸水堆只有一个回路,反应堆内流动的有一定放射性的冷却剂被直接引入蒸汽轮机,导致放射性物质直接进入蒸汽轮机等设备,使得辐射防护和废物处理变得比较复。汽轮机需要进行屏蔽,使得汽轮机检修时困难较大;检修时需要的时间也较长,从而影响核电站的设备利用率。

2) 功率密度比压水堆小。水沸腾后密度降低,慢化能力减弱,因此沸水堆需要的核燃料比相同功率的压水堆多,堆芯及压力壳体积都比相同功率的压水堆大,导致功率密度比压水堆小。

虽然沸水堆存在这些缺点,但随着技术不断改进,沸水堆核电站性能也越来越好。尤其是先进沸水堆(ABWR)的建造这几年取得了很大的发展,在经济性、安全性等方面有超过压水堆的事实。例如,在ABWR用置于压力容器内的再循环泵代替原先外置的再循环泵,大大提高了安全性。由于水处理技术的改进和广泛使用各种自动工具,ABWR检修时人员所受放射性剂量已大幅度降低。所有这一切使人们对于沸水堆仍然刮目相看。日本今后的核电计划都采用沸水堆。

(3) 重水堆

重水堆是指利用重水作慢化剂的反应堆。

重水堆虽然都采用重水作慢化剂,但如今已出现不少次级类型。按结构分,重水堆有压力管式和压力壳式。压力管式重水堆中冷却剂与慢化剂可以相同也可以不同。压力管式重水堆又分为立式和卧式两种。立式时，压力管是垂直的，可以采用加压重水、沸腾轻水、气体或有机物冷却；卧式时，压力管水平放置，不宜用沸腾轻水冷却。压力壳式重水堆只有立式，冷却剂与慢化剂相同，可以是加压重水或沸腾重水，燃料元件垂直放置，与压水堆或沸水堆类似。

加拿大设计建造的 CANDU 堆是重水堆的典型代表。它是以天然铀为核燃料、重水慢化、加压重水冷却的卧式压力管式反应堆。目前这种堆在技术上已经成熟。

8 字回路中与压力管相接的两台蒸汽发生器、两台主循环泵与相关管道一起构成了反应堆一回路系统。作为冷却剂高压重水与作为慢化剂的重水在压力管内相互独立地循环流动，将堆芯内的热量带出。这种堆目前在核电站中所占的比例不大，但有一些突出特点。

重水堆燃料元件的芯块也与压水堆类似，是烧结过的圆柱形二氧化铀芯块，芯块放在外径约为十几毫米、长度约 500 mm 的密封锆合金包壳管，构成棒状燃料元件。由 19～43 根数目不等的这种燃料元件组成长约 500 mm、外径为 100 mm 左右的核燃料组件。反应堆堆芯由几百根装有燃料组件的压力管排列组合而成。压力管水平放置，管内有 12 束核燃料组件，构成水平方向长度达 6 m 的活性区。作为冷却剂的重水在压力管内流动以冷却燃料元件。与压水堆一样，为了防止重水过热沸腾，必须使压力管内的重水保持较高的压力。压力管是承受高压重水冲刷的重要部件，是重水堆设计制造的关键设备。作为慢化剂的重水装在庞大的反应堆容器(称为排管容器)内。为了防止热量从冷却剂重水传出到慢化剂重水中，在压力管外设置一条同心的管子，称为排管，压力管与外套的排管之间充入气体(氦气)作为绝热层，以保持压力管内冷却剂的高温，避免热量散失；同时保持慢化剂处于要求的低温低压状态。同心的压力管和排管贯穿于充满重水慢化剂的反应堆排管容器中，排管容器则不承受多大的压力。总长可达 8～9 m 的排管两端有法兰固定，与排管容器的壳体联成一体。

控制棒插入排管容器内的排管之间，在这种低温低压重水慢化剂内，可上下或左右方向移动。所以与在高温高压水中运动的压水堆控制棒相比，更加安全可靠。

这种卧式压力管式重水堆可以在反应堆运行时，由装卸料机连接压力管的两端密封接头进行不停堆换料。每次换料时，将 8 束新组件从压力管的一端推进去，同时从同一压力管的另一端将辐照过的燃料组件推出。

重水堆核电站动力循环系统与压水堆核电站相似。一回路系统分两个相同的循环回路分别位于反应堆的左、右两侧，对称布置。每一个循环回路由 2～6 个蒸汽发生器和 2～8 台循环泵组成，各带走反应堆一半的热量。一回路中的重水冷却剂在重水循环泵的唧送下由左边循环回路流入左边压力管进口，在堆芯内冷却元件。重水被加热升温后从反应堆右边流出，进入右侧循环回路。在右边循环回路蒸汽发生器中将热量传递给二回路的水。而从蒸汽发生器出口，重水又由右边循环回路重水泵唧送进入右边压力管，在堆芯内被加热，再从反应堆左边出去，进入左边循环回路的蒸汽发生器中，然后由左侧重水循环泵送入堆芯。如此往复循环将堆芯内产生的核裂变热能通过蒸汽发生器传递给二回路，产生的蒸汽后送入蒸汽轮机做功，带动发电机发电。

重水堆核电站与轻水堆核电站相比较，有以下几个优点：

1) 中子经济性好，采用天然铀作为核燃料。由于重水吸收热中子的概率小，所以中子经济性好，可以采用天然铀作为核燃料。另外，由于中子经济性好，比轻水堆更节约天然铀。

在重水堆中,中子除了维持链式反应外,还有较多的剩余中子可以使铀-238转变为钚-239,重水堆比轻水堆节约20%的天然铀。

2)可以不停堆换料。重水堆由于使用天然铀,后备反应性少,因此需要经常将烧透了的燃料元件卸出堆外,补充新燃料。经常为此而停堆,对于要求连续发电的核电站是不允许的。这就使不停堆装卸核燃料显得尤为必要。压力管卧式重水堆的设计,使不停堆换料得以实现。

重水堆虽然具有上述优点,但由于重水的慢化能力比轻水低得多,又给它带来了不少缺点:

1)重水堆的功率密度低。由于重水慢化能力比轻水低,为了使裂变产生的快中子得到充分的慢化,堆内慢化剂的需要量就很大。再加上重水堆使用天然铀等原因,同样功率的重水堆的堆芯体积比压水堆大十倍左右。

2)重水堆核电投资大。20 t天然水中只含有3 kg重水,重水提取不易,因此重水价格比较昂贵。购买重水的费用约占重水堆基建投资的1/6以上。

总之,由于轻水和重水的核特性相差很大,在中子慢化和吸收两个主要指标上,其优劣正好相反:轻水堆的优点恰是重水堆的缺点,反之亦然。正是因为如此,使得这两种堆型的选择,成了不少国家的议会、政府和科技界人士长期争论不休的焦点。虽然轻水堆已在核动力市场占统治地位,但是近年来,由于重水堆能够节约核燃料,而且不需要浓缩铀厂和后处理厂,引起了许多国家的重视。印度、巴基斯坦、阿根廷、罗马尼亚以及中国(秦山三期核电站)都从加拿大引进重水堆核电站技术。

(4)高温气冷堆

气冷堆是以气体作为冷却剂的反应堆。气体的主要优点是不会发生相变。但是气体的密度低,导热能力差,循环时消耗的功率大。为了提高气体的密度及导热能力,必须对其加压。

气冷堆在其发展过程中,经历了三个阶段:

第一代气冷堆是天然铀石墨气冷堆。它是在石墨堆芯中放入天然铀制成的金属铀燃料元件。石墨的慢化能力比轻水和重水都低,为了使裂变产生的快中子充分慢化,就需要大量的石墨。加上作为冷却剂的二氧化碳导热能力差,使得这种堆体积大,平均功率密度比压水堆低100多倍。此外其热能利用效率只有24%。由于这些缺点,于是英国从20世纪60年代初期起,就转向研究改进型气冷堆。

第二代气冷堆是改进型气冷堆。它仍然使用石墨慢化和二氧化碳冷却。为了提高冷却剂的温度,元件包壳改用不锈钢。由于采用二氧化铀陶瓷燃料及浓缩铀。随着冷却剂温度及压力的提高,这种堆的热能利用效率达40%,功率密度也有很大提高。

第三代气冷堆即高温气冷堆。

高温气冷堆是一种用高富集度的铀包敷颗粒作核燃料、石墨作慢化剂、高温氦气作为冷却剂的先进热中子转化堆。

高温气冷堆的核燃料是富集度为90%以上(也有的高温气冷堆采用中、低富集度)的UO_2(或ThO_2)或UC(或ThC)。先是将核燃料制成直径小于1 mm的小球,小球外部包有热解碳涂层和碳化硅(SiC)涂层,将这种包敷颗粒燃料与石墨粉基体均匀混合之后,外面再包一些石墨粉,最后经过复杂的工艺加工制成直径达60 mm的球形燃料元件。这种燃料元件在堆内不易破裂。

球形元件重叠时，彼此间有空隙可供高温氦气流过。在氦循环风机的驱动下，氦气不断通过堆芯将裂变热带出，进行闭式循环。氦气的压力一般为 4 MPa。

1985年德国建成的30万kW电功率的高温钍堆是一种用蒸汽进行间接循环的高温气冷堆，它的堆芯高 6 m，直径 5.6 m，功率密度 6 kW/L。堆芯有 67.5 万个直径 6 cm 的球，其中 35.8 万个是装了燃料的球，31.7 万个是慢化和控制用的石墨球和可燃毒物球。堆芯放在预应力混凝土压力壳内，预应力混凝土压力壳外直径 24.8 m，高 25.5 m。反应堆运行时，新燃料球由反应堆的顶部加料机构加入，烧过的燃料球在中立作用下从反应堆漏斗式底部卸出，经过燃耗分析器检定，将未烧透的燃料球送回堆芯继续使用，这样可以做到连续不停堆装卸料。

高温气冷堆分三种：第一种是用蒸汽（在二回路）进行间接循环的高温气冷堆。反应堆出口温度约 750 ℃，一回路氦气压力为 4 MPa。例如 100 万 kW 的高温气冷堆，每小时的氦气流量可达 4 600 t。这种闭式循环的高温氦气流经蒸汽发生器管内时，使蒸汽发生器管外流动着的二回路的水变为高温蒸汽，推动汽轮机组发电。这种间接循环的高温气冷堆的基建投资估计比相同规模的压水堆核电站高出 40%，而且要用 90%富集度的高浓铀，经济上没有竞争力。第二种是直接循环的高温气冷堆。这种堆堆芯内产生 850 ℃的高温氦气，不需要经过蒸汽发生器，直接去推动氦汽轮机发电。氦汽轮机排出的余热又可以供氦蒸汽循环使用。采用这种双重循环发电，热能利用率可达 50%。也可利用氦汽轮机余热供热，使之成为核热电站。由于高温气冷堆逸出的放射性物质相当少，因此在对轮机等设备进行检修时，不会像沸水堆核电站那样困难。第三种是超高温气冷堆。这种堆氦气出口温度达 950 ℃以上，可以炼钢、生产氢气、煤的液化和气化等。如果在燃气轮机后增加两道氦蒸汽循环发电，则热能利用效率可达 60%。研制后两种高温气冷堆的主要技术难题是材料。在 850～1 200 ℃范围内，目前采用的材料的强度难以满足需要。氦循环风机、氦汽轮机等大型设备也需要进行研制。

高温气冷堆由于采用包敷颗粒核燃料，取消了燃料元件的金属包壳，又用传热性能较好、化学性能稳定、中子吸收截面小的氦气作冷却剂，因此它具有下列与众不同的特点：

1）核电站选址灵活且热效率高。由于采用耐高温的包敷颗粒核燃料，并用耐高温石墨作堆芯结构材料，因此允许反应堆冷却剂的出口温度达到 750～950 ℃。如果将高温气冷堆的出口氦气温度提高到 900 ℃，并采用氦气轮机进行直接循环加上氦气的热效率很高，输送时消耗的功率小，则高温气冷堆可达 50%以上的热效率。另外由于利用氦气轮机直接循环时便于用空气冷却塔散失余热，使这种堆可以建在冷却水源不足的地方，选址非常灵活。

2）核燃料的转化比高。高温气冷堆除核燃料外，没有金属结构材料，只有中子吸收截面较小的石墨，反应堆的中子经济性好，有较多的剩余中子可用来将钍-232 转化为铀-233，使新核燃料的转化比可达 0.85 左右。因此堆内用钍作为再生核燃料时，实现了钍-铀循环，将大大有利于钍资源的利用。

3）安全性高。高温气冷堆负温度系数大，堆的热容量也大，因此在事故工况下温度上升缓慢，即使在失氦情况下，堆型结构也不至于熔化，这就非常有利于及时采取相应的安全措施。另外由于采用了预应力混凝土压力壳，容器不会发生突然爆破事故。因此这种堆型安全性较好。

4）对环境污染小。由于氦气对中子的吸收极小，反应堆一回路放射性剂量比较低；而且由于它的热效率高，排出的废热也比轻水堆少35%～40%，热污染少。

5）可实现不停堆换料。高温气冷堆使用球形元件时，可以通过装卸料机构实现不停堆连续装卸核燃料。这样可以使堆内的后备反应性小，有利于反应堆的控制。

虽然高温气冷堆有以上优点，但是由于技术上还没有达到成熟的阶段，仍有很多技术问题影响其发展：

1）核燃料元件制备工艺复杂。燃料元件制备工艺非常复杂，且其数量巨大，这就要求不仅要克服燃料元件制造工艺上遇到的很多技术难关，还要求元件的制造必须有可靠的稳定性。另外，为了验证这些燃料元件在反应堆内高温、强辐射条件下能否具备良好的使用性能，必须在反应堆内进行长期辐照考验。

2）氦气回路设备的工艺技术问题较难处理。由于高温高压的氦气极易泄漏，因此必须对氦气泄漏的指标严格加以控制。为此，一回路系统设备需要一系列严格的密封防泄漏措施。特别是高温氦气循环风机、氦汽轮机、气体阀门等带转动部件的设备，防泄漏动密封的问题最为严重。

3）燃料后处理及再加工比较困难。在高温气冷堆中，为了加大转化比加大燃耗和降低成本，采用铀-钍燃料循环体系，这就给燃料后处理和再加工带来了很大困难。在燃料元件再加工中，由于铀-233燃料中含有难以分离的铀-232，后者带有很强的γ放射性，因此必须采取特殊的防护措施和遥控操作。另一方面，另建一套钍-铀燃料循环体系，在技术上十分困难；从经济上来说的费用会很高。

由于高温气冷堆在技术上有水冷堆无法比拟的优点，专家们认为这种堆型在下世纪的能源结构中具有特殊地位，一度将这种堆列为必须发展的堆型。

（5）快堆

快中子反应堆，简称快堆，是堆芯中核裂变反应主要由平均能量为0.1 MeV以上的快中子引起的反应堆。

快堆一般采用UO_2和PuO_2混合燃料（或UC和PuC混合物），将混合燃料加工成圆柱状芯块后，装入到直径约为6 mm的不锈钢包壳内，构成燃料元件细棒。燃料组件是由多达几十到几百根燃料元件细棒组合排列成六角形的燃料盒。

快堆堆芯与一般的热中子堆堆芯不同，它分为燃料区和增殖再生区两部分。燃料区由几百个六角形燃料组件盒组成。每个燃料盒的中部是混合物核燃料芯块制成的燃料棒，两端是由非裂变物质天然（或贫化）UO_2棒束组成的增殖再生区。核燃料区的四周是由UO_2棒束组成的增殖再生区。

反应堆的链式反应由插入核燃料区的控制棒进行控制。控制棒插入到堆芯燃料组件位置上的六角形套管中，通过顶部的传动机构带动。

由于堆内要求的中子能量较高，所以快堆中无需慢化剂。

目前快堆中的冷却剂主要有两种：液态金属钠或氦气。根据冷却剂的种类，可将快堆分为钠冷快堆和气冷快堆。

气冷快堆由于缺乏工业基础，而且高速气流引起的振动以及氦气泄漏后堆芯失冷时的问题较大，目前仅处于探索阶段。

钠冷快堆用液态金属钠作为冷却剂，通过流经堆芯的液态钠将核反应释放的热量带出堆外。钠的中子吸收截面小;导热性好;沸点 886.6 ℃,所以在常压下钠的工作温度高,快堆使用钠做冷却剂时只需 2～3 个大气压。冷却剂的温度即可达 500～600 ℃;比热容大,因而钠冷堆的热容量;在工作温度下对很多钢种腐蚀性小;无毒。所以钠是快堆的一种良好的冷却剂。世界上现有的、正在建造的和计划建造的都是钠冷快堆。但钠的熔点为 97.8 ℃,在室温下是凝固的,所以要用外加热的方法将钠熔化。钠的缺点是化学性质活泼,易与氧和水发生化学反应。当蒸汽发生器管子破漏时,管外的钠与管内泄漏的水相接触,会引起强烈的钠-水反应。所以要在使用钠时要采取严格的防范措施,这比热堆中用水作为冷却剂的问题要复杂的多。

按结构来分,钠冷快堆有两种类型,即回路式和池式。

回路式结构就是用管路把各个独立的设备连接成回路系统。优点是设备维修比较方便,缺点是系统复杂易发生事故。与一般压水堆回路系统类似,钠冷快堆中通过封闭的钠冷却剂回路(一回路)最终将堆芯发热传输到汽-水回路,推动汽轮机组发电。所不同的是在两个回路之间增加了一个以液态钠为工作介质的中间回路和钠-钠中间热交换器,以确保因蒸汽发生器泄漏发生钠-水反应时的堆芯安全。

池式即一体化方案,池式快堆将堆芯、一回路的钠循环泵、中间热交换器,浸泡在一个很大的液态钠池内。通过钠泵使池内的液钠在堆芯与中间热交换器之间流动。中间回路里循环流动的液钠,不断地将从中间热交换器得到的热量带到蒸汽发生器,使汽-水回路里的水变成高温蒸汽。所以池式结构仅仅是整个一回路放在一个大的钠池而已。在钠池内,冷、热液态钠被内层分开,钠池中冷的液态钠由钠循环泵唧送到堆芯底部,然后由上而下经燃料组件,使它加热到 550 ℃左右。从堆芯上部流出的高温钠流经钠-钠中间热交换器,将热量传递给中间回路的钠工质,温度降至 400 ℃左右,再流经内层壳与钠池主壳之间,由一回路钠循环泵送回堆芯,构成一回路钠循环系统。

两种结构形式相比较,在池式结构中,即使循环泵出现故障,或者管道破裂和堵塞造成钠的漏失和断流,堆芯仍然泡在一个很大的钠池内,池内大量的钠所具有的足够的热容量及自然对流能力,可以防止失冷事故。因而池式结构复杂,不便检修,用钠多。

中间回路内的压力高于一回路内压力。每条回路连接一台蒸汽发生器和一台中间回路钠循环泵。汽-水回路的水在蒸汽发生器内吸收热量变为蒸汽,被送往汽轮机组发电。

钠冷快堆采用停堆换料的方案。换料是在 250 ℃左右高温液态钠池里进行。换料时通过移动臂将燃料组件取出,通过倾斜通道输送到乏燃料贮存池中去,经衰变后送到后处理厂加工。

快堆的主要优点有:

1）可充分利用核燃料。由于快堆可以将天然铀中含量最多的铀-238 转换成易裂变材料钚-239,所以通过乏燃料后处理,快堆可以将铀-235、铀-238、钚-239 全部加以利用。但由于反复后处理时的燃料损失及在反应堆内变成其他核素,快堆只能利用 70%以上的铀资源。但即使如此,快堆对核燃料的利用率也是热堆的 80 倍。

2）可实现核燃料的增殖。在快堆中,中子能量很高,铀钚-239 裂变放出的中子多,铀-238 裂变的概率也大。所以每当有一个钚-239 核裂变,除了维持自身裂变反应之外,还可以剩余 1.2～1.3 个中子,用来使铀-238 转变为新的钚-239。也就是说,在快堆内,只要添加铀-238,核燃料钚-239 就会越烧越多。即核燃料在增殖。因此快堆又称增殖堆。

在快堆中,增殖比可达 1.2～1.3。在重水堆和轻水堆中,相应的值(称之为转换比)仅分别接近 0.8～0.6。从某种意义上说,热堆核电站是消耗核燃料生产电能的工厂,而快堆核电站则是可以同时生产核燃料和电能的工厂。

由于快堆仅在启动时需要投入核燃料,由于快堆中钚-239 能增殖,如果我们通过后处理,将快堆增殖的核燃料不断提取出来,则快堆电站每过一段时间,它所得到的钚-239,还可以装备一座规模相同的快堆电站。这段时间,称为倍增时间。经过一段倍增时间,一座快堆会变成两座快堆,再经过一段倍增时间,这两座快堆就变成四座。按照目前的情况,快堆的倍增时间是三十多年。也就是说,只要有足够的铀-238,每过三十多年,快堆电站就可以翻一番。

3) 低压堆芯下的高热效率。我们知道,压水堆堆芯在 15 MPa 下其出口水温才仅达 330 ℃左右。而快堆由于采用液态金属钠作为冷却剂,在堆芯基本处于常压下,冷却剂的出口温度可达 500～600 ℃。这为提高快堆核电站的热效率奠定了基础。“超凤凰”快堆电站的热能利用率达 41%,远超过现在先进压水堆可以达到的 34%的水平。

除上述优点外,目前快堆的缺点主要体现在安全性方面:

在钠作冷却剂的快堆中,液态金属钠与水(或蒸汽)相遇就会产生剧烈的化学反应,并可能引起爆炸;钠与空气接触就会燃烧;钠中含氧量超过一定数量会造成系统内结构等材料的严重的腐蚀;堆内的液态钠由于沸腾所产生的气泡空腔会引入正的反应性,其结果会使反应堆的功率激增,容易导致反应堆堆芯熔化事故的发生;快堆为提高热利用率和适应功率密度的提高,燃料元件包壳的最高温度可达 650 ℃,远远超过压水堆燃料元件约 350 ℃的最高包壳温度。很高的温度、很深的燃耗以及数量很大的快中子的强烈轰击,使快堆内的燃料芯块及包壳碰到的问题比热堆复杂得多。由于以上原因,虽然快堆在 20 世纪 40 年代已起步,只比热堆的出现晚 4 年,而且第一座实现核能发电的是快堆,但是快堆现在还未发展到商用阶段。

然而,通过 40 年来的努力,以及一系列试验堆、示范堆和商用验证堆的建造,上述困难已基本克服。现在快堆技术上已日臻完善,是目前接近成熟的堆型,为大规模商用准备了条件。预计在本世纪中期,快堆将逐渐在反应堆中占主导地位。

可以说,快堆对将来的核能大发展来说是最为重要的堆型。

二、核燃料后处理

核能作为一种能量密度高、洁净、低碳的能源,在确保能源安全、缓解环境压力从而实现经济和社会可持续发展方面肩负着双重使命。当前核能在世界能源中已占重要份额,全世界运行的 440 余座核电站占世界总发电量的 17%左右。积极发展核电是我国能源的长期重大战略选择,中央“十二五”规划中进一步明确了我国核电发展的方向,核电将成为我国未来主要能源之一。2020 年我国核电装机容量可望达到 7 000 万 kW,2030 年达到 2 亿 kW,2050 年达到 4 亿 kW 以上,将为我国温室气体排放由上升转为下降做出重要贡献。然而仅依靠有限的天然铀资源无法保证核电的可持续发展,所以我国核能的发展战略便决定了我国必须走核燃料闭式循环之路。为此,核燃料后处理是我国早已确定的技术路线。核燃料闭式循环是保证未来核能可持续发展的重要保证,核燃料后处理作为闭式燃料循环的关键环节,在未来的核能发展中将发挥重要作用。

1. 核燃料循环

(1) 核燃料循环概念

核燃料循环(本书仅指铀-钚循环)指从铀矿开采到核废物最终处置的一系列工业生产过程,它以反应堆为界分为前段和后段。核燃料循环分为闭式循环和“一次通过”循环。两种循环方式在核燃料循环前段没有差别,均包括铀矿勘探开采、矿石加工冶炼、铀转化、铀浓缩和燃料组件加工制造。两种循环方式的差别在燃料循环后段:闭式循环包括乏燃料中间储存、核燃料后处理、回收燃料(Pu 和 U)的制备和再循环、放射性废物处理与最终处置,其中核燃料后处理是最关键的一个环节。回收燃料可以在热中子堆中循环(称为热堆闭式燃料循环),也可以在快中子堆中循环(称为快堆闭式燃料循环,也称先进核燃料循环),统称为核燃料闭式循环。三种核燃料循环详见图 5.2-1。

(2) 核燃料“一次通过”循环与闭式循环方式的比较

1) 核燃料“一次通过”循环方式不能满足核能可持续发展的需要

核燃料“一次通过”循环是最为简单的循环方案,在铀价较低的情况下也较为经济。但该方案在世界上没有任何实践,且存在如下问题:首先,“一次通过”循环方式铀资源利用率不足 1%,造成严重的铀资源浪费;其次,将乏燃料中少量的废物与大量有用的资源一起直接处置,将大大增加需要地质处置的废物体积;最后,由于乏燃料中包含了所有的放射性核素,其长期放射性毒性很高,要在处置过程中衰变到低于天然铀矿的放射性水平,将需要 10 万年以上,如此漫长的时间尺度带来诸多不可预见的不确定因素。所以,“一次通过”循环方式对环境安全的长期威胁极大。

2) 核燃料闭式循环是核能可持续发展的保证

核裂变能可持续发展必须解决两大主要问题,即铀资源的充分利用和核废物的最少化。只有采用核燃料闭式循环方式,才能实现上述目标。

与“一次通过”循环方式相比,热堆闭式燃料循环方式可以使铀资源利用率提高约 30%,从而可相应减少对天然铀和铀浓缩的需求量;每吨乏燃料直接处置的体积为 2.0 m^3,而每吨核燃料后处理产生的高放废物玻璃固化体的处置体积低于 0.5 m^3,即热堆核燃料闭式循环的高放废物处置体积为“一次通过”循环方式的 1/4 以下。

如果采用快堆(包括加速器驱动的次临界装置,即 ADS)闭式燃料循环方式,则可:① 使铀资源利用率提高 50～60 倍;② 实现废物最少化,将分离出的具有长期高毒性和高释热率的次锕系元素在快堆中焚烧,使需要地质处置的高放废物体积和长期毒性降低 1～2 个数量级,并显著减少废物处置所需空间,提高处置库容量。这意味着,采用快堆及其先进的核燃料闭式循环,可使地球上已探明的经济可开采铀资源使用几千年,并实现废物最少化和使地质处置所需时间从十几万年缩短至几百年,从而确保核裂变能的可持续发展,并为聚变能的发展留下足够的时间。

(3) 各国核燃料循环方案选择的基本情况

目前,世界上选择核燃料“一次通过”方式的主要国家有瑞典、加拿大和西班牙等。采取热堆闭式燃料循环方式的主要国家有法国、英国、俄罗斯、日本、印度、中国和美国等。可以说,全世界主要核电国家均走核燃料闭式循环之路。先进核燃料循环方式尚不是成熟的工业技术,是目前各国核燃料循环的主流研究方向。

(4) 我国核燃料循环现状

我国核燃料循环前段已经基本建立起了比较完整的工业体系,基本上能满足我国核电当前和近期的需要,但生产规模有待于进一步扩大,技术水平有待于进一步提高。而我国核燃料循环后段尚未形成工业能力,其中,核燃料后处理是核燃料闭式循环中技术难度最大的一个环节。多年来由于国家投入不足,使核燃料后处理成为我国核燃料循环中最薄弱的环节,导致我国核燃料循环工业体系未能闭合,成为制约我国核能可持续发展的重要因素,这与我国核大国的地位极不相称。核燃料循环是核能系统的“大动脉”,为了确保我国核能的可持续发展,必须建设一个独立、完整和先进的核燃料循环工业体系。

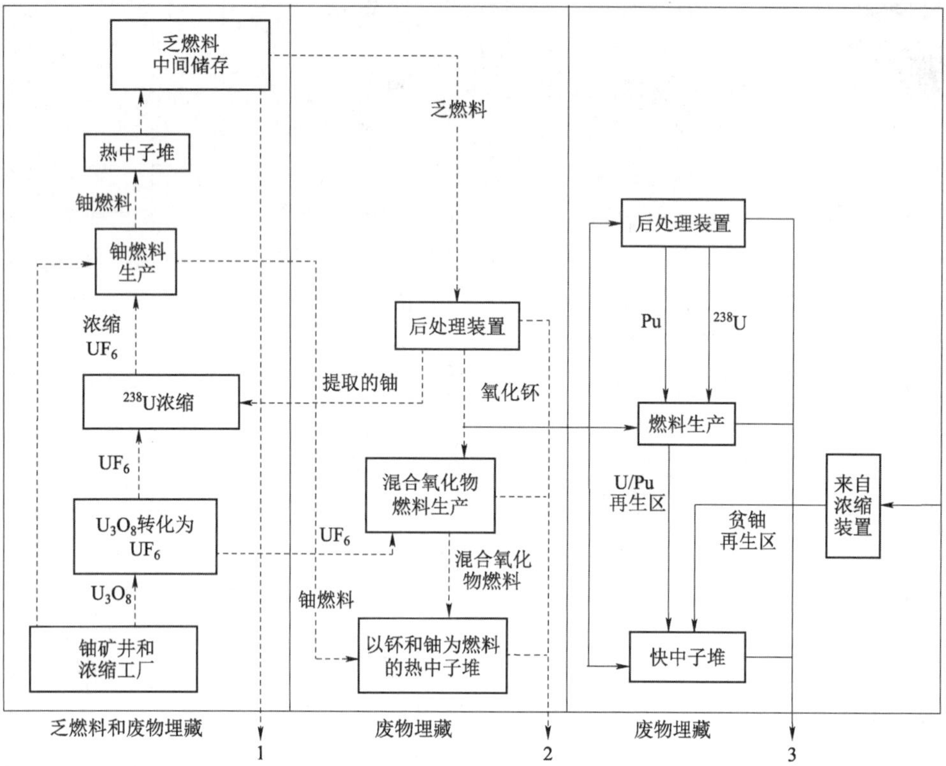

图 5.2-1 核燃料循环的三种循环类型

1—“一次通过”循环;2—热堆闭式循环;3—快堆闭式循环

2. 核燃料后处理概述

(1) 后处理概念及其任务

从核动力堆卸出的乏燃料中含有大量的有价值的能源材料,从目前的技术来看,乏燃料中含有96%的铀、1%的钚和3%的废料(裂变产物和次锕系元素)。核燃料后处理便是指对反应堆中用过的核燃料所进行的化学处理,以除去裂变产物等杂质并回收易裂变核素(^{239}Pu、^{235}U)和可转换核素(^{238}U)以及一些其他可利用物质(如 ^{237}Np)的过程。它是核燃料闭式循环中技术难度最大的一个环节,同时也是关键环节,不仅能显著地减少高放废物的体积和减少长期处置废物的长期放射性毒性,使高放废物与生物圈隔离时间从几百万年缩短到几百年,从而可接触人们对核能安全性的疑虑,同时还可节省天然铀资源和分离功。

(2) 世界后处理技术发展概况

后处理技术具有军民两用性质,源于军用钚生产,当时的目的是从乏燃料中提取武器级的 Pu,随着冷战的结束和核不扩散的要求,后处理将更多地为民服务。

1942 年,美国 Metallurgical 实验室最早开展了乏燃料后处理流程的研究。此后,乏燃料后处理方面又提出了 Redox 流程、Butex 流程、磷酸铋沉淀法流程、Purex 流程和干法后处理等多种流程。这些流程经过不断的改进和优胜劣汰,现在 Purex 流程已经成为唯一大规模使用的后处理流程,被用于核电站乏燃料的后处理。目前,所有的商用后处理厂均使用 Purex 后处理技术。这一流程经过几十年的发展,并没有根本性的改变,一直在朝着更安全、经济的目标发展。另外,目前溶剂萃取技术的研究(除设备外)主要包括两个方面,即工艺流程的研究和新萃取剂的研究,如美国、法国等正在研究开发新的后处理流程,如 Urex+流程、Ganex 流程和 COEX 流程等。

但随着核燃料燃耗的进一步加深(快堆燃料的燃耗将达到 150 GWd/tHM 以上),乏燃料的比放射性将更强,可能会导致基于有机溶剂的水法后处理难以胜任。于是,20 世纪 60 至 70 年代各国争相研究干法后处理,近些年又成为一个颇为活跃的研究领域,各国提出了多种后处理流程。干法后处理作为一种不可或缺的工艺,目前该法尚未实现工业应用,正在积极开发干法后处理研究的国家有美国、俄罗斯、日本、法国、印度和韩国等。

(3) 我国后处理技术现状

我国后处理工艺研究起步于沉淀法(1958 年),之后转向溶剂萃取法(即 Purex 流程),60 年代中期开发成功军用后处理技术,并建成和运用了后处理厂,其分离工艺技术水平与当时的国际水平相当。但在 20 世纪 80 年代以后,随着军用后处理厂的停产,国家对后处理技术研究开发的投入严重不足,使之成为我国核能体系中最薄弱的环节,尚未形成工业能力。我国设计与建造的首座动力堆乏燃料后处理中间试验厂,最近几年先后完成水试、酸试和冷铀试验,并于 2010 年成功完成了热试验,为大型核燃料后处理厂的设计与建设提供重要参考。尽管我国在后处理技术研究方面取得了一定进展,但我国后处理技术和能力在整体上仍处于相当落后的状态,尤其是在后处理关键工艺设备及其材料、自动控制、远距离维修等方面与国际先进水平相差甚远。

在干法后处理的研究开发方面,我国在 20 世纪 70 年代曾经开展过公斤级氟化物挥发法的后处理流程研究,因设备腐蚀严重、工程放大方面存在较多问题而停止。20 世纪 90 年代配合快堆项目开展过一些零星工作,近年来国家科技部支持的 ADS 项目以及核燃料循环与核安全技术重点项目中安排了一些干法后处理的前期研究,但干法后处理的研究尚未被正式纳入国家后处理发展规划。

为了满足我国核能可持续发展的需要,并保持我国核大国地位,将来必须进一步加大我国后处理技术研究开发力度,加快后处理能力建设步伐。

3. Purex 流程

目前,工业规模的乏燃料后处理已经有 60 多年的历史了,Purex 流程是世界最主要的后处理流程,所有的商用后处理厂均使用 Purex 后处理技术。在过去的 60 余年里,有大约 20 多个国家从事后处理事业,至少建造了 30 多座后处理厂。

(1) 流程简介

Purex 流程属于湿法流程,最早在 1949 年由美国诺尔原子动力实验室和橡树岭国家实验室联合开发。该流程是以磷酸三丁酯(TBP)为萃取剂，惰性烃作稀释剂，利用 TBP 选择性地萃取铀钚而达到净化去污的目的，同时基于不同价态 Pu 离子萃取性能的显著差异，通过氧化还原选择性地改变 Pu 的价态来实现 U/P 的分离。Purex 有很多优点，包括更低的溶剂挥发法与可燃性、更高的溶剂化学与辐照稳定性和更低的生产成本。自 1954 年美国萨瓦纳河后处理厂首次使用Purex流程以来，Purex法一直在以不同变体流程加以利用，至今还在运行中的所有商业后处理厂中使用。现今典型的 Purex 流程示意图见图 5.2-2。

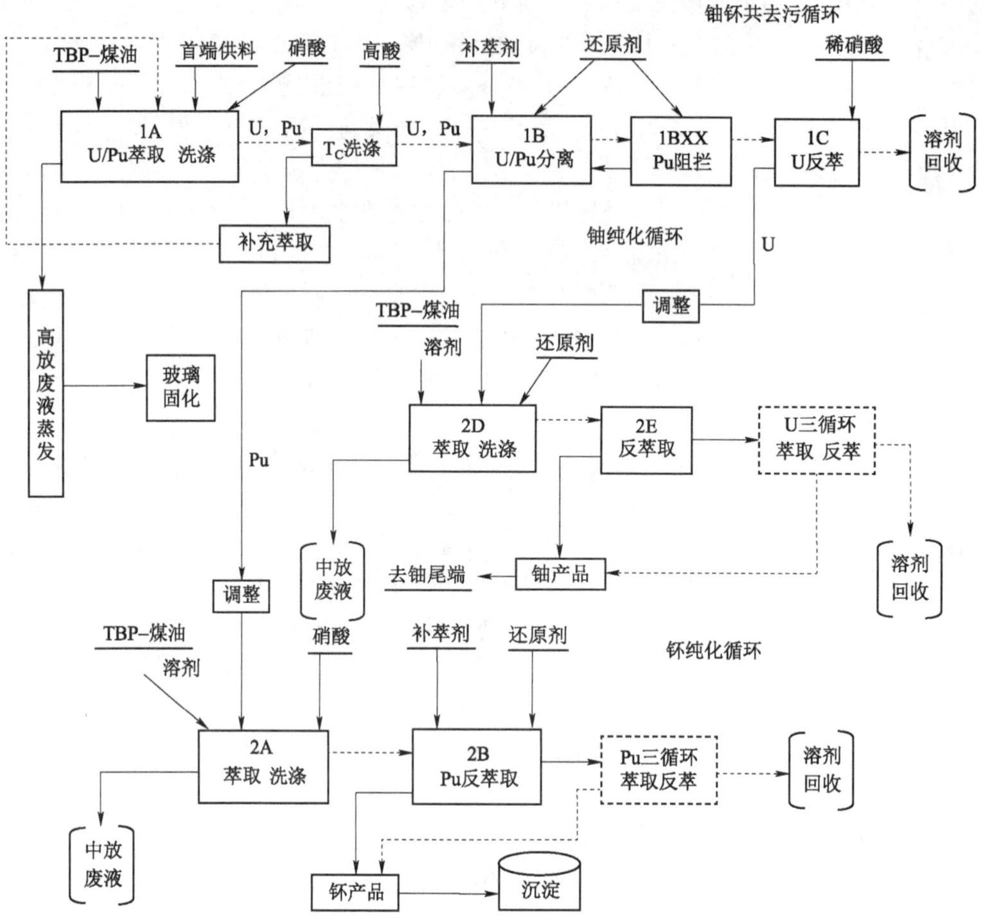

图 5.2-2　Purex 法化学分离流程示意图

Purex 流程可分为三个萃取循环，即铀钚共去污分离循环、钚纯化循环和铀纯化循环。

1）铀钚共去污分离循环，主要完成铀、钚与裂片元素的分离以及铀、钚之间的分离。其中主要涉及铀钚共去污(1 A)、铀钚分离(1 B)、铀反萃(1 C)三个主要萃取设备。

1 A 主要实现铀、钚与裂片元素间最大限度的分离，同时根据要求，通过调节工艺调节控制镎的走向。U(Ⅵ)、Pu(Ⅳ)被 30%TBP/煤油选择性地几乎全部萃入有机相，而绝大部分裂片元素则留在水相萃余液高放废液(1 AW)中。铀钚的产品液流入 1 AP 进入 1 B 萃取器。

1 B 通过采用还原剂选择性地将可萃取的 Pu(Ⅳ)还原为不被萃取的 Pu(Ⅲ)，使其进入水相,而铀保留在有机相,实现铀、钚之间的分离。钚初产品(1 BP)去钚净化循环作进一步纯化。含铀有机相进入 1 C 萃取器,采用硝酸将铀从有机相反萃入水相。

经铀钚共去污分离循环得到的铀钚初产品分别进入各自的纯化循环作进一步纯化。

2) 钚纯化循环:钚纯化循环除了完成钚的进一步净化,另一主要目的是进行钚的浓缩,以达到后继草酸盐沉淀工序对钚溶液浓度的要求。在钚萃取之前,需要采用某种方式对钚进行价态调节,以保持钚处于可萃取的四价状态。对萃入有机相的钚,采用还原剂进行还原反萃。

3) 铀纯化循环:铀纯化循环对来自共去污分离循环的硝酸铀酰作进一步纯化,其在完成对β、γ核素(主要是 ^{106}Ru)去污的同时,也须完成对 Np 和 Pu 的去污。

(2) 流程中主要还原剂

Purex 流程 U、Pu 和 Np 的分离是以 TBP 对不同价态的 Pu 和 Np 离子萃取能力存在差异为基础的,因此,采用还原或氧化进行 Pu 和 Np 离子价态转换是 Purex 流程的最重要过程。

1) 铀钚分离:现今工业成熟的技术是采用四价铀(U(Ⅳ))作还原剂,肼(N_2H_4)作支持还原剂。肼与 HNO_2 的反应相当快速。借助肼对 HNO_2 清扫来防止 U(Ⅳ)和 Pu(Ⅲ)被 HNO_2 或 HNO_3 的氧化。对于 Np,进入 U/Pu 分离段的 Np 被还原成四价,因此,部分 Np 与铀一起萃入有机相中。铀中去镎是铀纯化萃取循环的重要内容之一。

2) 钚纯化循环:目前运行后处理厂均采用硝酸羟胺(HAN)-硝酸肼当作还原反萃剂。因为 HAN 不引入金属及其他腐蚀性杂质,且可以分解为气体而不留下固体废物,不增加废液体积。HAN 易于制备和保存,因此它广为钚的纯化循环所使用。法国 UP3 厂,钚纯化循环实际达到对裂片的去污为 100～1 600,钚中的β、γ活度小于 3.7×10^4 Bq/gPu。

3) 铀纯化循环:目前运行后处理厂均采用硝酸羟胺(HAN)-硝酸肼作分离 Np、Pu 的试剂。

(3) 流程萃取循环数

目前工业化的后处理厂为了分别生产高纯的 U、Pu 产品,所采用的化学分离流程都包含了几个溶剂萃取循环。法国 UP3 厂为了达到铀钚生产的净化要求,在铀、钚分离后,对于铀、钚各设了两个纯化循环。由于 UP3 厂不断改进工艺,使工艺性能保持了高标准。第一循环铀产品中钚的含量已经低于指标要求,而且铀二循环出口铀产品中残余的镎和β/γ污染物也能达到指标要求。于是该厂在 1994 年停掉了铀三循环的运行。至于钚线,尽管钚线二循环出口产品已达到所有指标要求,但仍保留着钚线三循环,其主要目的是为了满足下游工序转化所需钚的浓度。法国 UP2-800 与日本六个所后处理厂均采用了 3 个循环设计,一个铀钚共去污循环,一个是铀的进一步纯化循环,还有一个是钚的进一步纯化循环。英国 THORP 厂原设计有 5 个萃取循环,经过多年的开发和验证,决定缩减为 3 个循环。一个铀纯化循环(UP),包含的 UP1 和 UP2 两个萃取槽中都使用硝酸羟胺当作还原洗涤剂,在 UP1 槽中分离镎,在 UP2 槽中分离钚,溶剂为 20%TBP/煤油。

我国动力堆后处理中试厂铀线采用的是两个循环方案,铀二循环主要分离 Ru 和 Pu,铀三循环主要分离 Np。

第三节 核设施退役概念及去污拆除中的常用名词术语

一、核设施退役概念

随着核设施运行时间的推移,有核国家的许多设施已接近或达到了其设计寿期,还有一些核设施,由于技术的进步或政治、经济、事故等各种原因终止运行。这些终止运行的核设施将被采用技术措施和行政手段而退出服役状态,获得有限制或无限制开放和使用,即称之为核设施的退役。

国际原子能机构(IAEA)将“退役”定义为解除核设施的部分或全部监管控制而采取的行政和技术行动(处置库除外,处置库是关闭而不是退役)。美国核管会(NRC) 10 CFR20.1003 对“退役”的定义是设施或场地退出服务,并且残留放射性降到允许水平。这分以下两种情况:① 终止原来许可申请,无限制开放使用;② 终止原来许可申请,有限制开放使用。退役的目标是逐步和系统地减少放射学危害,使核设施部分或全部解除审管控制。退役的最终目标是无限制开放或利用场址。

二、退役核设施去污拆除中的常用名词术语

1. 退役

退役发生于核设施有用寿期的结束。它涉及除去足够多的放射性的和危险的材料,使该设施可以有限制的或不受限制的开放。就不受限制开放来说,退役活动必须将对人的健康和环境的危险性降低到可以忽略的水平。

2. 核设施退役去污

在退役期间,去污是通过去除设施中沉积物、氧化膜及灰尘里所含一些裂变产物和活化产物用来降低辐射场,而使退役人员和公众受到的辐射照射减以最小程度。进行去污的其他原因还有:最大限度地减少按放射性废物分类或处置的材料的数量;对材料的回收和重复利用,以及符合贮藏要求。基本上,核设施退役的各个阶段都需要去污。

3. 核设施拆除

核设施的拆除(卸)通常包括金属物项如反应堆容器、罐、管道及其他部件的分割。另外,在大多数要去污的设施中,为去除放射性或污染区域而进行混凝土部件的拆毁和/或表面剥落都是必要的。

对金属部件可使用的切割工艺流程包括用于金属切割的机械切割、等离子弧切割、高压磨料射流切割、放电机械切割(EDM)、金属分裂切割(MDM)、激光切割、电弧锯、线性定形爆破以及常规切割方法。用于混凝土拆除的方法包括爆破、钻孔、球锤、膨胀灰浆、岩石分裂、火焰/热剂反应喷枪切割、金刚石锯、岩芯钻、高压水喷射切割等。

4. 去污剂

用于达到去污的那些化学材料。

5. 去污系数

定义为放射性核素的原始量(A_0)除以最终量(A_f)所得的商。在某些情况下,使用去污

效果这一术语,定义为污染除去百分率。

$$100\left[\frac{A_0-A_f}{A_0}\right]=100\left(1-\frac{1}{DF}\right) \tag{5.3-1}$$

6. 核素

具有特定质量数、原子序数和核能态,而且其平均寿命长到足以被观察到的一类原子。

7. 同位素

具有相同原子序数但质量数不同的核素。一元素的不同同位素可能显示明显不同的放射性行为。

8. 放射性

某些核素自发地放出粒子或γ射线的性质。

9. 气载放射性

空气中的放射性微粒、湿气、烟雾和(或)气体。

10. 感生放射性

一物质受到中子或其他粒子轰击后产生的放射性。也称活化。

11. 放射性活度

一定量的放射性核素在一个很短的时间间隔内发生的核衰变数除以该时间间隔。

12. 放射性废物

从法律和监管目的角度来说,放射性废物是指含有放射性核素或者被放射性核素污染,且放射性浓度或活度水平大于监管部门所规定的解控水平,且认为没有用处的物质。(应认识到:该定义纯粹是出于监管目的;把活度等于或小于解控水平的物质称为放射性物质是从物理角度考虑,尽管相关的辐射危害可以忽略不计。)

13. 低放废物

含有放射性但不属于高放废物、超铀废物、乏燃料或某些副产品材料的废物。

14. 中低放废物

中低放废物指所含核素浓度和数量大于监管部门所规定的解控水平,但其核素组成和所放出的热能小于高放废物的废物。中低放废物通常又被分为短寿命废物和长寿命废物。短寿命废物可在近地表处置设施中予以处置。计划对长寿命废物采用深地质处置的方法。

15. 高放废物

① 含有最初存在于乏燃料中的绝大部分裂变产物和锕系元素的并以后处理第一个溶剂萃循环的残余液和其他相关废物流存在的放射性液体。② 上述①进行固化形成的高放废物和乏燃料(如果宣布其为废物)。③ 与①或②放射性水平相当的其他废物。实际上把高放废物视为长寿命废物。用来区分设施废物和放射性水平相对不高的废物的特征之一就是其热能释放水平。

16. 一次废物

现有污染的净化中产生的废物。

17. 二次废物

在一次废物和流出物处理期间产生的所有形式数量的废物。

18. 切削废物

切割工具分解的材料(如金属颗粒和砂轮切块)。

19. 超铀元素

原子序数(Z 数)大于 92 的元素。

20. α 废物

含放射 α 射线的放射性核素的废物。

21. 超铀废物

经测量或认定含有大于 100 纳居里/克(nCi/g)的、放射 α 射线的和半衰期长于 20 年的超铀核素的任何废物。

22. 本底

每个人由于生活在地球上而接受的辐射剂量。天然辐射源包括宇宙射线(占总剂量的 25%);地球,包括体内和环境(占 40%);科学技术应用,包括医用 X 射线、核武器试验沉降物和核设施(占 35%)。

23. 污染

已经沉积在结构物或设备的表面的,或者已经与其他材料相混合的放射性的或危险的物质。

24. 表面污染

放射性的和(或)危险的物体附着在另一未被污染的物体的表面上。

25. 活度

在给定时刻处于一定能态的一定量的某种放射性核素的活度 $A=\mathrm{d}N/\mathrm{d}t$,其中,$\mathrm{d}N$ 是在时间间隔 $\mathrm{d}t$ 内该核素从该能态发生自发核跃迁数目的期望值。

单位是秒的倒数(s^{-1}),称作贝克勒尔,简称“贝克”,符号为“Bq” 。

26. 活度浓度

是指单位质量或单位体积(面积)中的放射性活度,对应单位分别为 Bq/kg(固体废物),Bq/m^3(气体废物),Bq/L(液体废物)。

27. 吸收剂量

吸收剂量 $D=\mathrm{d}\varepsilon/\mathrm{d}m$,其中 $\mathrm{d}\varepsilon$ 为电离辐射授与某一体积中物质的平均能量;$\mathrm{d}m$ 为这一体积中的物质的质量。单位是焦耳每千克(J/kg),称为戈瑞,记作 Gy。

28. 当量剂量

当量剂量 $H_{\mathrm{TR}}=D_{\mathrm{TR}}W_{\mathrm{R}}$,其中 D 为辐射 R 在器官或组织 T 内产生的平均吸收剂量;W_{R} 为辐射 R 的辐射权重因数;当辐射场是由具有不同 W_{R} 值的不同类型的辐射所组成的时候,当量剂量 $H_{\mathrm{T}}=\sum_{R=1}^{h}W_{\mathrm{R}}D_{\mathrm{TR}}$。

当量剂量单位是焦耳每千克(J/kg),称为希(沃特),记为 Sv。

29. 设施

一个场址内的建筑物和设备的实物综合体。

30. 工艺设备

与化学的或机械的过程的作业直接相联系的功能性设备的零部件或系统。

31. 封隔

用于防止污染扩散或将污染扩散减少到最低程度的装备，通常是装有含高效空气微粒过滤器的通风系统的塑料制封闭室。

32. 贮存(临时)

将废物旋转在一个核设施中，该设施对废物进行隔离、提供环境保护和人为控制(如监测)，以便日后回取废物进行豁免、处理和/或处置。

33. 中间贮存

提供监测和人类控制及随后可望进行最终处置的贮存作业。中间贮存的概念包括固体、液体和气体废物的整体贮存或分隔的贮存。

34. 处置

将材料置于这样的地方，使它不会以足够数量地进入环境而给人的健康带来危害。

35. 处置库

对废物进行处置的场址和所有设施。

36. 屏蔽体

用于减少粒子或辐射穿过的物体。屏蔽体可以按照打算要吸收的粒子或辐射分类(如γ屏蔽体或中子屏蔽体)，也可按照打算要给予的保护种类(如本底、生物学或热屏蔽体)。它可能是个人的安全或减少辐射到允许使用计数仪器所需要的。

37. 埋藏

包容放射性物质在混凝土或其他结构材料中，这些材料具有足够的强度和长期结构稳定性，可以确保放射性保留在其中，直到它们衰变到允许场址有限制的开放。

38. 关闭

场址未进行生产性作业的时间。

39. 废物管理

有关放射性的、危险的或混合的废物的控制，包括处理、固化、中间贮存、长期贮存、运输处置等主要任务的计划制定、实施和监督。

40. 质量

一个物项、过程或服务所具有的全部特征和属性，这些特征和属性将影响其是否符合指定要求。

41. 质量保证

对于一个物项、过程或服务符合指定质量要求(如许可证中所规定的要求)提供信心所需的所有计划的系统性的行动。

42. 质量控制

按质量保证要求控制和测量物项、过程、设施或人员的特征的行动。

43. 监测

为判明条件的适宜性或重要变化或设施的性能而进行的测量或观察。

44. 安全贮存

使核设施放置和保持在这样一种状态下所采取的行动,在将来该设施对公众安全带来的危险在可接受的范围内以及该设施可以如所要求那样长地安全贮存起来。

45. 特性调查

通常涉及对存在的污染物进行测量或取样和分析的资料收集过程。

46. 电离

中性原子或分子由于失去电子或得到电子而变成离子的过程。

47. 离子交换

一种化学过程。即被吸附的化学离子从溶液中进入固体材料(通常是塑料或树脂),被交换的离子则从固化解吸而进入溶液。常用于分离和纯化化学物品,如裂变产物,以及调节水的硬度(即水的软化)。

48. 辐射

(1) 辐射能的发射和传播,例如电磁波(X 或 γ 辐射)的发射和传播。

(2) 诸如 α 粒子、β 粒子和中子等高能粒子的发射和传播。

49. 中子辐射

这一辐射由高能中子性粒子形成。中子在空气或其他物质中能穿行很长的距离。与 γ 射性一样,对外照射存在最大的危害。中子辐射需要特殊的屏蔽材料,常用的是含氢的轻材料。

50. 照射量

处于辐射入射于身体或吸入气载放射性或危险的材料的区域的总结果。X 或 γ 辐射的照射量单位是库伦每千克(C/kg)。

51. 职业性剂量

个人在工作过程中受到的辐射照射。

52. 剂量率

单位时间接受的辐射剂量,例如,以 Gy/h 量度。

53. γ 辐射

类似于X射线的波长极短的电磁辐射。γ辐射具有很大的穿透本领。因此,就食入或吸入以及对身体的外照射来说,放射 γ 射线的核素都是有害的。对 γ 辐射的防护来说,如铅等重材料(或大量的较轻材料)是有效的屏蔽材料。

54. 辐射防护

保护人类免受或受来自辐射和放射性物质的内外照射的影响。

55. 防护衣具

为防止位于污染区的人员的身体或个人服装受到污染而穿戴的特殊衣具。

56. α衰变

放射α粒子的放射性衰变。一次α衰变后该原子核的原子序数减少2,质量数减少4。

57. α粒子

贯穿力最小但电离能力最大的一类辐射。粒子带正电荷并相对较重。由于它的体积较大,所以容易被阻止在几厘米的空气中。对α废物不需要屏蔽。食入或吸入放射α的核素将带来危险,因为粒子的能量将直接转移给相邻的细胞。

58. β衰变

放射β粒子的放射性衰变。

59. β粒子

从某些放射性核素的衰变放射出的带电电子,它的贯穿力较α粒子的强。β粒子可以贯穿皮肤和引起烧伤。空气中,它可穿过几米。但是主要危害仍然来自食入或吸入放射β粒子的物质。取决于浓度,含放射β粒子的材料可能需要某些水平的屏蔽。厚的塑料板(达13 mm)可以阻止β粒子。

60. 子体产物

由另一核素的放射性衰变所形成的核素。

61. X射线

当一激发态原子的内部轨道电子返回到它们的正常状态或一金属靶被高速电子轰击时发射出的贯穿性电磁辐射。前者称为特征X射性。X射性常常不是来源于核内(即它们来源于原子核的外部)。

62. 放射性衰变

放射粒子和(或)γ辐射的自发核转变。

63. 核衰变

以从原子核放出能量和(或)质量为特征的自发核转变(放射性)。这一过程以固定的半寿期为特征。

64. 衰变率

单位时间发生衰变的速率[即衰变/分(dpm)]。

65. 半衰期

在一同位素的样品中,原始原子核衰变一半所需的时间。放射性核素的半衰期从短于10^{-7}秒变化到大于10^{10}年。

66. 放射性半衰期

特定放射性物质的原子的一半衰变为另外核形式所需的时间。每个放射性核素都有独特的半衰期。测量到的半衰期从百万分之几秒变化到数十亿年。

67. 裂变

一个较重的核分裂为两个较轻的核(较轻元素的核素),并伴随释放相当大量的能量和一般为一个或更多的中子。裂变可以自发地进行,但是常常由核吸收γ射线、中子或其他粒子而引起。

68. 裂变产物

由较重元素裂变形成的较轻核素。此术语也指裂变碎块放射性衰变形成的核素。

69. 热点

高于平均浓度的放射性污染区。

第四节　核设施退役策略及其选择

一、退役策略

在核设施退役计划阶段,必须选定退役策略。国际原子能机构把核设施退役分为 3 种策略:即立即拆除、延缓拆除、封固埋葬。

1. 立即拆除

立即拆除是在核设施永久关闭,尽可能快地去除和处理核设施内放射性物质,原厂址可以有限制或无限制利用。这是国际上较多核设施退役倾向的方案。立即拆除通常是在核设施关停之后(一般是在5年内),开始去污、拆除和厂址的清污,设施内放射性物质运到已经准备好的贮存或处置场地。立即拆除为乏燃料、堆芯部件等安排好废物处置场,或有了临时贮存设施(立即拆除并不苛求已经准备好废物处置场,但必须至少备有暂存库),其他化学危险物和清洁解控废物的解决也有了安排。设施的设备、构筑物和场地可以清污到有限制或无限制开放使用水平。

立即拆除策略往往是一种优先策略,可能存在强辐照风险或存在着强辐射,但这种风险可以通过仔细的场地特性调查和周密的工作计划得以减少,并且可通过采用屏蔽或遥控操作设备来降低。

对于核燃料循环前段和后段的设施,延缓几年、几十年拆除,对降低工作人员受照剂量来说,收益不大,因为前段核设施污染的主要核素是铀及其子体;后段核设施污染主要核素是铀、钚、镎和长寿命裂变产物。在某些情况下,延缓拆除还会由于钚-241的β-衰变产生的镅-241的积累,导致辐射水平升高,增加工作人员的受照剂量。对于核研究中心的小型核设施、热室和加速器,放射性污染水平往往比较低,而它们往往位于大中城市和大学、研究院所中,场址和利用价值十分高,所以也宜采取立即拆除策略。

2. 延缓拆除

延缓拆除也称安全贮存或安全封存。这是设施在保证安全统计下进行长期贮存,让放射性核素衰变,然后再进行拆除活动。延缓拆除的主要优点有:

(1) 使以后的拆除比较容易,减少将来去污要求和减少废物量。

(2) 降低工作人员受照剂量。按照日本 Tokai-I GCR 堆经验,核电站封闭 30 年,工作人员接受的辐照剂量减少 50%。

现在各国倾向于缩短封存时间。反应堆污染核素主要是钴-60,辐射水平随时间的降低并不是线性关系,而是指数曲线下降(表 5.4-1)。

表 5.4-1　1 000 MW 压水堆退役废钢铁质量和活度与贮存时间的关系

表面活度/(Bq/cm^2)	平均活度/(Bq/g)	反应堆关闭之后					
		经 5 年衰变		经 25 年衰变		经 100 年衰变	
		质量/t	总活度/Bq	质量/t	总活度/Bq	质量/t	总活度/Bq
37～370	10	800	8.0×10^9	440	4.4×10^9	240	2.4×10^9
3.7～37	1	1 600	1.6×10^9	880	8.8×10^8	480	4.8×10^9
0.37～3.7	0.1	3 200	3.2×10^8	1 760	1.8×10^8	960	9.6×10^9
β/γ和α放射性所占比例		99.9%β/γ 0.1%α		99 %β/γ 1%α		95%β/γ 5%α	

(3) 可有较多时间为退役筹资。

(4) 为开发利用先进技术和解决废物无处置场的难题赢得时间，并且若干年之后可能开发出更先进的去污技术和拆卸技术可被利用。

延缓拆除在核设施关闭后先做部分和简易的去污、拆除工作，将主体设备(或关键设备)封闭隔离几十年。对于大型反应堆退役，延缓拆除往往是优先的策略。反应堆的堆芯中包容着 90%以上的放射性物质，并且大部分是短寿命核素，因此延缓拆除堆芯对减少工作人员受照剂量有重要作用。但是，堆芯外的冷却剂回路、常规岛部分、辅助设备和厂房，不宜做延缓拆除。延缓拆除的程序通常是先卸出乏燃料，运走之后燃料和可能存留的新燃料组件，处理燃料水池，运走放射源，卸出反应堆冷却剂，对压力容器外围的设备进行去污、切割和拆除，封堵压力容器的进出管口。所有运行产生的废物或者已从建筑物中除去，或者为临时贮存做好了整备和包装，或者已被处置。反应堆堆芯已处于安全、稳定的状态，可被封闭隔离起来，将来实施拆除和场址的清污，达到无限制开放使用。

关于反应堆延缓拆除多少年合适，各国做法不一。日本规定核电站安全封存期为 5～10 年，德国主张不超过 30 年，法国和 IAEA 主张不超过 50 年，美国规定不超过 60 年。定从表 5.4-1 可以看出，衰变 25 年比衰变 5 年辐射水平降低 50%，衰变 100 年比衰变 5 年辐射水平降低 75%。后面 50 年的衰变贮存，辐射水平降低效果显著降低。

3. 封固埋葬

封固埋葬是把核设施整体或其主要部分，处置在它的现在位置或核设施边界范围的地下，让其衰变到允许从审管控制释放的水平。实施埋葬前燃料元件需要从设施中取出和运到场外，或者临时贮存在一个独立的设施中，埋葬系统内的液体要排出进行处理，放射性物质封存在原来结构体中，与环境隔离起来并防止人员的闯入。

二、三种退役策略优缺点比较

三种退役策略优缺点见表 5.4-2。

表 5.4-2 三种退役策略优缺点比较

退役策略	优点	缺点	适用性
立即拆除	① 可较早利用现在设施场址,场址可较快用于其他活动;② 容易得到熟悉设施人员参加退役活动;③ 减少设施封闭对当地社会可能的影响;④ 减少将来物价上升的影响;⑤ 可以较好地利用的辅助设施和设备;⑥ 档案资料失散较少;⑦ 场址可较早利用	① 工作人员可能受到较高剂量;② 较大的初始经费负担;③ 废物立即贮存或处置责任大;④ 可能需要研发适当的退役机具	前处理核设施;后处理核设施;核技术利用设施;中小型研究堆
延缓拆除	① 由于放射性衰变降低放射性水平;② 封存后拆除工作人员受照剂量少;③ 要求处置废物量减少;④ 因为放射性衰变、运输去贮存、处置放射性废物时公众受照减少;⑤ 获得必要退役经费和先进退役技术事件充裕	① 在封存期内不能做他用;② 以后拆除时,熟悉设施人员和文档资料可能散失;③ 辅助系统和支持系统能力减弱或失效;④ 审管要求、退役经费和废物处置或本可能变化;⑤ 需要连续维持和监督,要求经费保障;⑥ 由于物价上涨,退役总费用可能升高	核电站;生产堆;大型研究堆
封固埋葬	① 废物运输和处置成本低;② 减少工作人员去污和拆除的受照;③ 减少废物运出公众的受照	① 不适用于含长寿命放射性核素的设施;② 需要长期监测和有组织控制费用;③ 转变为一个近地表处置设施,需要公众的接受;④ 场址必须具备处置场条件的地方,经过审管机构批准才可实施	场址条件满足要求和长寿命核素含量满足要求的核设施

三、退役策略的选择

核设施退役策略选择取决于设施类型、地理位置、场地使用、对环境影响(对土壤、地下水污染)、与其他共处设施(如果有其他设施同处于一个场地)的关系等许多因素。反过来,选择的策略对安全、废物量和费用有重要影响。概括而论,退役策略的选择取决于政治、社会、地理、技术、经济等各方面因素。

第五节 国内外核设施退役技术现状

目前,核工业中的一批早期核设施已陆续完成历史使命,核设施退役正由实验室研究阶段过渡到实施阶段。据 IAEA 估计,全世界约有 2 800 座核设施需要在未来的几十年中退役,其中截至 2010 年全世界已经有 123 座动力堆停堆,正在进行着退役或者已经完成了退役,其中有 15 座被完全拆除,51 座正在进行拆除,48 座处于安全封闭模式,3 座埋葬,剩余 6 座还没有选定退役策略。

一、我国核设施退役技术发展情况

我国核设施退役包括铀矿地质勘探、铀矿采冶、铀转化与浓缩、核燃料元件制造、核反应堆、乏燃料后处理、放射性废物管理设施和核技术利用设施的退役。自 20 世纪 50 年代起经过十多年的努力，我国基本建立了完整的军用核燃料循环体系。20 世纪 90 年代，它们陆续进入安全关闭和退役阶段。目前已完成了舰船陆上堆堆芯退役、上海微堆退役和若干铀矿地勘设施和小型铀矿水冶厂、核化学实验室、放射性废物库、辐射装置的退役。大型生产堆及其乏燃料后处理厂已完成第一阶段退役—去污工作，第二阶段—拆除阶段正在进行。几个研究堆不久即将停止运行，开始安全关闭工作。然而，我国核设施退役尚处于起步阶段，国内成熟的核设施退役技术不多。

1. 放射性源项调查技术

我国现在使用的测量仪器除普遍采用的表面污染测量仪当量率仪、个人剂量计放射性空气污染仪、手足污染检测仪、氡含量仪以外，许多较贵重仪器和遥控操作设备都采购国外的产品，如高精度γ谱仪、层析γ扫描仪、无源（或有源）中子分析仪、γ相机、遥控取样装置等。因此，可以说我国在这方面的技术发展还是比较落后的，特别是对某些部位存积的放射性物质的调查方法和设备还存在空白区，例如：① 设备、管道中α核素存量与污染水平；② 排风管内放射性物质存积量、核素组成和污染水平；③ 大容积废液贮罐底部沉积物分布于组成分析；④ 废物乱堆的高、中放固体废物坑中废物分布、组成与放射性活度浓度的间接测量方法或取样技术。

2. 去污技术

在我国，化学去污技术研究开发较早，但是目前应用较多的还是 AP($NaOH+KMnO_4$)、NP(HNO_3+KMnO_4)、OP($H_2C_2O_4+H_2O_2$)、AP-OC(AP+柠檬酸)和 AP-OC-E(AP+柠檬酸+EDTA)法，去污工艺多用于循环浸泡式，二次废液量大。泡沫去污、凝胶去污、可剥离膜去污尚未广泛在工程中应用。高压水喷射去污已有工程应用，超声波去污、电解去污尚未广泛推广应用，生物去污尚在研究开发阶段。

总的来说，从 20 世纪 70 年代至今，我国根据国外的资料开发不少去污剂配方或个别剥离机具，部分去污剂已在工程中实际使用，但不少成果在工程中尚待推广应用。一般研究的方法是先做模拟的污染试样，后用真实污染试样来验证去污效果，很少对污染形成机理、不溶污染物的化学与物理特性、去污剂去污机理的深入研究，因此缺少科学性和系统性，不能举一反三形成完整的科学体系和产品专利技术。特别是针对污染“热点”的深入去污和大体积地下贮罐的去污技术，与国际水平相比还有较大的差距。

三、国外核设施退役现状

国外核设施退役开始于 20 世纪 60 年代，起步较早，相对来说技术比较成熟。尤其是，近年来随着若干大型核设施完成退役任务，退役技术又取得了重大的发展，并在美国和欧洲主要核大国建立一个包含提供退役服务专业公司在内的“退役市场”。

国外退役技术的进步，一部分来自核设施许可证持有者和研究机构的共同努力，但更重要是受益于其他工业领域所取得的技术发展成果，因此可以达到相当高的商业化、通用化程度和降低成本的效果，表明大部分所需技术与设备已经可以在市场上采购，并已达到可以依托专业公司完成退役任务的成熟水平。

四、机器人和远距离操作的应用

核设施退役过程中，为防止工作人员受到不应有的危害，高辐射、高污染区或人员不易到达的区域进行源项调查、维护维修、去污、拆除作业时,采用机器人或远程操作技术是必要的,甚至是必须的。

现在遥控轮式或履带式机具被用于特性调查、去污和拆卸任务。已开发的机具包括:装在自动平台上的桥式吊车,移动式平台的电源,故障排除设备,自动分离技术,预置程控避障,程控移动,教学/回收设备,声控,可移动控制系统,硬件(管道及电缆),激光通信,力反馈传感器以及流量、重量、体积传感器。所有这些都已是成熟技术。

然而,目前的自动化系统事实上都没有使用自主甚至程式化模式,总是有一个工作人员在操纵系统,预计这一情况还将继续。这意味着几乎所有系统都使用简单的远距离控制、远距离操纵或主/从机械臂。

五、国内核设施退役技术发展的战略需求和研究方向

我国核设施退役正迎来一个高潮期,如何在完成退役任务的同时提升退役技术水平,促进技术创新,提高关键设备仪器国产化的能力,是我国核工业和核科技可持续发展面临的重要战略任务之一。为了早日完成核设施退役任务、提高技术水平、改变落后状态,尽快赶上国际先进水平,我国未来努力的方向应是:① 尽量利用现有的、经过实践验证的、安全可靠的去污、拆除、环境整治技术和设备(仪器),优先采用在核设施运行和维修中使用的、成熟的技术和设备;② 尽量利用其他工业和技术取得的成果与先进技术,针对核设施退役的特殊要求进行集成或完善、修改研发工作;③ 加强国际交流合作,有选择地引进先进技术、设备和管理经验,通过消化和改进,形成自主知识产权的实用技术与设备和符合我国特点的管理软件,最终达到又好又快又省地取得研究成果,并投入工程应用,早日完成退役任务。

第六节　核设施退役工程知识

核设施的退役是去除放射性和危险的材料,使它不再对人类健康和环境构成危害。本节对典型的退役项目提出简要的综述并确定退役项目从开始(设施的寿期终止)制定退役计划、进行退役作业到终结要采取的各种步骤。虽然没有把本节用作为制定退役项目计划的纲要的打算,但其他文件却是为该任务设计的。本节的目的是提醒读者注意到退役项目所需的许多工作。

叙述总的退役项目的目的是,指明成功地退役核设施所需的工作。这些工作包括评价退役的各种可替代方案、退役计划中要描述的开发工作、退役的实际工作和项目的最后终结。本节先安排一般讨论这些工作中的每一项,然后专门对各阶段工作进行讨论。

一、退役综述

核设施一旦接近或达到其有用寿期的终点,设施的业主就应开始从其中去除放射性的和危险的材料的准备工作。在对设施的退役能够做出任何决定前,首先应鉴定退役的危险并确定最终目标。

应该首先对设施中余留放射性的和危险的材料进行鉴定。严格地说,对于商业核设施,只须去除足够多的放射性材料,就可以使设施无限制地开放和终止它的许可证。然而,出于实际上的考虑,退役也包括去除危险的材料。对于污染的鉴定,需要工艺知识或实际的测

量。利用测量或工艺知识的这类鉴定是核设施的特性调查。对于一座目前正在使用的设施,已经可以得到不是全部也是大部分的特性调查资料。如果情况不是这样,就应进行采样和测量以鉴定和定量化危险度。对随后确定建设的方案是否适当地考虑了危险度,这些资料是必不可少的。

其次应该确定退役的最终目标。这涉及对退役方案的具体化。实质上,核设施的退役只有三个最终点。在下面的各节将阐述这些可替代的方案。

1. 退役方案

核设施退役的可替代方案都包括在核管理委员会(NRC)定义的安全贮存(SAFSTOR)、埋藏(ENTOMB)和去污(DECON)之内。

(1) 安全贮存是一种方法,采用这种方法时,将核设施置于并保持在这样的条件下,即允许它安全地封存起来并于随后去污(延缓去污)到允许无限制开放或使用。

(2) 埋藏是一种方法,采用这种方法时,将放射性污染物包封在结构上可以长期存在的材料中,如混凝土。适当地保持埋藏的结构,并继续进行监督管理,直到放射性衰变到允许资产无限制开放的水平。

(3) 去污是一种方法,采用这种方法时,于运行停止后不久即对含放射性污染物的设备、结构件以及设施和场址的一部分进行移除或去污到允许资产无限制开放或使用。一般说来,核设施退役的最终目标包含这三种最终退役方法的某种结合。一般要鉴定和评价三个或更多的方案,使核设施的业主可以依据对人类健康和环境的危险的减少、费用以及对设施业主是重要的其他因素,选择最好的方案。

退役计划制定者的合乎逻辑方法是,一开始就确定场址的最终布局。所有随后的计划都应直指获得这一最终产物。一旦最终目标已经认定,就必须确定和开展通向该目标的方法。走向最终目标的这一工作过程将是反反复复的,因为退役工作的任何单一任务都有可能导致与要求的最终目标不协调。例如,一具体废物的处置能力可能还得不到,这就需要考虑另外的处理技术。同样,如果拟定的去污过程可能产生需要增加费钱的处理设施的废物,那么计划制定者就应该考虑可替代的去污技术或直接处置。

对计划制定者来说,了解废物处置能力的可得性是重要的。这方面的了解,包括废物处置的具体位置、废物接收准则和有关废物处置的费用。费用方面的考虑可能驱使计划制定者考虑进一步去污或增加对废物的处理。与退役的其他费用比较,这方面的费用可能要增多。在制定计划期间可能还需要鉴定要求考虑的或对制定计划可提供帮助的其他因素。例如,为了满足废物接收准则可能需要确定所需的去污或处理工艺。另外,对废物接收准则的了解可提供做出有关用什么仪器和方法来进行废物特性调查的决定的基础。

特性调查是确定退役计划最终目标的先决条件。除了了解多半会看到什么是最终产物外,退役计划制定者还需要知道退役项目开始时有关材料的特征。

2. 退役目标

在制定退役计划时要考虑的第一个目标是管理退役设施的危险度。考虑的主要危险常常来自辐射,不过,它也包括来自危险材料和有毒材料的危险以及机械危险(即倒塌)。就材料来说,危险管理可用下列方法来完成:破坏污染物(即危险有机化学物的焚烧)、就地固定污染物或将它运到合适的废物管理设施去处置。通过结构分析一般可减少机械危险。不过,这可能简单到像在危险区周围建一堵围墙。

第二个目标是尽量减少产生的废物量和要求特殊(即复杂的和/或费钱的)处理的废物,尤其是超铀(TRU)废物和混合废物。这一目标常常用这样的方法来达到,即对一些材料进行去污,使净化的部分能够返回经济部门再使用或至少能以较少限制的方法处置掉(即处置入低放废物处置设施或普通垃圾堆积场)。

第三个目标是尽量减少退役费用。已有许多方法或用于管理来自设施的危险。在对这些方法进行选择时,退役计划制定者应该考虑费用以及效益比。减少危险在带来效益的同时,也要增加更多的工作量(和经费的支出)。报酬递减律要求每单位工作量增加效益的速率有所下降。因而,计划制定者必须在大危险但较低费用方案与减少所有危险到可以接受水平但引起费用过分增加的方案之间进行选择。供选择的可替代方案常常包含这两个极端方案之间的许多选择。

虽然退役工作常常类似于核设施中的维修工作,但是它们之间在一个重要方面存在着显著的差别。这就是,退役移出的设备和材料不必考虑再组装和复用。维修作业对管子的切割必须小心地进行以避免产生受到热影响的区域和简化再焊接时对边角的制备。相反,退役的移除要尽可能方便和快速,它仅关注工作人员的安全和防止污染设施的其他部分。重要的是要认识到,系统的重建不是退役优先考虑的事项。

二、项目综述

在核设施运行寿期终止时,来自它的危险的管理可以用把整个过程分为四个阶段来加以系统的探讨。实际上,这些阶段涉及:做什么样的决策、计划退役工作、完成退役的实体行动和证实来自残余放射性的危险已减少到项目的目标值。这四个阶段已命名为评价、开发、作业和终结。

1. 评价

评价阶段有两个主要部分:初步特性调查和评论、决策过程。为了取得项目的基础数据,需要进行特性调查。调查应包括足够的化学、物理和辐射的特性调查,以满足制定计划的需要。需要收集的资料包括:

- 建设图片、图纸和反映设施竣工时状态的附加文件(如果它们存在的话);
- 所有建筑物的情况,包括对原有结构的改变,吊车是否存在,防护屏障和安全系统的情况;
- 从先前运行留在场址的危险的、放射性的和有毒的物质的位置、类型和数量;
- 关于可能影响决定哪种退役方法(埋藏、安全贮存或去污)适合于场址特定情景的资料;
- 诸如高架的公用管道和窄的门道等实体障碍物的存在和位置以及石棉的位置;
- 诸如气、水和空气等受压系统的情况;
- 呼吸用空气系统的情况(如果存在的话)。

对设施的条件了解后,就应进行适当的研究。基于这些研究的结论,将分析退役的各种方案,并选出最好的方案。

2. 开发

退役方案选定后，将依照适用的管理指南，进行详细的工程设计。然后编制出退役计划并提交给适当的管理机构审批。该计划包括特性调查资料、退役方案评论、选择方案的正确判断、遵从管制的条款、预期的人员照射量、放射性废物的体积和费用以及在退役计划中将详述的其他物项。

3. 作业

退役项目的实施将完全遵照已批准的退役计划所确定的方针，而退役期间产生的废物要依照适用法规加以管理。作业包括保健物理控制、去污、拆除、拆毁、废物管理、装置修改、运输和处置。

4. 终结

在退役项目结束时，将进行最后的化学和辐射普查测量，并编写项目最终报告。最终报告包括项目的细节、取得的经验教训、场址的最终条件和供参考的辅助文件。如果场址不开放供无限制使用，那么报告还应包括与有限制开放的具体事项，诸如长期监测和维护要求。

三、评价阶段

退役项目的评价阶段是这样一个阶段，在其中进行计划前期工作以及场址的初步特性调查工作。评价工作包括确定哪些法规要求适用于退役活动、财务要求、处置方案和可替代的技术方案。下面讨论组成评价阶段的各单元。

1. 支持评价的法规

重要的是研究影响退役方案选择的法规。1980年全面的环境响应、补偿和责任法(CERCLA)对可以进行补救的几种可替代的方案中的哪一个应被选择，提出了要求。环境保护局(EPA)已经公布了几个指导性文件，诸如按照CERCLA进行补救调查研究和可行性研究的指南(EPA1988)就提出了退役计划制定者的方法学。

NRC要求许可证持有者在退役工作预期开始前5年或约5年提交一份初步的退役计划。初步计划确定预期的退役方案并提供所需要的主要技术行动的评价、废物处置趋势和为残余放射性活度提出的准则。对于反应堆许可证持有者，则要求在永久停止运行后的两年内和不迟于许可证终止前一年提交这样的计划。

2. 土地使用考虑

在制定和选择退役方案时，关键的准则是业主对资产的未来利用计划。该计划可以从再用作为一座核设施、利用构筑物来进行贮存或制造到完全恢复场址用于农业或娱乐休养。

3. 其他关注

在选择退役方案时，应该考虑的其他关注包括：资金的限制、处置设施的可行性、预期的或要求的公众参与程度、需要的技术开发和危险的评价。下面简要地对这些关注加以论述。

(1) 财务关注

对于一个退役项目来说，实施所选方案所需资金的可行性显然是很重要的。不用说，如果选择的方案所需资金多于可以得到的，那么就需要或是获得额外的资金，或是另选支出较少的方案。

(2) 处置设施的可得性

对于核设施退役产生的废物的体积,应该获得相当的处置能力。如果情况不是这样,那么就应该采用别的可替代方案。

(3) 公众的参与

在制定计划的过程中,必须评价公众的参与要求并把它结合入所有适用方面。在制定计划的早期就应开始与社团负责人和其他感兴趣的各方进行讨论。

(4) 技术开发

在选择退役方案时,另一重要考虑是鉴定技术的可得性。为了获得退役项目所需制定技术的资料,可以利用复原行动计划信息中心(RAPIC)。为了去污或拆毁,可能不得不为处理存在的特殊类别材料(例如放射性核素和各种化学物品的大量混合物)而开发专用技术。在这些情况下,对于退役方案的选择必须包括和考虑开发所需的费用和时间。即使在选择好一种方案后,技术开发也可能成为关键途径物项。

(5) 危险评价

危险评价是一种工具,可以用它来帮助选择退役方案。它由基于下列的一系列计算组成:① 现有的情况;② 人员(或环境的组成单元)可能受到影响的机制或途径。这些计算可提供危险的半定量数据。例如,由于辐射照射带来的危险可能是,使 X 人的癌症发生率增大 Y;或者由于地下水存在甲苯,使 W 人的中枢神经系统损伤发生率增大 Z。对环境的组成单元也可进行相同的计算。重要的是应认识到,危险的评价是半定量的,因为对于居住期间和照射的实际情景(例如实际的牛奶消耗量是多少?)不得不做出很有影响的假设,同时还由于对有关污染物的类型、浓度和范围的了解是不完全的。

首先对基本情况(或不采取行动情况)进行计算,看看什么也没做危险是怎样。然后对每一个建议的方案反复进行计算,以确定可以达到的危险的减少(或增加)是多少。将这些资料与各方案的初步费用估算结合起来,以得到在选择方案时需要考虑的一个重要因素-费用-效益比。依照联邦法规 40 CFR104(1993)和 121(1993),有关 CERCLA 的活动都需要进行危险评价。对于退役,并不需要进行正式的危险评价,但是可以利用它们作为制定计划的工具。

4. 方案评定

应按照一组一致的准则对各种可替代的方案进行评定工作,这些准则可能包括费用、退役后对公众和环境的危险的减少、退役的最终产物与周围环境的相容性、退役期间退役工作人员的危险和产生的废物体积并与复用或清洁材料释放相比较。方案选择的各种不同准则可以依照业主的优先次序和场址所在地的条件加以权衡(如果退役后场址的美学很重要,那么它的重要性就可能与费用一样高或超过费用)。

可替代方案的评定可以用收集可能得到的所有有关资料并据此权衡每一个方案来完成,在方案选择过程中应该考虑下列各类型的准则:

- 保护公众健康的有效性;
- 保护环境的有效性;
- 实施的可能性;

- 废物的最少化;
- 费用和费用-效益比;
- 公众的接受;
- 适用的或有关的和合适的要求(ARAR);
- ALARA(可合理做到尽可能低)考虑;
- 土地的未来利用;
- 诸如对就业和运输等的社会经济影响;
- 文化影响,包括美学、历史和考古学。

最后确定不同方案的每个准则如何的好和给予每个准则多大重要性的人是设施的业主/营运者。

理想上,基于评定过程就可为核设施的退役鉴定出优于所有其他方案的一个单一方案。但是实际上,两个或更多的可替代方案多半会相当或接近到足以妨碍可靠地选出一个优选方案。在这种情况下,为推荐一个优先方案将需要对准则进行更完善的评价,诸如更详细的评定费用或危险。对于评定已有方案或新鉴定的可替代方案,甚至可能需要反复的进行。

一旦鉴定出优选的退役方案,就可以开始详细的工程设计和制定计划。

四、开发阶段

在退役项目的评价阶段,已确定退役的最终目标,完成了初步的特性普查,进行了危险评价,开展了可替代方案的评价工作,并选出了退役方案。在开发阶段,对项目继续进行下列工作:完成详细的工程设计、费用估算和制定任务进度表,并于最后编制好退役计划。

1. 退役工程设计

一旦核设施的退役方案选定,就应开始进行详细的工程设计、费用估算和进度安排。这些任务可产生将在退役计划中叙述的设施退役的工艺技术和方法学。

(1) 详细的工程设计

在详细的工程设计开始时,应该最后确定净化和残余准则,并在最后确定的这些准则的基础上,继续完成工程设计。如果管理机构本身不进行核查工作,那么在制定计划过程的早期就应确定独立进行核查的承包商。必不可少的是,在释放水平、测量标准和技术一致,使最终释放核查的完成不存在与管理机构不一致的地方。为了给设计提供帮助,应从设施的运行历史、工艺知识、运行记录、竣工图以及访问运行人员、其他文件和在场址考察收集资料。另外,为了支持详细的工程设计,完成全面的场址特性调查也是需要的。在退役项目的其他三个阶段的每一个阶段,常常也要进行一些特性调查。从评价阶段已知放射性废物、危险材料和非污染垃圾的处置方案。

废物处理受处置方案的限定。这些方案也决定退役项目中使用的某些去污、拆除或拆毁技术。另外,在核设施的某些地方,由于存在难于接近、辐射或其他原因,可能需要使用远距离操作设备来完成退役工作。

在整个详细的工程设计过程中,应设计适当的行动,以将辐射照射量保持在可合理做到尽可能低的水平、保持临界安全(如果适用的话)以及放射性材料提供保障和保安。在详细的工程设计中,需要讨论的其他活动是:监测和控制放射性的和危险的材料从设施向工作人员和一般公众扩散的措施。

(2) 费用估算

应该基于工程设计的细节编制退役项目的详细费用估算。费用的拟定应该以相似项目的经验、工业中典型活动的标准费用和无其他资料可用时的工程学判断为基础。取决于可得的有关资料和估算基本数据的有效性,费用估算将达到一置信度水平。对于估算第一次迭代的误差为±5%,在实际工作开始前立即进行的最终费用估算的置信度范围从+50%到−30%。有代表性的是,将进行两类费用估算:未浮动和浮动的。未浮动费用是与时间无关的总费用。这类费用估算也称基础费用估算,即未计退役期间的物价浮动和利息费用。项目的浮动费用考虑了完成工作所需时间的长度和时间有关的通货膨胀。关于费用估算方法在其他文件和手册中都可找到。

(3) 进度表

还应与费用估算一起,编制有关退役活动的详细进度表。进度与费用估算是相互联系的,因为包含浮动的实际费用与退役进度有关。在进度表中以及在费用估算本身可以包含不可预见项。这样可以弥补由详细的费用估算中的不可预见费涵盖的不确定度带来的差额。

2. 退役作业的准备

为了给实际的退役作业作准备,需要组织负责退役项目的机构并配备人员。表 5.6-1 列出退役项目组织可能包括的任务。依赖于退役项目的规模和复杂性,每项任务所需人力从不到一个全日工作人员到需要多人的人员队伍。

表 5.6-1 退役项目组织的任务

管理				
工程	设施作业	保健与安全	退役作业	其他
采购	公用事业	工业卫生	拆除	环境保护
场址开放	办公和人个用具	保健物理	去污	材料控制
费用控制	保守	核保障	废物处理	人员关系
进度	发运和接收	衡算	环境保护	公众关系
质量保证			质量控制	废物管理

(1) 协调

在整个退役项目的实施过程中,都需要与各种不同组织进行协调。除了为保持适当的进度在工作进展与特殊产品供应者(包括进行退役工作的分包商和处置场接收废物)之间进行显而易见的协调工作外,还应在项目工作队和进行监督的各种不同管理机构之间进行协调。两类主要活动是:① 在检查期间与管理机构的联系;② 在进行具有特殊意义的活动时与他们的通信。

(2) 文件

在对核设施作出退役决定时就应该开始为退役项目编制正式文件。主要文件包括特性调查报告、完成的任何可行性研究、退役计划、退役项目进展报告、每日的辐射调查结果和气载物样品分析记录以及场址的最后调查测量。这些文件或类似文件是作为退役后开放场址的退役过程的一部分，由管理机构所要求的。这些文件是向公众开放的，一般在管理机构的公众阅览室或社区公共图书馆都可以看到。

设施特性调查的第一个报告是特性调查计划，它描述要调查研究的污染物以及在采样和分析中涉及的方法。核设施特性调查的最后一个报告是特性调查报告，它提出设施中的污染物的鉴定、位置和数量。

特性调查完成后，可能要进行可行性研究，以鉴定核设施的各种可替代方案。也可能要编写方案评定文件，以推荐一个最好的方案。另外，对所退役项目来说，还要求为完成退役所需费用编制费用估算文件。

向管理机构提交并请求批准退役计划一包括退役的技术细节、废物处置和开放设施的最后终结普查测量文件。退役计划的一部分是项目的筹资方法，它取决于实体所有制和退役设计的类型。只有退役计划已被管理机构批准，才能开始进行实际的退役工作。

根据退役项目的规模编写项目进展报告。这些报告记录：当前的工作任务、估计的完成时间、处置废物的体积、释放的材料和流出物的文件。最后普查测量报告是验证核设施退役的适宜性的最后一个报告。最后普查测量一般由第三方进行，并须获得管理机构的批准。

(3) 公众关系

退役项目需要与公众关系进行某些形式的资料交换。这种交换可以是意见听取会中管理接口的一部分，或者也可能来自核设施业主的直接工作或介入公众的工作。某些退役项目有可能在公众甚至还未真正开始注意到该项目时就已经完成。这些项目不需要开展公众关系工作来保证它的成功。然而，许多退役项目受到了来自一般公众的各不同方面的详尽研究。这些项目采取下列措施可以获得好处：制定将项目本身通报公众的积极的公众关系计划以及退役项目给同一地区的全体居民和社会一些利益。这一公众关系计划应在制定退役计划的早期就开始执行，并贯穿于整个项目中，而且直到场址最终处置前不能终止。在公众关系工作方面支出的资金有可能防止，因回答公众的问题而带来甚至更多的支出和项目的进度被拖延。

(4) 保障和保安

退役项目需要有一个在退役期间保护人员健康的保安计划，并且如果适当还需要有一个核保障计划。这些计划是作为退役项目一部分的实际退役工作计划的附加和增补部分。为了防止能够引起足以影响公众安全的放射性材料分散的材料丢失或被盗和设施被损坏，制定保安计划也是需要的。

某些核设施的退役涉及处置裂变材料(即容易裂变的核材料)。这些材料被称为特种核材料(SNM)，因为它们可以用来制造武器。在包括 SNM 的退役项目中，需要特殊的程序和特别的预防措施来防止从退役项目中转用 SNM。这些核保障措施按照能源部条例 5630.11 鉴定。除了保障 SNM 不被转用外，还需要执行程度来防止发生临界事故(即非故意地发生自持核反应)。为了确保 SNM 的安全，保护材料的保安要求是必不可少的。只要有可能，就应开始退役作业前将 SNM 从场址移出去。

3. 管理

退役计划还必须论述这样一些问题，诸如申请许可证、工作人员、环境的保护、其他计划、程序和培训。申请许可证和获得通知书是讨论的协调活动的组成部分。例如，处理资源保护和回收法(RCRA)废物的设施、排放废水和安装空气污染控制设备，都需要认可证。对去除石棉的工作,需要EPA的通知书。运输危险废物需要有EPA的产生者编号。保持与适用法规一致,不论从项目费用还是从进度上考虑,都是很重要的。

退役管理也应包括必不可少人员的职能,包括对工作人员、公众和环境的优先关注。对工作人员的保护应该包括:基本工业安全、工业卫生和保健物理。环境保护提供对场址流出物和运输的监测以及验证需要遵从的最终场址条件得到满足。

对退役的成功来说,有能力的职工队伍的组建是另一个关键问题。需要指派合适的管理、技术行政人员来承担一项或更多的任务。重要的是,要选择那些在技术或专业上适合并具有相当多实践经验的人员。在项目的早期就应该指派这些人员,使其他的准备工作能够有效的完成。

为退役工作的组成部分提供书面指导可以加大退役项目成功的机会。这些指导可以是手册、程序和投标说明书。手册最适合于诸如质量保证(QA)和安全等行政任务的作业。某些程序可使项目手册中确定的政策得到统一的实施,而另一些与实体退役活动有联系的程序可保证在作业前已经提出了关键的设想并加以了评论。对于保持对分包商的费用控制和确保要求的工作得到完成来说,正确的书面投标说明书是必不可少的。

为了使人员、程序和设备成为一个整体,培训是需要的。培训必须既涉及一般问题,如安全和保安,又包含特殊问题,如吊车或废物处理系统的操作。

在管理退役项目中,可以利用标准的项目管理体制。对于美国政府的退役项目来说,在能源部条例4700.1的第一章提出的项目管理体制,应在退役项目的所有方面都得到应用,其中包括但不限于管理组织及其职责、工作分工结构、逻辑的进度表、费用和人力估算、定量的性能准则、系统工程和布局管理。

4. 退役计划的编制

一旦完成对选择方案的详细工程技术考虑,就应编写正式的退役计划。退役计划包括退役的所有技术细节、退役的费用和进度、为成功地完成退役所需的组织结构和其他行政事项、项目的筹资细节以及退役的其他方面。

在这一阶段,一重要事项是作业的顺序。顺序不仅影响工作进度,而且对执行特定任务的不同分包商的协调也有影响。因此,在场址和任务的限制范围内,应尽可能有效地对项目加以组织。例如,在希平港核电厂退役项目中,建筑物西侧的蒸汽发生器间在项目早期就进行了拆毁,这样,该地区就可用来安装稍后退役工作所需的塔吊。其他退役项目也有类似的情况,即顺序影响退役进度和组织的最优化。

一旦退役的最终目标已经确定,必须对完成退役的技术加以鉴定,并要排好顺序。首批需要回答的问题之一是,“设施受到什么污染?”计划制定者不仅要知道最终目标是什么,而且要了解退役前存在的材料和条件是什么。

作业期间进行的特性调查确定了退役期间必须除去的材料和设备的类型和数量。该特性调查的进行有助于一天又一天的工作活动,并可验证如前所述的从场址除去的废物和材料对接收准则的遵从。

在开发阶段进行的特性调查指明,设施中的某些地区是否存在极端的条件,诸如高辐射或难于进入,因而妨碍了人的进入。在这些情况,可能要使用远距离操作的设备来完成提出的任务。

五、作业阶段

退役逻辑操作第三阶段是鉴定作业和安排作业顺序。作业包括有关核设施实体退役的活动。应该考虑的关键作业是:对污染材料和设备的作业,对等待处理或处置而就地贮存的材料的作业和准备运到处理或处置设施的材料的包装。

对设施内的污染材料来说,在适当处置前,可能需要处理。不管材料是作为一个整体还是其中一部分而被除去或者是留在工艺系统中的残余污染材料,可能都需要这样的处理。设施中留下的残余材料有:贮槽和设备中的泥浆、诸如油或燃料一类的大量流体以及保持屏蔽需要的盛水系统。

含污染物的材料可需要处理。可能只需要简单地就地对一些材料进行去污就可以使该地区得到复用。例如,可以对作为建筑物极其重要部分的承重柱进行去污而不破坏建筑物。

对污染材料的另一个解决办法是去污。这一技术用于该材料的地区在场址的最终布局中没有用处。可以对这些材料进行拆除或分割,以便运去处置,也可就地拆毁后将垃圾运走。

对污染材料的第三个解决方案是除去和去污。在这种情况下,污染材料先运到去污设施,经去污的材料可能复用或在限制减少的情况下处置掉。这一程序是一种废物最少化方法并能促进退役第二个目标的实现。

不论是对废物处理、去污还是对拆除、分割和拆毁来说,退役技术计划可能指明,最适合于某一或某些已鉴定任务的技术设备还没有投入商业生产。换句话说,它们仍处在发展阶段。在这种情况下,退役项目在开始阶段可能包含技术开发计划。虽然可能有其他资金来源,但是退役项目或许要承担为开发筹资的责任。因此,估算的退役费用中必须增加技术开展计划的支出。

需要为等待处理或处置的设备和材料的就地贮存准备场地,以便能有效地进行作业。需要有处理过程的贮存区,以容纳转移出来的材料,这样,来自下一工段的材料又可进入。这些处理过程的贮存区可能简单得如一些运送材料至处理区的运输工具,但有可能是指定的放置区。如果材料是危险品或有毒的,那么处理过程的贮存区必须满足有关规定的要求。如果打算释放任何材料供再循环或非商业利益而再使用,那么需要为它们的放置设特区,以便简化它们的释放。还需要其他一些贮存区,供处理设施、调查测量和包装用作收集和中间集结待运区。这些可能需要满足与处理过程贮存区一样的要求。

为运输的包装是退役作业期间另一重要领域。需要设置专区来进行:对废物材料进行包装、对其外部污染进行检查、去污(如果需要的话)、称重、编写文件和将废物装入运输工具。

如果在项目的开头就能正确地制定计划、正确地选择技术和正确地实施处置方案,那么退役项目肯定会获得成功而得到所要求的结果。

六、终结阶段

终结阶段是退役项目的最后阶段。它开始于实体退役完成之时,即在相信场址已满足规定的有限制或无限制地开放的准则之时。终结阶段的工作可以有计划的安排,使场址的一些地区仍在继续进行退役作业时,其他一些地区已在开展普查测量工作。如果这样安排工作,应采取措施来防止污染扩散到已经完成终结作业的地区。

终结阶段的目的是核实场址的最终布局已经满足项目制定的开放准则。这一终结作业采用普查测量、核查和编制文件来完成。因为结果法规上或在公众论坛上遇到挑战,所以终结阶段的工作必须高度严密地进行。

应仔细地计划好满足终结阶段要求的辐射普查工作,以确保遵从性以要求的置信度得到验证。普查测量的先决条件是,为这个终结阶段制定采样和分析计划。按照该计划,需要鉴定对退役项目边界内留下的建筑物或地区进行测量所采用的方法的和测量频度。一般来说,可采用分层次的随机采样。这样,在已知历史上基本未受到污染的地区(例如行政办公楼),就只需要进行很少的测量工作。NUREG/CR—2082(1981)给出了准备和进行最终普查测量工作的指导,并且在 NUREG/CR-584(草案)中可以找到经过修改的更新和更详细的资料。

采样和分析计划的主要目的是确定残留放射性物质的数量和分布。另外,如果存在危险的和有毒的材料,那么计划还可能需要确定留下的这些物质的数量。开展这些工作的要求可能来自 DOE、NRC 或州政府的压力。另外,终结阶段还可能受到其他机构(例如 EPA)的管制。

在普查测量阶段,应该保留去污和废物处理能力,以应付万一发现污染超过开放准则的情况。

终结阶段第二方面的工作是独立地核查最后的普查测量工作。这一工作由独立于设施业主的组织负责进行。通常情况是,该组织受雇于管理机构来评论最终普查测量计划和结果以及开展由它进行的一系列测量工作。这些工作可对业主作出的场址遵从了开放准则的决定进行独立的核查。在为最终开放开展的普查测量和为核查进行的普查测量之间存在的差异,可通过讨论或联合进行测量来加以解决。如果为核查进行的普查测量工作不支持“开放准则得到遵从”的结论,那么可能需要再进行补充补救工作普查测量。

终结阶段的第三方面工作是编制有关最后的和独立核查的普查测量文件以及其他支持性计算和函件。完成这一部分工作采用的方法由 DOE、NRC 或州政府的实施议定书或法规确定。如果终结阶段还受其他机构的法规管辖,那么终结阶段受这些机构管辖的部分需要遵循这些机构的实施法规。

第六章　相关管理知识

学习目标： 通过学习，掌握质量、安全、放射性废物管理等方面知识，退役核设施去污拆除操作工应牢固树立质量、安全和管理意识，一丝不苟地把好去污拆除操作的关键关。

第一节　质量管理相关知识

一、质量管理的基本概念与原理

1. 质量

质量指产品或服务，满足规定或潜有需要的特征和特性的总和。它既包括有形产品也包括无形产品；既包括产品内在的特性，也包括产品外在的特性。即包括了产品的适用性和符合性的全部内涵。

2. 工业产品质量

工业产品质量指工业产品适合一定的用途，满足人们需要所具备的特性和特性的总和，也即是产品的适用性。它包括产品的内在特性，如产品的结构、物理性能、化学成分、可靠性、精度、纯度等；也包括产品的外在特性，如形状、外观、色泽、音响、气味、包装等；还有经济特性，如成本、价格、使用维修费等，以及其他方面的特性，如交货期、污染公害等。工业产品的不同特性，区别了各种产品的不同用途，满足了人们的不同需要。可把各种产品的不同特性概括为适用性、可靠性、安全性、寿命、经济性等。

3. 工作质量

工作质量指对产品质量有关的工作对于产品质量保证程度。工作质量涉及企业所有部门和人员，也就是说企业中每个科室、车间、班组，每个工作岗位都直接或间接地影响着产品质量，其中领导者的素质最为重要，起着决定性的作用，当然广大职工素质的普遍提高，是提高工作质量的基础。工作质量是提高产品质量的基础和保证。为保证产品质量，必须首先抓好与产品质量有关的各项工作。

4. 服务质量

它指服务满足规定或潜在需要的特征和特性的总和。国际标准列举的服务质量特性实例包括：设施、容量、人员的数量和储存量；等待时间、提供时间和过程的各项时间；卫生、安全、可靠性和保密性；反应、方便、礼貌、舒适、环境美、能力、耐用性、准确性、完整性、技艺水平、可信性和沟通联络等。

5. 质量控制(QC)

为保证和提高产品质量和工作质量所进行的质量调查、研究、组织、协调、控制、信息反馈、改进等各项工作的总称。为保证产品过程或服务质量，必须采取一系列的作业、技术、组织、管理等有关活动,这些都属于质量控制的范畴。

6. 质量管理(QM)

它指对确定和达到质量所必须的全总职能和活动的管理,其管理职能主要是负责质量方针政策的制订和实施等。

7. 质量职能

质量职能指企业为使产品、过程或服务满足规定的要求或满足用户的需要而进行的全部活动的总称。在整个质量工作中,企业各部门应该发挥什么作用、承担什么职责、开展哪些活动,都是质量职能所要研究的内容。如工业企业的设计部门要按照用户的质量要求,决定产品结构、规格、性能和原材料标准等,到设计出符合用户质量要求的产品;生产制造部门要实现均衡生产,生产车间和工人则要经过严格训练,熟练掌握产品质量标准要求和保证质量的操作方法与控制方法,以便生产出符合设计质量的产品;检验部门要按产品工艺规程和质量标准进行检查和验收;销售部门在推销产品的同时,要很好地进行市场调查,搜集用户意见,进行质量分析等。上述部门的工作与活动直接与产品质量有关,是直接的质量职能。此外,企业还有一些部门的工作与产品质量是间接产生影响的,如宣传教育部门,抓紧人员的培训教育,着眼于人的素质的提高,从而保证企业产品质量;财务部门搞好各类资金的管理,加强日常核算和监督,保进劳动生产率和产品质量的提高,降低产品成本,为企业获得更好的经济效益……这些都是间接的质量职能。

8. 统计质量控制

指使用统计技术进行质量控制,这些技术包括频率分布的应用、主要趋势和离散的度量、控制图、回归分析、显著性检验等。

9. 全面质量管理

指企业全体职工及有关部门同心协力,把专业技术、经营管理、数理统计和思想教育结合起来,建立起产品的研究、设计、生产(作业)、服务等全过程的质量体系,从而有效地利用人力、物力、财力、信息等资源,提供出符合规定要求和用户期望的产品或服务。全面质量管理的基本核心是提高人的素质,调动人的积极性,人人做好本职工作,通过抓好工作质量来保证和提高产品质量或服务质量。

10. 全面质量管理的特点

其特点是把过去的以事后检验和把关为主转变为以预防和改进为主;把过去的以就事论事、分散管理转变为以系统的观点进行全面的综合治理;从管结果转变为管因素,把影响质量的诸因素查出来,抓住主要方面,发动全员、全企业各部门参加的全过程的质量管理,依靠科学的管理理论、程序和方法,使生产(作业)的全过程都处于受控制状态,以达到保证和提高产品质量或服务质量的目的。

11. 全面质量管理的基本要求

(1) 全面质量管理是要求全员参加的质量管理,要求全体职工树立质量第一的思想,各部门各个层次的人员都要有明确的质量责任、任务和期限,做到各司其职,各负其责,形成一个群众性的质量管理活动,尤其是要开展质量管理小组活动,充分发挥广大职工的聪明才智和当家作主的主人翁精神,把质量管理提高到一个新水平。

(2) 全面质量管理的范围是产品或服务质量的产生、形成和实现的全过程,包括从产品的研究、设计、生产(作业)、服务等全部有关过程的质量管理。任何一个产品或服务的质量,都有一个产生、形成和实现的过程,把产品或服务质量有关的全过程各个环节加以管理,形成一个综合性的质量体系。做到以预防为主,防检结合,不断改进,做到一切为用户服务,以达到用户满意为目的。

(3) 全面质量管理要求的是全企业的质量管理。可从两个方面来理解,首先从组织管理角度来看,全企业的含意就是要求企业各个管理层次都有明确的质量管理活动内容。上层质量管理侧重于质量决策,制定企业的质量方针、目标、政策和计划,并统一组织和协调各部门各环节的质量管理活动;中层的质量管理则要实施领导层(上层)的质量决策,运用一定的方法,找出本部门的关键或必须解决的事项,再确定本部门的目标和对策,更好地执行各自的质量职能,对基层工作进行具体的业务管理;基层管理则要求每个职工都要严格地按标准及有关规章制度进行生产和工作。这样一个企业就组成了一个完整的质量管理体系。再从质量、职能上来看,产品或服务质量职能,是分散在全企业的有关部门的。要保证和改善产品或服务质量,就必须须将分散在企业各部门的质量职能充分发挥出来,都对产品或服务质量负责,都参加质量管理。各部门之间互相协调,齐心协力地把质量工作做好,形成全企业的质量管理。

(4) 全面质量管理要采取多种多样的管理方法,广泛运用科学技术的新成果;要尊重客观事实,尽量用数据说话,坚持实事求是;科学分析;树立科学的工作作风,把质量管理建立在科学的基础之上。

以上所说的 4 个方面的要求,可归纳为“三全一多样”,都是围绕着“有效地利用人力、物力、财力、信息等资源,生产出符合规定要求和用户期望的产品或优质的服务”这一企业目标。这是我们推行全面质量管理的出发点和落脚点,也是全面质量管理的基本要求。

12. *全面质量管理的基本工作方法(程序)*

它指 P、D、C、A 循环。把质量管理全过程划分为 P(Plan,计划)、D(Do,实施)、C(Check,检查)、A(Action,总结处理)4 个阶段 8 个步骤。

第一阶段为 P(计划)阶段,其中又分为 4 个步骤:

(1) 分析现状,找出存在的主要质量问题。

(2) 分析产生质量问题的各种影响因素。

(3) 找出影响质量的主要因素。

(4) 针对影响质量的主要因素制订措施,提出改进计划,定出质量目标。

第二阶段为 D(实施)阶段,也即是步骤。

(5) 按照既定计划目标加以执行。

第三阶段为 C(检查)阶段,也即是步骤。

(6) 检查实际执行的结果,看是否达到计划的预期效果。

第四阶段为 A(总结处理)阶段,其中又分两个步骤:(7) 根据检查结果加以总结,将成熟的经验纳入标准制度和规定,以巩固成绩,防止失误;(8) 把这一轮 P、D、C、A 循环尚未解决的遗留的问题,纳入下一轮 P、D、C、A 循环中解决。其特点是:4 个阶段的工作完整统一,缺一不可;大环套小环,小环促大环,阶梯式上升,循环前进。

13. 质量特性参数

用定量表示的质量特性,通常称为质量特性参数或适用性参数,包括设计、制造、使用质量和服务质量等方面的各个环节,从保证使用质量出发,提出定量化的要求,以便明确质量责任,确保使用质量以满足用户的需要。

14. 质量特性值

它通常表现为各种数量指标。一个具体产品,常需用多个指标来反映它的质量。测量或测定质量指标所得的数值即质量特性值。习惯上称为数据。根据质量指标性质的不同,质量特性值可分为计数值和计量值两大类。

(1) 计数值。当质量特性值只能取一组特定的数值,而不能取这些数值之间的数值时,这样的特性称为计数值。计数值可进一步分为计件值和计点值。计件值是指产品进行按件检查时所产生的属性,如一批产品中的合格数、废品数等;计点值是指每件产品中质量缺陷的个数,如棉布上的疵点数、铸件上的砂眼数等。

(2) 计量值。当质量特性值可以取所定范围内的任何一个可能的数值时,这样的特性值称之为计量值。用各种计量工具测量的数据,如长度、重量、温度等就是计量值。不同类的质量特性值所形成的统计规律不同,从而形成了不同的控制方法。

15. 真正质量特性与代用质量特性

真正质量特性是用户所要求的使用质量特性。而企业为了便于生产以及科学技术水平所限,往往将其转化为生产中用以衡量产品质量的标准或规格,由产品标准所反映的质量特性叫代用质量特性。由于人们的认识受科学技术水平和各种条件的限制,再加上用户的要求往往是多方面的,并在不断更新和发展的,企业所制定的质量标准与用户实际使用质量的要求会随着时代的发展而出现差距。所以,要经常研究质量标准和使用质量要求的符合程度,并作必要的调整和修改,不断改进,尽可能使质量标准符合用户实际使用质量要求。

16. 适用性

指产品或服务在特定条件下满足规定目的要求的能力;或者说产品在使用时能成功地适合用户目的要求的程度。适用性是反映一些有关产品参数的综合结果。

17. 质量监督

指由质量检验监督机构按照技术标准,对企业的产品质量进行监督考核和鉴定,促进企业加强质量管理,执行质量标准,保证产品质量,以维护使用者和消费者利益。从广义上来讲,质量监督实际上是对进入流通领域的产品进行监督,不仅要检查实物质量,还要对企业保证质量的能力进行检查监督。质量监督可采取自我监督、社会监督和国家监督 3 种形式。

18. 质量指标

指反映工业产品质量、服务质量和工作质量的指标,如工业企业生产的产品必须符合国家或国家有关部门颁布的技术标准和供货合同中所规定的质量要求。这些要求通常是用具体的技术指标规定的。

19. 目标管理

目标管理源于美国管理专家杜拉克,他在 1954 年出版的《管理的实践》一书中,首先提出了“目标管理和自我控制的主张”，认为“企业的目的和任务必须转化为目标。企业如果无总目标及与总目标相一致的分目标，来指导职工的生产和管理活动，则企业规模越大，人员越多，发生内耗和浪费的可能性越大”。概括来说就是让企业的管理人员和工人亲自参加工作目标的制订，在工作中实行“自我控制”，并努力完成工作目标的一种管理制度，其原则是：

(1) 企业的目的和任务必须转化为目标，并且要由单一目标评价，变为多目标评价。

(2) 必须为企业各级各类人员和部门规定目标。如果一项工作没有特定的目标，这项工作就做不好。

(3) 目标管理的对象要包括从领导者到工人的所有人员，大家都要被“目标”所管理。

(4) 实现目标与考核标准一体化，即按实现目标的程度，考核各类人员，由此决定升降奖惩和工资的高低，而不是根据其他的标准。

(5) 强调发挥各类人员的创造性和积极性。每个人都要积级参与目标的制订、展开和实施。领导者应允许下级根据企业的总目标设立自己参与制定的目标，以满足“自我成就”的要求。

(6) 任何分目标都不能离开企业总目标自行其是。在企业规模式扩大和分成新的部门时，不同部门有可能片面追求各自部门的目标，而这些目标未必有助于实现用户需要的总目标。企业总目标往往是摆好各种目标位置，实现综合平衡的结果。

20. 企业方针目标

企业方针目标指在一定时期内，企业经营管理活动的纲领和预期的成果。它是企业经营的方向和目标，体现了企业经营的战略和策略。

21. 质量方针

又叫质量政策。它是企业各部门和全体人员执行质量职能和从事质量活动所须遵守的原则和指针，是统一和协调企业质量工作的行动指南，也是落实“质量第一”思想的具体体现。

22. 质量目标

指根据质量方针的要求，企业在一定期间内所要达到的预期效果，即所规定的数量化目标。根据达到目标的期限长短，可划分为长期目标和短期目标。质量目标是企业目标体系中的组成部分，它应力求数量化，以便于统一领导层的思想，成为激励职工的动力，有利于日常的考核和评定，促进目标的实现。

23. 质量计划

指落实质量目标的具体部署和行动安排。其中包括企业各部门在实现目标进应承担的工作任务、责任、时间和进度要求。它通常是以一系列的计划指标及实现这些指标采取的措施来表示的。

24. 质量方针目标的展开

指将已确定企业质量方针目标逐级往下层扩展、细化为各级的中、小目标和措施，以保证企业总目标的实现。

二、质量管理基础工作

1. 质量教育工作

质量教育是质量管理重要的一项基础工作。通过质量教育不断增强职工的质量意识,并使之掌握和运用质量管理的方法和技术;使职工牢固地树立质量第一的思想,明确提高质量对于整个国家、企业的重要作用,认识到自己在提高质量中的责任,自觉地提高管理水平和技术水准以及不断地提高自身的工作质量。

2. 标准化工作

标准化工作主要指制定标准、组织实施标准和对标准的实施进行监督检查。对于企业来说,从原材料进厂到产品生产、销售等各个环节都要有标准,不仅有技术标准,而且还要有管理标准、工作标准等,要建立一个完整的标准化体系。

3. 计量工作

计量工作是保障产品质量的重要手段,做好计量工作,保证计量的量值准确和统一,确保技术标准的贯彻执行,保证零部件互换,是质量管理的一项重要基础工作。计量工作要求必需的量具和化验,分析仪器仪表等要配备齐全,完整无缺,质量稳定,示值准确一致,修复及时,根据不同情况选择正确的测定计量方法。因此企业应建立健全计量机构和配备计量人员,建立必要的计量管理制度,以充分发挥其在质量管理中的作用。

4. 质量信息工作

质量信息工作是指反映产品质量和产、供、销以及服务等各个环节质量活动中的各种数据、报表、资料、文件以及企业外部的有关情报资料等。质量信息是质量管理的耳目,也是一种重要的资源。通过收集有关质量信息情报,可以及时掌握产品质量或服务质量的各种因素和生产技术、经营活动的动态,产品的使用状况,国内外产品质量及市场需求的发展动向。它是改进产品质量、改善各环节工作质量最直接的原始资源和信息来源。要组织好企业内外信息反馈,正确认识影响质量各因素变化和质量波动的内在联系,掌握提高产品质量(或服务质量)的规律。要使质量信息工作在质量管理中发挥其应有的作用,首先,应建立企业的信息中心和信息反馈系统;其次,质量信息要实行分级管理,而且要有专人负责,特别要抓好最基层的信息管理,认真做好原始记录并及时上报;最后,要有一定的考核制度,才能保证信息系统的正常运行。

5. 企业内部的质量责任制

它是企业经济责任制的重要组成部分,要求明确规定企业每一个人在质量工作中的具体任务、职责和权限,以便做到质量工作事事有人管,人人有专责,办事有标准,工作有检查、有考核。要把与质量有关的各项工作和广大职工的积极性结合起来,组织起来,形成一个严密的质量体系。因为质量工作关系到企业的各个部门、各个岗位和每个人,若没有明确的责任制度,职责不清,不仅不能保持正常的生产秩序,而且会出现质量无人负责的现象。因此,要搞好质量,就要有一个明确的职责和权限,要建立一套相适应的质量责任制度,并与经济责任制紧密结合起来,使每个职工都明确自己该做什么,怎么做,负什么责任,做好的标准是什么。做到人人心中有数,为保障和提高产品质量(或服务质量)提供基本的保证。

6. 文明生产

指生产的科学性，要创造保证质量的内部条件和外部条件。内部条件主要指生产要有节奏，要均衡生产，物流路线的安排要科学合理，要适应于保证质量的需要。外部条件主要指环境、光线等有助于保证质量。生产环境的整洁卫生，包括生产场地和环境要卫生整洁，光线照明适度，零件、半成品、工夹量具放置整齐，设备仪器保持良好状态等。很明显，若没有起码的文明生产条件，企业的质量管理就无法进行。

三、质量体系

1. 质量体系

指为保证产品、过程或服务质量，满足规定(或潜在)的要求，由组织机构、职责、程序、活动、能力和资源等构成的有机整体。也就是说，为了实现质量目标的需要而建立的综合体；为了履行合同，贯彻法规和进行评价，可能要求提供实施各体系要素的证明；企业为了实施质量管理，生产出满足规定和潜在要求的产品和提供满意的服务，实现企业的质量目标，必须通过建立和健全质量体系来实现。

质量体系包含一套专门的组织机构，具备了保证产品或服务质量的人力、物力，还要明确有关部门和人员的职责和权力，以及规定完成任务所必需的各项程序和活动。因此质量体系是一个组织落实有物质保障和有具体工作内容的有机整体。

质量体系按体系目的可分为质量管理体系和质量保证体系两类，企业在非合同环境下，只建立有质量管理体系；在合同环境下，企业应建立有质量管理体系和质量保证体系。

2. 质量管理体系

指企业内部建立的、为保证产品质量或质量目标所必需的、系统的质量活动。它根据企业特点选用若干体系要素加以组合，加强从设计研制、生产、检验、销售、使用全过程的质量管理活动，并予以制度化、标准化，成为企业内部质量工作的要求和活动程序。

3. 质量保证

指为使人们确信某一产品、过程或服务的质量所必须的全部有计划有组织的活动。这种活动的标志或结果，就是提供“证据”，目的在于确保用户和消费者对质量的信任。

4. 质量保证体系

指企业为生产出符合合同要求的产品，满足质量监督和认证工作的要求，企业对外建立的质量体系。它包括向用户提供必要保证质量的技术和管理“证据”，这种证据，虽然往往是以书面的质量保证文件形式提供的，但它是以现实的内部的质量保证活动作为坚实后盾的，即表明该产品或服务是在严格的质量管理中完成的，具有足够的管理和技术上的保证能力。

5. 质量保证体系的基本原则

(1) 质量保证体系，主要以产品或提供的服务为对象来建立，有时也可以以工序(或过程)为对象来建立。

(2) 质量保证手段应坚持管理与技术相结合，即反复核查企业有无足够的技术保证能力和管理保证能力，两者缺一不可。

(3) 质量信息管理是使质量保证体系正常运转的动力。没有质量信息，体系就是静止的,只是形式上的体系。

(4) 质量保证体系不是制度化、标准化的代名词,决不应成为书面的、文件式的质量保证体系。

(5) 质量保证体系的深度与广度,取决于质量目标,没有适应不同质量水平的一成不变的质量保证体系。

6. 质量体系文件

质量体系中的全部要素、要求规定、标准都纳入文件,形成质量管理文件体系文件,是企业全部文件的一部分。

质量体系文件形成一个文件体系,共 3 个层次,类似“金安塔”型,其中第一层次是纲领性文件,质量手册;第二层次是涉及各个职能部门的活动,质量程序;第三层次是详细工作文件,质量具体文件(表格、报告、企业指导书等)。

7. 质量手册

质量手册是阐述企业质量方针目标、质量体系和质量活动的纲领指导性文件,对质量体系作出了恰当的描述,是质量体系建立和实施中所应用的主要文件,即是质量体系运行中长期遵循的文件。所以说它是企业组织各项质量管理活动的主要依据。质量手册的主要内容包括:

(1) 企业的质量方针;

(2) 企业的质量目标计划;

(3) 综合描述企业的质量体系,其中有质量体系的组织机构和职能、体系要素和规定;

(4) 企业质量活动的实践;

(5) 质量体系文件的结构和管理办法。

质量手册关系到一个组织的全部活动或只涉及其部分活动。因而,按其内容、作用和适用范围的不同,有多种类型。质量手册按其阐述的质量体系的属性可分为质量管理手册和质量保证手册两种。前者阐述企业的质量管理体系,供企业内部使用;后者阐述企业的质量保证体系,用以在合同环境下向需求方和第三方证实本企业的质量体系满足合同和有关法规的规定。质量手册按其阐述的质量体系的层次可分为总质量手册,部门质量手册和职能质量手册 3 种。质量手册按其适用的产品来分,有各类产品的质量手册。

8. 质量环(质量螺旋)

指从识别需要直到评定能否满足这些需要为止的各个阶段中,影响产品或服务质量的相互作用活动的理论模式,也就是指从了解与掌握用户对产品质量要求和期望开始,到质量实现的产品寿命周期内,将影响产品或服务质量的各项活动划分为若干个阶段的一种理论模式,一般分为 11 个阶段。

9. QM(质量管理)、QA(质量保证)、QC(质量控制)的区别

QM(质量管理的简称),是对确定和达到质量目标所必须的全部职能和活动的管理,包括质量方针目标的制订及其组织实施,也包括质量控制活动。

QA(质量保证的简称),是指使人们确信某一产品、过程或服务的质量所必须的全部有计划有组织的活动。这种活动的标志或结果,就是提供“证据”,目的在于确保用户和消费者对质量的信任。

QC(质量控制的简称),是为保持某一产品过程或服务的质量所采取的作业技术和有关活动。一般指为保证产品质量达到规定水平所使用的方法和手段的总称,是QM的组成部分。

在我国,由于习惯上(一开始引进全面质量管理时,由于翻译上都将Total Quality Control译成全面质量管理,简称TQC)将质量控制(QC)与质量管理(QM)都叫做QC。

四、质量审核

1. 质量审核

指由具有一定资格而且与被审核部门的工作无直接责任的人员(专家),为确定质量活动是否遵守了计划安排,以及结果是否达到了预期目的所做的系统的、独立的检查和评定。它与传统的上级对下级的工作检查,无论在性质上、内容上和方法上都是不同的。

2. 质量审核的特点

(1) 质量审核是提高企业质量职能有效性的手段之一。它是为获得质量信息以便进行质量改进而进行的质量活动;

(2) 质量审核是独立进行的,即质量审核人员是由与审核对象无直接责任并经企业领导授权的人员组成的(由经理或厂长授权按合同进行);

(3) 质量审核是有计划按规定日程进行的,不是突击检查,因此审核人员与被审核对象的质量责任人员的相互合作的;

(4) 质量审核中发现的质量缺陷或问题,是在与被审核对象有关部门统一认识后才提出审核报告的,因此不是单方面评价,而是共同商量如何进行质量改进。

3. 质量审核分类

质量审核按审核的对象分类,可分为以下3种。

(1) 产品质量审核,指对准备交给用户使用的产品的适用性进行审核;

(2) 工序质量审核,指对工序质量控制的有效性进行审核;

(3) 质量体系审核,指对企业为达到质量目标所进行的全部质量活动的有效性进行审核。

质量审核按目的不同又可分为内部质量审核和外部质量审核两种。

4. 产品质量审核

指为了获得出厂产品质量信息所进行的质量审核活动。也即是对已检验入库或进入流通领域的产品实物质量进行抽查、试验,审核产品是否符合有关标准和满足用户需要。它按用户使用质量来检查和评价产品质量。它包括产品所使用的外协、外购件、自拷贝零部件及成品的质量审核,其中以成品的质量审核为重点。通过调查产品质量,及时发现产品存在的缺陷,特别防止把有重要缺陷的产品交给用户,同时可及时察觉质量下降的潜在危险,以便及时采取措施;通过审核,发现企业产品质量与质量职能活动上的问题,为制订质量改进目标与措施提供依据;通过审核也可以对质量检验人员的工作质量考核提供依据;通过连续审核,可以对比企业现在与过去生产中的产品的质量水平,估计目前产品质量水平的发展趋势。

5. 工序质量审核

指对工序质量定期或专题的验证、抽查和考核工序中影响产品质量各种因素的变动情况,以便采取对策加以改进。其动因可能是常规的质量保证规定,也可能是基于用户申诉而临时安排的质量保证要求。工序质量审核的目的,在于考核各工序或工序中影响工序质量的各种因素是否处于受控状态。也就是要求生产过程必须按规定的标准(规程、规范)程序进行;随时监控质量动向,一旦发生"失控",必须立即找出异常原因,把可能的质量故障消除在发生之前;万一发生质量问题,能够及时发现,及时纠正,杜绝重复发生;产品质量具有可追查性。审核的内容是:

(1) 质量管理的领导与组织情况;

(2) 各部门质量职能活动及相互协调情况;

(3) 各项质量管理规章制度、工作程序、工作标准的执行情况;

(4) 质量职能分配及岗位质量责任制执行情况;

(5) 质量文件、档案、原始记录等是否正确、完善;

(6) 质量信息管理系统的运行及协调情况;

(7) 外协、外购件进厂及产品提供服务符合有关规定的情况;

(8) 人员培训教育和设备安装满足质量工作要求的情况;

(9) 质量政策、质量目标和质量计划的制订与执行情况;

(10) 实物质量符合标准和规范的程度等。

每次审核不一定面面俱到,可有所侧重,抓住主要问题进行审核。审核的步骤:制订质量体系审核计划;组成审核小组;编制审核提纲;实施审核;提出审核报告。

五、质量心理学常识

1. 质量心理学

质量心理学是心理学的一个分支,它是研究产品(或服务)质量形成的全过程中,个体、群体、组织与领导以及社会文化等的心理现象及其规律的科学。质量心理学是全面质量管理与心理学结合的产物,是一门交叉科学。它更着重于心理现象的研究。它不仅要吸收全面质量管理的理论成果和实践经验,而且还要为全面质量管理提供一些新思维、新观点、新材料、新方法,不断丰富和发展全面质量管理的不定期论,促进全面质量管理的进一步深入发展。当然,质量心理学的研究又离不开全面质量管理的理论框架,也就是说质量心理学所涉及的范围应当包括全面质量管理各个方面的内容,对全面质量管理各有关方面的工作的心理因素进行探讨,并且从心理学的角度对这些工作的改进提供意见。

2. 质量意识

质量意识是一种理性认知成分,指人们对产品质量、工作质量、服务质量的认识、了解、掌握质量知识的程度,对质量的思想认识、信念以及质量素养,对质量的评价等,都属质量意识的范畴。质量意识对质量态度的影响最大,可以说质量意识是度量质量态度的基础。

3. 质量态度

质量态度是人们(职工)对产品质量、工作质量、服务质量相对稳定的心理倾向。态度通过意见和举止反映出来。意见是态度的言语表现,态度不仅反映在言语所表现的意见上,更主要是反映在不属于言语的行动上。行动上反映出来的态度往往才是真正的态度。态度具有稳定性,人们(职工)的质量态度一旦形成,在类似的甚至不同的情境中都会表现出来,而且将持续一段时间不会轻易改变。

4. 质量态度的功能

质量态度一般具有以下的功能。

(1) 对行为的方向性和对象的选择性具有调节作用。一个职工对质量工作抱有肯定态度,就会乐意参加质量工作,重视质量工作;相反质量态度不端正,就会反感,忽视质量工作。

(2) 对信息的接受、理解与组织作用。人们对抱有积极态度的事物容易接受,对抱有消极态度的事物则不容易接受,学不好,记不牢,易出差错等,都与态度有关。

(3) 预定对对象事物的反映模式。态度是在过去认识和情感体验的基础上形成的,一经形成之后,就会使人对某种对象或事物采取相应的行为模式,重视质量,在工作中把质量放在首位。相反,质量态度差,一听到质量问题就会产生反感,也难以把质量放在重要的位置上,更谈不上把质量放在首位。

(4) 导致情绪上的不同体验。人们对事物的态度不一样,所产生的情绪体验也不相同,质量态度是一种习惯的心理倾向,不是生来就有的,而是通过后天环境,特别是在工作和生产环境的影响下逐渐形成的。质量态度一旦形成,又反过来对产品质量、工作质量、服务质量的形成过程产生相一致的反应,在连续不断的影响和反应作用和被作用下,人们不断修正并完善自己的质量态度,从而逐渐与社会对企业要求趋于一致。

5. 质量情感

质量情感是人们(职工)对质量工作的好恶及情绪反应。情绪和情感在人的心理生活中有着广泛的影响,情感成分在态度中起着重要的作用,情感又是态度的一种反映。质量情感的正负强弱,往往影响质量意识的形成、巩固和发展,改变着质量意识的方向。

6. 质量行为

质量行为是人们(职工)对产品质量、工作质量、服务质量的实际反应或行动,是质量意识和质量情感的外在表现。行为受认知成分和情感成分的影响,又有其独立地位。质量行为直接作用于工作质量、产品质量和服务质量。人的行为非常复杂,不但受意识和情感的制约,而且还受客观环境、生理机制、社会因素等的制约。

7. 质量风气

质量风气反映了群众的质量态度,群众质量态度通过质量风气表现出来。质量风气是群体对质量重视程度的反映,是综合评价的结果。质量风气又是一种群体心理动势,表现为群体压力和内聚力,反过来又对个体心理产生影响和作用。

8. 质量能力

质量能力指人们(职工)保证自己的工作顺利达到一定质量水平的能力。能力是一种个性心理特征,包括一般能力(如观察、记忆、注意、思维、想象能力等)、特殊能力(如组织、技术、业务、演说、交际能力等)。能力是一般能力和特殊能力综合评价的结果。

9. 社会对质量的认可

社会在接受产品(商品)时,不仅要接受数量,而且要接受质量。对质量的接受就是对质量的认可。社会人群对质量的认可就是用户的认可,表现为在购买产品(商品)时,对质量的考虑和鉴别。社会组织对质量的认可,主要是各级各类管理机关的认可,表现为对质量的考核和检验。产品符合标准或合同规定的技术质量指标,社会组织就认可了,但这并不意味着社会人群也认可。如技术质量指标低于用户的需求;另外是用户不理解或不清楚技术质量标准,仅凭经验或直观去认可质量。

六、宏观质量管理

1. 质量认证制度

当前世界各国采用的质量认证制度,大都是以合法的第三方立场,对工业产品的质量和安全可靠性执行检查与监督,较为广泛的有3种:

(1) 技术监督制度;

(2) 产品认证制度;

(3) 产品质量国家检定制度。

在许多西方国家中,技术监督与产品认证制度并存,有些技术监督机构兼管产品认证。质量认证,是由一个公认的权威机构对企业的质量体系、产品、过程或服务是否符合质量要求、标准、规范和有关政府法规的鉴别,并提供文件证明的活动。质量认证制度的类型,从认证性质来说,可分为自我认证制和第三方认证制;从法规性质上看,可分为自愿认证和强制认证;从认证标志来分,可分为合格认证标志、安全认证标志、优质标志等;从认证范围来分,可分为国家认证、地区认证、国际认证等3种。

开展质量认证工作要具备4个条件:

(1) 具有较高水平的国际标准、国家标准或专业标准。

(2) 具有公认的权威的第三方的质量认证机构。

(3) 经认证合格的权威的测试试验室。

(4) 具有较高水平的认证工作队伍。

质量认证程序为:申请、初审、资格鉴定、认证试验、签订监督协议、控制协议、颁发标志、事后监督、质量认证维持试验、更改质量等级。在事后监督过程中若出了问题就要暂停认证或再认证,甚至取消认证。

2. 标准化管理工作

标准是产品的质量、工作质量、服务质量水平的尺度和标志。所谓标准化,是以具有重复性特征的事物为对象,以实现最佳经济效益为目标,有组织地制订、修改和贯彻各种标准的整个活动过程。它是组织现代化生产的重要手段,是科学质量管理不可缺少的组成部分。标准化管理指包括各种标准的制订、修改、分级、审批、发布、贯彻执行、标准化机构建设、标准化监督等的综合管理工作。通过这些管理工作,以达到控制质量的目的。

第二节　安全生产基本常识

一、作业人员的安全生产责任与权力

1. 在作业过程中必须严格遵守安全生产规章制度和操作规程,服从管理,不得违章作业。

2. 接受安全教育与培训,掌握所需的安全生产知识,积极参加各项安全活动。

3. 正确使用和佩戴安全防护用品。

4. 发现事故隐患应及时向项目安全管理人员或主要负责人报告。

5. 有权拒绝违章指挥,有权制止他人违章作业。遇有重大事故隐患或明显的险情有权停止作业,并立即报告有关领导。

二、安全生产基本常识

1. 国家安全生产方针:安全第一、预防为主、综合治理。

2. 注意"三不伤害"原则:不伤害自己、不伤害他人、不被他人伤害。

3. 用好"三宝":安全帽、安全带、安全网。

4. 警惕"四口":通道口、楼梯口、电梯井口、预留洞口。

5. 易发生安全事故的时间段:上下班前后、节假日前后、发放工资前后;夏天(暑季)、雷雨大风前后、冬季。

6. 易发生安全事故的部位:外架上、"四口"、"五临边"(楼层临边、屋面临边、洞口临边、楼梯临边、阳台临边)。机械设备的齿轮(链条)处、配电箱、电动工具。

三、安全文明施工纪律

1. 不满 18 周岁的未成年,不得从事建筑工程施工作业。

2. 进入施工现场必须正确佩戴安全帽,系好下额带。

3. 进入施工现场的人员严禁穿拖鞋、凉鞋、高跟鞋、背心、短裤、短袖衫及裙装。严禁在现场内赤膊、赤脚。

4. 严禁酒后进入施工现场。

5. 严禁在施工现场吸烟室以外的任何地点吸烟。

6. 特殊工种人员必须经过培训考试合格,持证上岗。

7. 在没有可靠安全防护设施的高处(2 m 及 2 m 以上)临边和陡坡施工时,必须系好安全带。

8. 高处作业不得穿硬底和带钉易滑的鞋,严禁向下投掷物料。

9. 严禁私自拆除、破坏现场任何安全防护设施(安全标志、外脚手架、卸料平台、临边防护、安全通道、洞口防护、楼梯栏杆等),如因施工需要拆除的必须在征得项目部同意方可。

10. 作业时应尽量避免出现上下立体垂直交叉作业,如因施工需要必须进行上下交叉作业时应在中间层设置隔离防护,防止落物伤人。

11. 上下楼层必须走安全通道,严禁翻攀脚手架、门架、井架。严禁走非安全通道。

12. 严禁私拉、乱接电线。施工照明、设备电源的安全和拆除,必须由专职电工进行,其他人员不准安拆。

13. 严禁乱扔杂物及随意堆放物品。

14. 电、气焊和明火作业前必须办理动火证,作业面必须配备灭火器。

15. 施工楼层内严禁住人。

16. 食堂打饭请自觉排队,现场严禁打架、斗殴、酗酒、闹事。有纠纷,请及时向班组长、项目管理人员反映。

四、高处作业安全常识

1. 在大雾或风力在六级以上的恶劣气候情况下,禁止进行露天高空作业。

2. 患有高血压、心脏病、贫血病、癫痫病以及其他不适宜从事高处作业疾病的人员,严禁从事高空作业。

3. 高处作业人员要穿“三紧”(袖口紧、下摆紧、裤脚紧)工作服,脚穿防滑鞋,头戴安全帽,腰系安全带。

4. 严禁直接站在钢管、钢筋或墙体上进行高处作业,高处作业时应保证站立面要有二块跳板或三块木枋。

5. 高空作业时所有材料要堆放平稳,工具应随手放入工具袋(套)内。

6. 高处或临边进行电焊或气焊施工时,应配备小铁桶,用于接焊渣或火花,防止落物伤人或火灾事故。

7. 外脚手架和结构临边 1.0 m 范围内不得堆放任何材料,减少高处落物的可能。

8. 严禁从高空向下抛掷任何物品。

9. 构件堆放平台须平整稳固,材料居中摆放且应要分类堆码,堆码高度不得高于 1.5 m,材料取用时不得从中间抽拉,防止失稳垮塌。

10. 层高 3.6 m 以下的屋内作业所用铁凳、木凳、人字梯要拴牢固,两支点跨度不得大于 3 m,人字梯两边要用铁丝互相拉牢。

11. 钢屋架吊装以前,应在上弦设置防护栏杆,并预先在下弦挂设安全网,吊装完毕后,即将安全网铺设固定。

五、施工现场临时用电安全常识

1. 在施工过程中发现临时用电线路影响施工或电路出现故障,应找项目专职电工解决,不得擅自处理。

2. 高层或多层建筑施工的室内用电,必须采用电缆埋地引入,电缆垂直敷设的位置应充分利用在建工程的竖井、垂直孔洞,固定点每楼层不得少于 1 处。

3. 施工现场临时用电必须遵守“一机一闸一漏”原则,即“开关箱中一个开关电器只能控制一台用电设备,一个漏电保护器只能保护一台用电设备”。

4. 现场不允许使用木质电箱和金属外壳木质底板电箱。

5. 开光箱内漏电保护器的额定漏电动作电流不得大于 30 mA,额定动作电流时间不得大于 0.1 秒。

6. 固定式配电箱、开关箱的下底与地面的垂直距离应为 1.3～1.5 m;移动式分配电箱、开关箱的下底与地面的垂直距离应为 0.6～1.5 m。

7. 开关箱应防雨、防尘并加锁,与其控制的固定电器设备的距离不得超过 3 m。

8. 开关箱周围不准堆放杂物,并应保持清洁。

9. 开关箱周围不准堆放杂物,并应有足够两人同时操作的空间和通道。

10. 施工现场临时用电线应绝缘架空敷设,不得拖地使用或直接缠绕在钢管、钢筋或其他金属构件上。

11. 电气设备和线路的绝缘必须良好,接头不准裸露。当发现有接头裸露或破皮漏电时，应立即停止施工并找专职电工解决，不得擅自处理。

12. 电源线插头破损应及时更换，不得将插头拆除后，将电源线直接插入插座内使用。

13. Ⅰ类手持电动工具（设备外壳是金属材料的电动工具）的外壳应做保护接零（即电源线必须采用三芯线）

14. 当室内灯具距地面低于2.4 m时，应采用36 V安全电压。

六、机械设备安全常识

1. 施工现场所有用电设备进场使用前必须由项目动力部检查，验收合格并登记后方可使用。

2. 施工现场所有电动机械设备必须指派专人持证上岗操作，其他人员不得私自操作。

3. 现场机具设备的电源线拖地部分必须采用穿管保护措施。

4. 各种电动机械设备在作业前必须按规定进行检查、试运转；作业完，拉闸断电，锁好电闸箱。

5. 各种机械设备不准带病运转或超负荷作业，运转中发现不正常时，应先停机检查，排除故障后方可使用。

6. 机械转轴部位必须配备有防护罩。

七、消防安全常识

1. 防火知识

(1) 禁止在具有火灾、爆炸危险的场所使用明火。

(2) 禁止在非安全地点熬制沥青或配置其他易燃物品。

(3) 现场动用明火前必须配备好必要的灭火装置（灭火器、消防砂、水等）。

(4) 在现场动火施工中，必须确保在明火没有熄灭时不得离人。

(5) 动用明火施工完毕后应将火（星）熄灭，方可离人。

2. 灭火常识

(1) 固定火灾应先用水型、泡沫、硝酸铵盐干粉、卤代烷型火火器进行扑救；

(2) 液体火灾应先用干粉、泡沫、卤代烷、二氧化碳灭火器进行扑救；

(3) 气体火灾应先用干粉、泡沫、卤代烷、二氧化碳灭火器进行扑救；

(4) 带电物体火灾应先用卤代烷、二氧化碳、干粉型灭火器进行扑救；

(5) 燃气罐着火，要用浸湿的被褥、衣物等捂盖火，并迅速关闭阀门。

(6) 救火时不要贸然开窗，以免空气对流，加速火势蔓延。

3. 逃生自救常识

(1) 穿过浓烟逃生时，要尽量使身体贴近地面，并用湿毛巾捂住口鼻。

(2) 逃生时千万不要乘普通的电梯逃生，应根据情况选择进入相对较为安全的楼梯通道。

(3) 室外着火，门已发烫时，千万不要开门，以防大火窜入室内。

(4) 火场逃生过程中，要一路关闭经过的门，能减低火和浓烟的蔓延速度。

(5) 身上着火，千万不要奔跑，可就地打滚或用厚重的衣物压灭火苗。

八、文明施工常识

1. 施工完后要做到“四清四不见”。

“四清”:工完场地清;砼、灰浆搅拌机、泵、管洗刷清;当日作业当日清;活完脚下清。

“四不见”:不见零散黄砂、水泥、模板、木枋、钢管、扎丝、配件、钢筋;不见杂物乱堆放;不见剩余灰浆、刨花、废铁丝、短管、钢筋头;不见电线、焊把线随地走。

2. 现场要做到“四整齐”,即脚手架料、工具堆码头齐:多种材料、钢木门窗、预制构件、模板分类、堆放整齐;临建工程、消防设施搭设安置整齐;井架及操作平台搭设牢固、整齐。

3. 施工现场严禁乱扔垃圾杂物,每天应将工作垃圾清理转移至垃圾堆场并分类集中堆放。

4. 不得在墙面及楼板上凿大洞、槽;乱写、乱画;有意损坏建筑成品或半成品。

第三节　放射性废物管理基本知识

一、放射性废物处理的目标和原则

放射性废物处理的目标是使液态或气态流出物向环境排放的放射性活度低于有关审管部门规定的排放限值,并且其浓度低于控制值;并在考虑了有关经济和社会因素的条件下、尽量减少向环境排放的放射性量,同时降低处理后所产生的放射性固体废物体积。

对放射性废物的处理主要有以下几点原则:

1. 对不同特性废物进行分流

根据废物的物理化学特性以及放射性特性分流废物,以便分别进行处理(例如将混在废物中的豁免废物分流出来;或在收集点直接将废物分为可燃、不可燃的废物,或可压实、不可压实的废物等)。

2. 浓集分离

例如对放射性废液采用过滤、蒸发和离子交换等处理方法;对放射性废气采用过滤、吸附等方法;将废液或废气中的放射性物质浓集或分离到很小的体积内。

3. 贮存衰变

根据废物中放射性核素的半衰期情况,将废物放置在专门的容器和/或设施中,贮存一段时间通过放射性核素的自身衰变来降低废物的放射性浓度或比活度。

4. 减容

例如采用压实或焚烧的方法来减少放射性固体废物的体积。

二、放射性废物的分类标准

放射性废物分类以 GB 9133—1995《放射性废物的分类》为准。本标准适用于一切生产、研究和使用放射性物质以及处理、整备、退役等过程中产生的放射性废物。

1. 放射性气载废物的分级

(1) 第Ⅰ级(低放废气):浓度小于或等于 4×10^{7} Bq/m^{3}。

(2) 第Ⅱ级(中放废气)：浓度大于 4×10^{7} Bq/m^3。

2. 放射性液体废物的分级

(1) 第Ⅰ级(低放废液)：浓度小于或等于 4×10^{6} Bq/L。

(2) 第Ⅱ级(中放废液)：浓度大于 4×10^{6} Bq/L，小于或等于 4×10^{10} Bq/L。

(3) 第Ⅲ级(高放废液)：浓度大于 4×10^{10} Bq/L。

3. 放射性固体废物的分级

(1) 放射性固体废物中半衰期大于 30 a 的 α 发射体核素的放射性比活度在单个包装中大于 4×10^{6} Bq/kg(对近地表处置设施，多个包装的平均 α 比活度大于 4×10^{5} Bq/kg)的为 α 废物；

(2) 除 α 废物外，放射性固体废物按其所含寿命最长的放射性核素的半衰期长短分为以下四种。

1) 含有半衰期小于或等于 60 d(包括核素碘-125)的放射性核素的废物，按其放射性比活度水平分为二级。

第Ⅰ级(低放废物)：比活度小于或等于 4×10^{6} Bq/kg。

第Ⅱ级(中放废物)：比活度大于 4×10^{6} Bq/kg。

2) 含有半衰期大于 60 d、小于或等于 5 a(包括核素钴-60)的放射性核素的废物，按其放射性比活度水平分为二级。

第Ⅰ级(低放废物)：比活度小于或等于 4×10^{6} Bq/kg。

第Ⅱ级(中放废物)：比活度大于 4×10^{6} Bq/kg。

3) 含有半衰期大于 5 a、小于或等于 30 a(包括核素铯-137)的放射性核素的废物，按其放射性比活度水平分为三级。

第Ⅰ级(低放废物)：比活度小于或等于 4×10^{6} Bq/kg。

第Ⅱ级(中放废物)：比活度大于 4×10^{6} Bq/kg、小于或等于 4×10^{11} Bq/kg，且释热率小于或等于 2 kW/m^3；

第Ⅲ级(高放废物)：释热率大于 2 kW/m^3，或比活度大于 4×10^{11} Bq/kg。

4) 含有半衰期大于 30 a 的放射性核素的废物(不包括 α 废物)，按其放射性比活度水平分为三级。

第Ⅰ级(低放废物)：比活度小于或等于 4×10^{6} Bq/kg。

第Ⅱ级(中放废物)：比活度大于 4×10^{6} Bq/kg，且释热率小于或等于 2 kW/m^3。

第Ⅲ级(高放废物)：比活度大于 4×10^{10} Bq/kg，或释热率大于 2 kW/m^3。

4. 豁免废物

对公众成员照射所造成的年剂量值小于 0.01 mSv，对公众的集体剂量不超过 1 人·Sv/a 的含极少放射性核素的废物。

三、放射性废液的处理

放射性废液处理前通常需要进行预处理，例如：

(1) 化学调节。调节废液的 pH 值以适应下一步处理的要求。

(2) 过滤。过滤常用来作为去除废液中悬浮颗粒的手段，可以提高废液的蒸发浓缩倍数,或减少离子交换床的阻力降。

放射性废液常用的处理方法是蒸发法和离子交换法。

用蒸发法处理放射性废液是应用最广也是最有效的方法,对大多数放射性废液都具有良好的适应性。在废液蒸发过程中放射性核素绝大部分是被保留在浓缩废液中,只有很少量的放射性核素进入到二次蒸汽冷凝液中,因此净化系数较高。

近代核电站的放射性废液蒸发大多是采用强制循环蒸发器,但有些国家的核电站还是采用外热式自然循环蒸发器。

用离子交换法处理放射性废液是基于将废液中离子型的放射性核素转移到离子交换树脂上,从而达到对废液净化的目的。用于放射性废液处理的离子交换树脂一般都是强酸性或强碱性树脂。

目前也有一些核电站采用反渗透的方法来处理放射性浓度较低的放射性废液。

反渗透的基本原理如下:用一种能令水透过、而不让溶质通过的薄膜,将两种不同的溶液隔开,稀溶液中的水会透过薄膜而进入浓溶液,这种现象称为渗透现象,两侧液面的静压差称为渗透压。

如果在浓溶液一侧加上超过渗透压的压力,就会产生渗透的反过程,浓溶液中的水会透过半透膜进入稀溶液,这就是反渗透。因此,选择一种适当的半透膜,利用反渗透技术就可处理含有放射性核素的低放废液,即在一定压力作用下让水通过半透膜,而包括放射性核素在内的绝大部分离子和杂质不能通过半透膜,从而达到浓集分离的目的。

与蒸发法相比,反渗透法具有以下优点:

(1) 水在反渗透过程中没有相变,因此无须蒸发器等传热设备,耗用能量少。

(2) 可以去除蒸发难以去除、易起泡的有机物。

与离子交换法相比,反渗透法优点在于:可处理溶解固体含量较高的废液。

反渗透常用的半透膜是醋酸纤维素膜,20 世纪 90 年代发展起来的聚酰胺空心纤维膜推进了反渗透技术在核领域中的应用,用这种反渗透器作为离子交换的前置设备在沸水堆核电厂主回路排水净化系统上已经得到实际应用。

反渗透法的缺点是需用高压泵,并且每个处理单元的流量很小,在工业上使用时需许多单元组合,并且废液在进行反渗透前需先经过滤处理除去固体颗粒,以防止膜的堵塞。

放射性废水是放射性废液经过处理后放射性浓度低于国家审管部门规定排放限值的废水。有些放射性废水,例如经蒸发和离子交换处理后的废水,由于水质好、杂质含量低需要在核设施内尽可能循环使用,以减少放射性的排放量。

放射性废水的排放应采用槽式排放。至少应设置两个相同容量的监测槽,每个槽的有效容积应大于混合中和、取样分析和排放过程结束整个周期内流入的废水量。放射性废水的排放应遵循“合理可行尽量低”的原则,并应根据具体环境水体特征、所含放射性核素组分等确定每年向环境水体排放的总放射性量。

在压水堆电站中由于铀的裂变及冷却剂中硼的活化不可避免地会产生少量氚。为了保持一回路冷却剂的水质,总要不断地排出部分冷却剂并补充新的冷却剂,所排出冷却剂中的氚在处理过程中绝大部分进入水相,为了保持冷却剂中氚的平衡浓度,部分含氚水会进入到放射性废液系统,目前核电站的低浓度含氚水大多是经稀释后向环境水体排放。由于氚不会为泥沙吸附,又无生物浓集效应,排放到水体后能迅速扩散,不会对环境和人类带来明显的影响。

四、放射性废气的处理

在压水堆电站运行过程中,铀裂变产生的放射性气体主要是氪和氙的各种同位素。在燃料元件破损时,裂变气体会进入到冷却剂中,在高压状态下这些气体是溶解于冷却剂中,但当系统内存在气相空间时它们就会挥发出来,特别是在冷却剂除气处理时、几乎所有的裂变气体都将随着溶解的氢气和氮气一齐释放出来。

除 ^{85}Kr 外,其他裂变气体核素的半衰期都很短,早期的压水堆电站多采用加压气体贮存系统进行处理,即将废气用压缩机加压至 8 bar(1 bar=100 kPa)左右送衰变箱贮存,贮存 60 天左右使短半衰期的裂变气体基本上衰变完,再通过碘吸附器和高效空气过滤器净化后有控制地经 HVAC 系统向大气排放。排往环境的主要放射性核素是 ^{85}Kr,它的毒性低,并且不会在人体内积累,对人类仅仅会带来微量的外照射。

活性炭滞留床是用于替代加压气体贮存系统、处理核电站放射性气体的一种设备。它是基于活性炭对氪、氙气体连续的吸附、解吸过程,使放射性氪、氙气体在滞留床内的移动速度远远低于载气氮和氢的速度,从而得以充分衰变。为使系统简单,一般采用常压、常温活性炭滞留床。与加压气体贮存系统相比,活性炭滞留床在经济性、安全性以及可靠的运行及维修方面优点都比较特出。

核电厂工艺废气中的 ^{85}Kr 虽然所占的放射性份额较低,但是其半衰期较长,在经过加压气体贮存系统或活性炭滞留床系统处理后 ^{85}Kr 的活度几乎没有衰减。随着核电的迅速发展,人们对核电厂环境保护的要求日趋严格,对 ^{85}Kr 的排放也愈益关注,如何减少 ^{85}Kr 的排放一直是核电厂、核燃料后处理厂的研究课题之一。

低温活性炭吸附分离 ^{85}Kr 系统的原理是利用活性炭在深冷条件下对惰性气体有相当高的吸附能力这一性质来分离 ^{85}Kr。其过程是:先将废气中的氢、氧成分在催化条件下复合成水,除去气体中的水份后、再将废气温度降至零下 170～180 ℃通过活性炭床,^{85}Kr 即被活性炭床吸附,此时废气中 ^{85}Kr 的去除率可达到 99%。在活性炭床吸附饱和后将气流切换到备用活性炭床继续运行,并对饱和的活性炭床进行解吸。将活性炭床温度逐步提高到 50 ℃左右,^{85}Kr 就会从活性炭床完全解吸下来,浓集的 ^{85}Kr 气体经加压装入高压钢瓶中作为特殊放射性废物贮存。存放装有 ^{85}Kr 钢瓶的贮存库应保持干燥并不会对钢瓶造成腐蚀,装有 ^{85}Kr 的钢瓶一般至少要求安全贮存 100 年。

高效微粒空气过滤器简称高效空气过滤器或 HEPA 过滤器,它能有效地捕集废气中的放射性微粒。高效空气过滤器是纤维型过滤器,目前有合成纤维、玻璃纤维、石棉纤维三种类型。其捕集放射性微粒的机理主要有碰撞效应、扩散效应、惯性效应、重力效应和静电效应等,实际捕集过程有可能是上述一种或几种效应的作用,也可能是所有效应的作用。

过滤效率是高效空气过滤器质量的重要指标,被过滤微粒的粒径、密度,气流速度,滤材的性质、纤维的粗细、纤维层的填充率等均可能影响过滤效率。作为高效空气过滤器,对 0.3 μm 以上粒径的微粒其过滤效率不应低于 99.97%。高效空气过滤器应设计成外形尺寸最小而过滤面积最大、气流通过过滤器的阻力最小、有可靠的密封性并且易于拆卸和更换。

在核电站放射性废气中含有碘，由于人的甲状腺对放射性碘有较高的吸收能力，所造成的危害较大，因而对放射性碘的去除是放射性废气处理系统和排风净化系统的重要内容之一。碘吸附器是最常用的除碘设备，碘吸附器常采用的吸附剂为有机吸附剂(活性炭吸附剂)。

放射性碘可能是元素碘，也可能是以甲基碘(CH_3I)为主的有机碘化合物。普通活性炭对放射性元素碘有很好的吸附效果，但对有机碘的去除效率较低。用碘盐或能与有机碘发生反应的物质浸渍活性炭，经干燥后用作吸附剂可以提高对有机碘的去除效率。在通常温度、湿度条件下，较好等级的活性炭对放射性元素碘的去除效率可以达到 99%以上，但对甲基碘则随所采用的浸渍剂情况有所不同。

五、放射性固体废物的处理

低放固体废物中 40%～60%都是可燃废物，因此采用焚烧法处理可燃废物在一些国家的核电站得到较广泛应用。由于放射性废物的特殊性，其焚烧设施需要解决以下问题：

(1) 使废物充分燃烧，达到最大的减容比；

(2) 有效的气体净化措施，使净化后排气中的放射性浓度和有害气体浓度达到允许排放限值以下；

(3) 焚烧灰份的固化处理；

(4) 焚烧炉的结构应简单、耐火材料寿命长并易于维修。

目前全世界已有 60 多座放射性废物焚烧炉在运行。用焚烧法处理放射性废物可以得到较大的废物减容效果，但是工程投资费用较大，同时还存在申请许可证问题。

目前我国已经研究开发成功的是放射性废物热解焚烧装置(热解焚烧是使废物有机成分先在缺氧的反应室裂解成挥发性气体，然后进入有过量空气的燃烧室完全燃烧)，并且已经在工程上应用。

由于核电站内所产生的可燃废物数量较少，同时可燃废物又是可压实废物，因此对电站内被放射性污染的工作服、口罩、手套和纸张等“软”废物通常是采用桶内压实方法减容。桶内压实法也可用于被放射性污染的玻璃器皿、薄壁风管以及保温材料等硬废物的减容。桶内压实废物时减容比可以达到 3～5。由于废物是在 200 L 钢桶内压实，所以压头作用力不能太大，一般 10～20 t 即可，压头压力再大，由于软废物的回弹，也不可能加大减容比。为了避免在废物压实过程中损坏钢桶，在一些桶内压实装置上还设置了套筒，废物压实实际上是在套筒中进行。

在国内一些多堆电站内已经设置超级压实机、用于对电站所产生的不可燃废物(例如被放射性污染的金属部件、管道、电器设备和建筑垃圾等)进行减容处理。超级压实机是将废物装在钢桶内连桶一齐压实，压实机压头压力可高达 1 500～2 000 t，废物和桶被一起压成“圆饼”后再放入另外的容器中用水泥固定。为了提高超级压实机的使用率，已经开发了移动式超级压实机，整个机组装在两辆大型拖车上可以巡回为多个电站服务。

从广义上看，放射性去污(radioactive decontamination)也是固体废物处理的一种手段，去污目的除了是为了捡修、降低工作人员受照剂量目的外，还有使被放射性污染的设备部件、物料等能够尽可能复用，从而减少固体废物的产生量。

去污方法有化学去污和机械去污两大类。

化学去污是用水、溶剂与去污表面相接触,利用溶解作用来去除污染。化学去污效率高,适应性较广,但是需要较大容量的去污槽,同时会产生较大体积的去污废液。

机械去污,如擦洗、喷丸等,适用于表面比较平坦的去污。

近年来发展了多种改进的放射性去污技术,例如电化学去污法、超声波化学去污法、干冰去污法以及高热水去污法等。应根据具体的去污对象和要求达到的去污目标值来选择具体的去污方法和程序。

参考文献

[1] 李绍鹏,刘冬敏. 机械制图[M]. 上海:复旦大学出版社,2011.

[2] 张三慧. 大学物理学:热学、光学、量子物理(B 版)[M]. 3 版. 北京:清华大学出版社,2011.

[3] 蔡增基,龙天渝. 流体力学泵与风机[M]. 5 版. 北京:中国建筑工业出版社,2009.

[4] 张占立. 常用金属材料手册[M]. 郑州:河南科学技术出版社,2012.

[5] 郑峰. 常用金属材料手册[M]. 北京:化学工业出版社,2007.

[6] 李凤林. 电工基础知识[M]. 北京:中国劳动社会保障出版社,2006.

[7] 人力资源社会保障部教材办公室. 机修钳工工艺与技能(学生用书Ⅱ 基础知识)[M]. 北京:中国劳动社会保障出版社,2011.

[8] 劳动和社会保障部,中国就业培训技术指导中心. 管工(基础知识 初级 中级)[M]. 北京:中国城市出版社,2003.

[9] 中国就业培训技术指导中心. 焊工(基础知识)[M]. 2 版. 北京:中国劳动社会保障出版社,2010.

[10] 劳动和社会保障部,中国就业培训技术指导中心. 起重工(基础知识)[M]. 北京:中国电力出版社,2004.

[11] 桂立明. 辐射安全与防护基础知识(PPT)[EB/OL]. (2012-09-11)[2020-01-01]. https://www.docin.com/p-478594518. html.

[12] 杨朝文. 辐射安全与防护物理基础(PPT) [EB/OL]. (2014-04-23)[2020-01-01]. http://www.doc88.com/p-1901926577086.html.

[13] 方玮,梁广华,王家钢. 电磁辐射对人体危害的探讨[J]. 电机电器技术,2004(4):30-32.

[14] 国家环境保护总局. 电磁辐射防护规定:GB 8702—1988[S]. 北京:中国标准出版社,1988.

[15] 吕航,周志勤. 电磁辐射防护的基本技术和进展[J]. 环境污染与防治,1999(5):30-31.

[16] 江苏省核事故应急协调委员会. 江苏省田湾核电场外应急计划执行计划[Z],2002.

[17] 苏州核安全中心. 核安全文化(PPT) [EB/OL]. (2017-09-27)[2020-01-01]. https://wenku.baidu.com/view/680d669229ea81c758f5f61fb7360b4c2e3f2a80.html.

[18] 湖南省核工业地质局. 核安全相关知识手册[EB/OL]. (2019-03-07)[2020-01-01]. https://wenku.baidu.com/view/40f5748bbb0d4a7302768e9951e79b89680268c7.html.

[19] 美国能源部. 核设施退役手册(1994)[M]. 王盛世,薛维明,译. 北京:核科学技术情报研究所,1996.